高等职业院校精品教材系列

电气控制技术及应用

蒋 玲 主编

電子工業出版社
Publishing House of Electronics Industry
北京 · BEIJING

内 容 简 介

本书结合国家示范建设项目课程改革成果和省级重大教改项目成果进行编写，注重学生实践技能和综合应用能力培养，主要内容包括变频器控制技术、触摸屏与嵌入式组态控制技术、步进伺服定位控制技术、PLC网络控制技术和自动化生产线等，由简单到复杂，由单一到综合，完成现代电气控制技术及应用的学习，切实提高学生的技能操作水平，有利于上岗就业。

本书为高等职业本专科院校相应课程的教材，也可作为开放大学、成人教育、自学考试、中职学校、技能鉴定和职业技能大赛培训班的教材，以及工程技术人员的工具参考书。

本书提供免费的电子教学课件、习题参考答案、微视频等教学资源，详见前言。

图书在版编目（CIP）数据

电气控制技术及应用/蒋玲主编. —北京：电子工业出版社，2017.8（2022.7 重印）
高等职业院校精品教材系列
ISBN 978-7-121-31802-3

Ⅰ. ①电… Ⅱ. ①蒋… Ⅲ. ①电气控制－高等学校－教材 Ⅳ. ①TM921.5

中国版本图书馆 CIP 数据核字（2017）第 130087 号

策划编辑：陈健德（E-mail：chenjd@phei.com.cn）
责任编辑：陈健德　　文字编辑：陈晓明
印　　刷：北京虎彩文化传播有限公司
装　　订：北京虎彩文化传播有限公司
出版发行：电子工业出版社
　　　　　北京市海淀区万寿路 173 信箱　邮编 100036
开　　本：787×1 092　1/16　印张：12.5　字数：320 千字
版　　次：2017 年 8 月第 1 版
印　　次：2022 年 7 月第 8 次印刷
定　　价：42.00 元

凡所购买电子工业出版社图书有缺损问题，请向购买书店调换。若书店售缺，请与本社发行部联系，联系及邮购电话：（010）88254888，88258888。

质量投诉请发邮件至 zlts@phei.com.cn，盗版侵权举报请发邮件至 dbqq@phei.com.cn。

本书咨询联系方式：chenjd@phei.com.cn。

随着国家近年来开展产业转型升级，许多企业对精通可编程控制器（PLC）、变频器、触摸屏、电气控制、气动控制、网络通讯等多项技术的复合型人才需求日益旺盛。在工控集成技术飞速发展的同时，行业新技术、新工艺、新设备等在大多数企业得到广泛使用，显然对从事现代电气控制技术系统设计、安装、调试、操作、维修等方面的高技能型人才的要求，在知识结构和技术技能需求上都发生了变化，为适应新形势，许多职业院校的自动化类专业都开设电气控制技术课程。

该课程注重专业综合能力训练，可与“电机与电气控制技术”“PLC 基础及应用”“自动检测技术”“液压与气动技术”“自动控制原理与系统”等课程教学相互衔接，多按照基于真实工作任务的方法实施教学，是培养学生职业能力最重要的环节之一。本课程以专业技术综合应用能力培养为目标，以关键岗位能力培养为重点，着重培养学生利用触摸屏组态现场人机界面监控技术，熟练掌握实时监控现场的运行状态、实时查询数据和曲线，以及触摸屏与组态控制技术、变频器技术、步进伺服定位控制技术、PLC 网络控制技术的集成应用能力和现场维护能力。

本书在编写过程中，遵循学生的认知规律，打破传统学科体系的束缚，采用“任务驱动，教学做一体化”的思路，以学生的行动为导向，对现代电气控制技术进行重新构建，教材突出技能的培养和职业习惯的养成，力求做到教、学、做结合，理论和实践一体化。全书内容包括变频器控制技术、触摸屏与嵌入式组态控制技术、步进伺服定位控制技术、PLC 网络控制技术和自动化生产线 5 个教学单元。通过多个实训任务训练、学生自主学习、教师引导、重难点师生共同讨论与讲解等形式，使学生牢固掌握现代电气控制技术的知识与技能。

鉴于时间仓促和限于编者水平，书中难免有不足之处，敬请读者批评指正。

为了方便教师教学，本书还配有免费的电子教学课件、习题参考答案等教学资源，请有此需要的教师登录华信教育资源网（http://www.hxedu.com.cn）免费注册后进行下载。读者也可扫描书中的二维码看有关的微视频等立体化资源。有问题时请在网站留言或与电子工业出版社联系（E-mail：hxedu@phei.com.cn）。

编 者

目　录

单元 1

变频器控制技术

教学导航

知识目标	1. 变频器操作面板功能；　2. 变频器外部端子功能； 3. 变频器主要功能参数含义； 4. 模拟量输入输出模块的用法
能力目标	1. 具有 FR-D720S、FR-E740 变频器的外部硬件电路设计安装能力； 2. 根据控制要求进行参数设置能力； 3. 对变频器进行运行控制能力； 4. 对变频器进行运行监视和保护； 5. 资料的查询能力；　6. 自主学习能力
素质目标	1. 团队协作能力；　2. 组织沟通能力； 3. 严谨认真的学习工作作风
重难点	1. 参数设置；　2. 运行模式选择； 3. 模拟量控制
单元任务	1. PU 面板操作控制电动机调速运行； 2. 通过外部端子输入开关量信号控制电动机启停、正反转控制； 3. 通过外部端子输入模拟量电压/电流信号控制电动机速度； 4. 变频器运行监视
推荐教学方法	翻转课堂、动画视频教学、任务驱动教学

1.1 变频器的工作原理与分类

知识分布网络

- 变频器的工作原理与分类
  - 变频器调速原理
  - 变频器分类
    - 按变频的原理
    - 按变频器的用途

1.1.1 变频器的基本调速原理

三相异步电动机的转速：

$$n = n_0(1-s) = \frac{60 f_1}{p}(1-s)$$

式中，n_0——同步转速；

f_1——电源频率；

p——磁极对数；

s——转差率。

由公式可知，改变三相笼型异步电动机的供电电源频率，可以改变同步转速，从而改变了电动机的转速，这就是变频调速的基本原理。

在频率下降时，磁通会增加，将使磁路饱和，引起励磁电流急剧增加，从而铁损大大增加，这是不允许的。当频率升高时，磁通要减少，将导致电动机输出转矩下降，电动机得不到充分利用，所以，频率与电压应协调。异步电动机的变频调速必须按照一定的规律同时改变其定子电压和频率，即必须通过变频器获得电压和频率均可调的供电电源，实现变压变频调速控制。变频调速是异步电动机理想的调速方案。

1.1.2 变频器的分类

变频器的功能就是将频率、电压都固定的交流电源变成频率、电压都连续可调的三相交流电源。

1. 按变频的原理分类

变频器可分为交—交变频器与交—直—交变频器两大类，原理图分别如图 1-1 和 1-2 所示。

（1）交—交变频器亦称为直接变频器，它是将交流电变成电压和频率都可调的交流电输出。

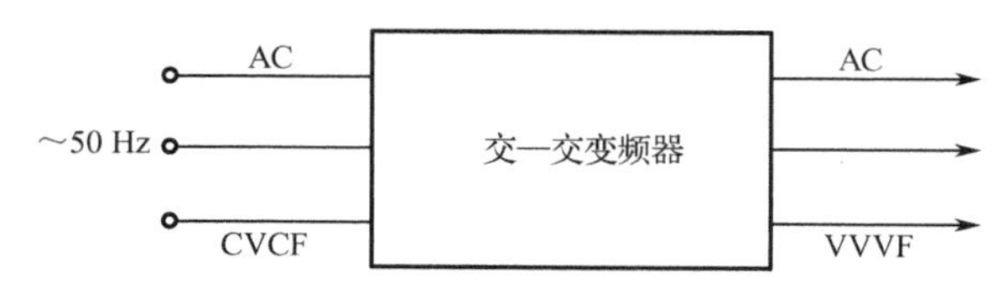

图 1-1 单相交—交变频器的原理框图

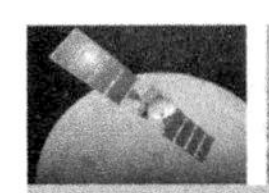
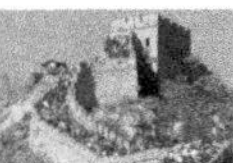

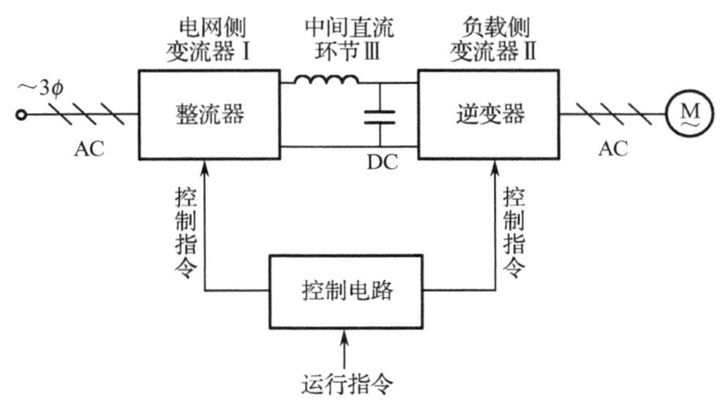

图 1-2　交—直—交变频器的基本构成

（2）交—直—交变频器称为带直流环节的间接变频器，它是由整流器、中间滤波环节及逆变器三部分组成。

2. 按变频器的用途分类

变频器按用途可分为通用变频器和专用变频器。

（1）通用变频器的特点是其通用性。随着变频技术的发展和市场需求的不断扩大，通用变频器也在朝着两个方向发展：一是低成本的简易型通用变频器；二是高性能的多功能通用变频器。

（2）专用变频器包括用在超精密机械加工中的高速电动机驱动的高频变频器，以及大容量、高电压的高压变频器。

1.2　变频器功能参数的设置与操作

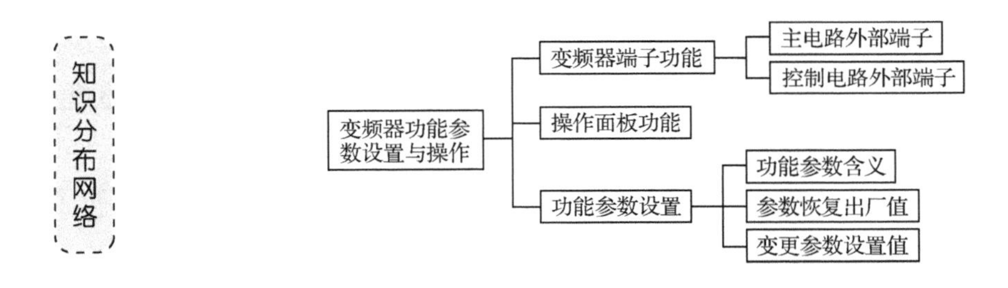

1.2.1　变频器的端子接线

使用通用变频器所必须的基本知识和技能，重点包括对变频器接线、常用参数设置等。变频器选用三菱 FR-D700 系列变频器中的 FR-D720S-0.4K-CHT 型经济型高性能变频器和 FR-E700 系列变频器中的 FR-E740-0.75K-CHT 型经济型高性能变频器，其中 FR-D720S-0.4K-CHT 变频器输入电压为单相 220 V，功率 0.4 kW，适用电动机容量 0.4 kW 及以下的电动机。FR-D720S 系列变频器的外观和型号的定义如图 1-3 和 1-4 所示。

1. 变频器主电路接线图和主电路端子功能

变频器的主电路的接线图，如图 1-5 所示。

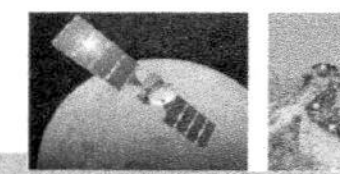

FR-D720S 变频器外观图

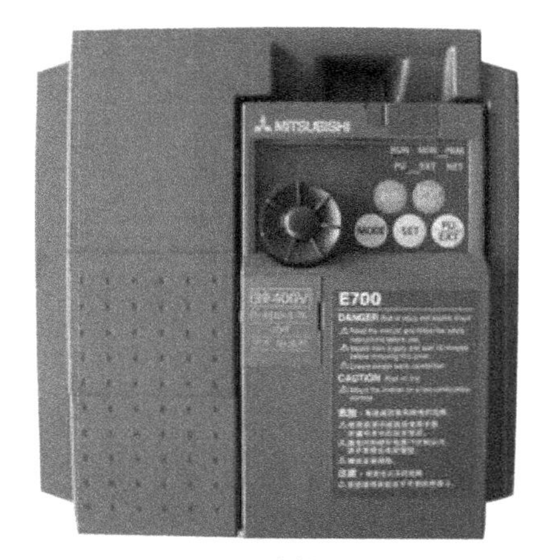

FR-E740 变频器外观图

图 1-3　变频器外观

FR-D720S-0.4K-CHT

符号	电压
2	200 V
4	400 V

符号	电源
无	3相
S	单相

符号	变频器功率
0.1～15	变频器功率（kW）

符号	规格
CHT	中国
无	日本

图 1-4　变频器型号定义

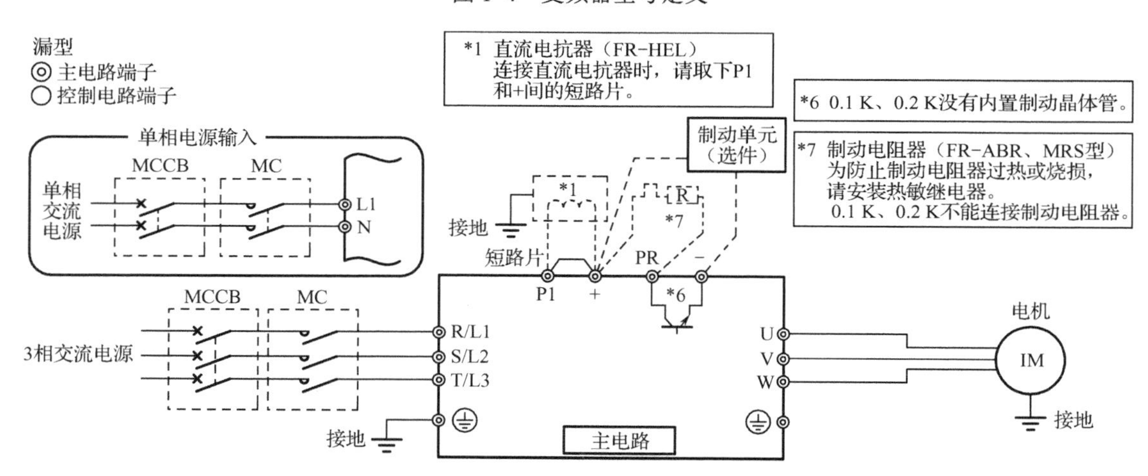

图 1-5　FR-D700 系列变频器主电路的通用接线

变频器主电路端子功能见表 1-1。

表 1-1 变频器主电路端子功能

端子编号	端子名称	端子功能说明
R/L1、S/L2、T/L3*	交流电源输入	连接工频电源。 当使用高功率因数变流器（FR-HC）及共直流母线变流器（FR-CV）时不要连接任何东西。

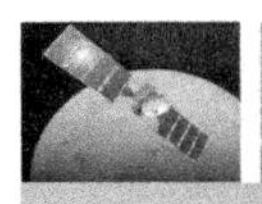

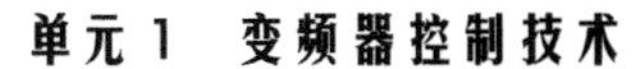

续表

端子编号	端子名称	端子功能说明
U、V、W	变频器输出	连接三相笼型异步电动机。
P/+、PR	制动电阻器连接	在端子 P/+–PR 间连接选购的制动电阻器（FR-ABR）。
P/+、N/–	制动单元连接	连接制动单元（FR-BU2）、共直流母线变流器（FR-CV）以及高功率因数变流器（FRHC）。
P/+、P1	直流电抗器连接	拆下端子 P/+–P1 间的短路片，连接直流电抗器。
⏚	接地	变频器机架接地用，必须接大地。

注：*单相电源输入时，为端子 L1、N。

图 1-5 中有关说明如下：

（1）端子 P1、P/+之间用以连接直流电抗器，不需连接时，两端子间短路。

（2）P/+与 PR 之间用以连接制动电阻器，P/+与 N/–之间用以连接制动单元选件。XK-PLC6 型工学结合 PLC 实训台中均未使用。

（3）交流接触器 MC 用作变频器安全保护的目的，注意不要通过此交流接触器来启动或停止变频器，否则可能降低变频器寿命。在实际使用中，可以不使用这个交流接触器。

（4）进行主电路接线时，应确保输入、输出端不能接错，即电源线必须连接至 R/L1、S/L2、T/L3，而单相电源线接至 L1、N，绝对不能接 U、V、W，否则会损坏变频器。

主电路端子的端子排列与电源、电动机的接线如图 1-6 所示。

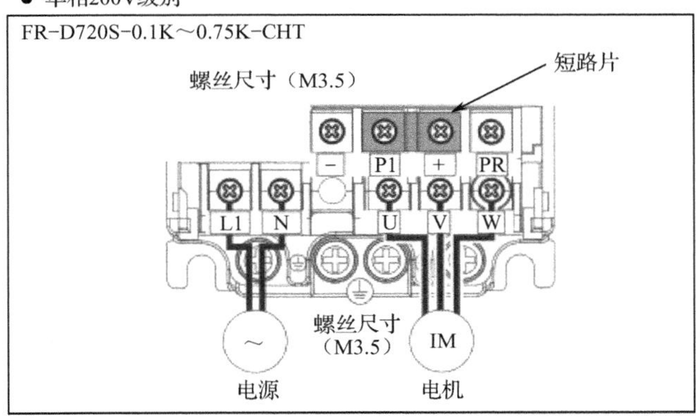

图 1-6　主电路的端子排列与电源、电动机的接线

1.2.2　变频器的操作面板

给变频器通电，在使用变频器之前，首先要熟悉它的面板显示和键盘操作单元（或称控制单元），并且按使用现场的要求合理设置参数。FR-D700 系列变频器的参数设置，通常利用固定在其上的操作面板（不能拆下）实现，也可以使用连接到变频器 PU 接口的参数单元（FR-PU07）实现。使用操作面板可以进行运行方式、频率的设定，运行指令监视，参数设定、错误表示等。操作面板如图 1-7 所示，其上半部为面板显示器，下半部为 M 旋钮和各种按键。它们的具体功能如表 1-2 所示。

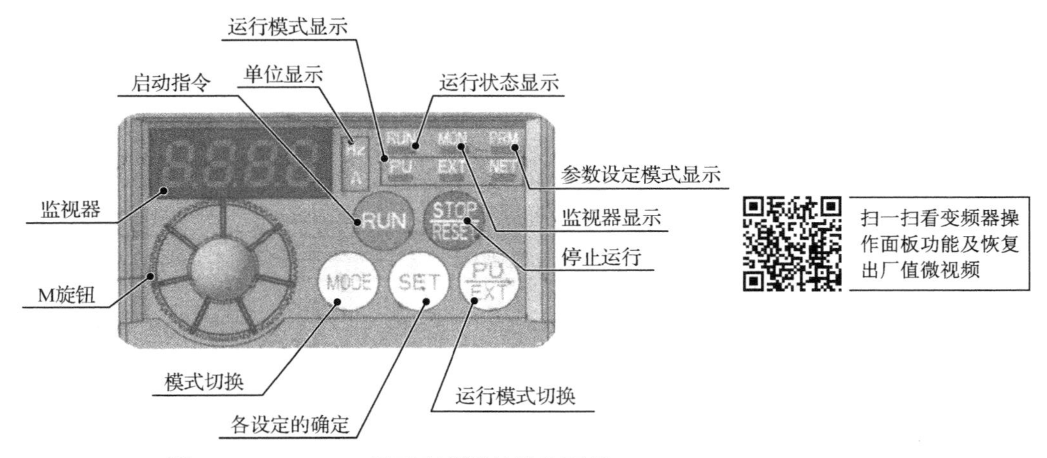

图 1-7　FR-D720S 系列变频器的操作面板

表 1-2　基本操作面板功能说明

运行模式显示	PU：PU 运行模式时亮灯；EXT：外部运行模式时亮灯；NET：网络运行模式时亮灯。
单位显示	Hz：显示频率时亮灯；A：显示电流时亮灯（显示电压时熄灯，显示设定频率监视时闪烁）。
监视器（4 位 LED）	显示频率、参数编号等。
M 旋钮	用于变更频率设定、参数的设定值。按该按钮可显示以下内容：监视模式时的设定频率；校正时的当前设定值；错误历史模式时的顺序。
模式切换	用于切换各设定模式和 $\frac{\text{PU}}{\text{EXT}}$ 键同时按下也可以用来切换运行模式。长按此键（2 s）可以锁定操作。
各设定的确定	运行中按此键则监视器出现以下显示：运行频率→输出电流→输出电压。
运行状态显示	变频器动作中亮灯/闪烁。亮灯：正转运行中，缓慢闪烁（1.4 s 循环）；反转运行中，快速闪烁（0.2 s 循环）（按 RUN 键或输入启动指令都无法运行时；有启动指令，频率指令在启动频率以下时；输入了 MRS 信号时）。
参数设定模式显示	参数设定模式时亮灯。
监视器显示	监视模式时亮灯。
停止运行	也可以进行报警复位。
运行模式切换	用于切换 PU/外部运行模式。使用外部运行模式（通过另接的频率设定旋钮和启动信号启动的运行）时请按此键，使表示运行模式的 EXT 处于亮灯状态（切换至组合模式时，可同时按 MODE 键（0.5 s）或者变更参数 Pr.79）。PU：PU 运行模式；EXT：外部运行模式。
启动指令	通过 Pr.40 的设定，可以选择旋转方向。

1.2.3　变频器的参数设置

变频器参数的出厂设定值被设置为完成简单的变速运行。如需按照负载和操作要求设定参数，则应进入参数设定模式，先选定参数号，然后设置其参数值。设定参数分两种情况，一种是在停机 STOP 方式下重新设定参数，这时可设定所有参数；另一种是在运行时设定，这时只允许设定部分参数，但是可以核对所有参数号及参数。假定当前运行模式为外部/PU 切换模式（Pr.79=0）。

1. 恢复参数为出厂值（又称参数清零）

表 1-3　恢复参数为出厂值操作步骤

操作步骤		显示结果
1	电源接通时显示的监视器画面	0.00
2	按(PU/EXT)键，选择 PU 操作模式	PU显示灯亮。 0.00 PU
3	按(MODE)键，进入参数设定模式	PRM显示灯亮。 P. 0 PRM
4	拨动设定用旋钮，选择参数号码 ALLC	ALLC 参数全部清除
5	按(SET)键，读出当前的设定值	0
6	拨动设定用旋钮，把设定值变为 1	1
7	按(SET)键，完成设定	1 ALLC 闪烁

*注：无法显示 ALLC 时，将 P160 设为“0”；对面板进行操作时，必须在面板操作有效的运行模式下进行（如 Pr.79=2 时将不能进行面板操作）。

2. 变更参数的设定值

改变参数 P7 的操作步骤如表 1-4 所示。

表 1-4　改变参数 P7 的操作步骤

操作步骤		显示结果
1	电源接通时显示的监视器画面	0.00 Hz MON EXT 显示0.00
2	按(PU/EXT)键，选择 PU 操作模式	PU显示灯亮。 0.00 PU
3	按(MODE)键，进入参数设定模式	PRM显示灯亮。 P. 0 PRM
4	拨动设定用旋钮，选择参数号码 P7	P. 7
5	按(SET)键，读出当前的设定值	3.0
6	拨动设定用旋钮，把设定值变为 4	4.0
7	按(SET)键，完成设定	4.0 P. 7 闪烁

注：对面板进行操作时，必须在面板操作有效的运行模式下（如 Pr.79=2 时将不能进行面板操作）。

3. 用操作面板设定频率运行

表 1-5 用操作面板设定频率运行

操作步骤		显示结果
1	按(PU/EXT)键，选择 PU 操作模式	PU显示灯亮。0.00 PU
2	旋转(旋钮)设定用旋钮，把频率改为设定值	50.00 闪烁约5 s
3	按(SET)键，读出设定值频率	50.00 F 闪烁
4	闪烁 3 s 后显示回到 0.0，按(RUN)键运行	3秒后 0.00→50.00
5	按(STOP/RESET)键，停止	50.00→0.00

*注：按下设定按钮，显示设定频率

4. 查看输出电流

表 1-6 查看输出电流

操作步骤		显示结果
1	按(MODE)键，显示输出频率	50.00
2	按住(SET)键，显示输出电流	1.00 A灯亮
3	放开(SET)键，回到输出频率显示模式	50.00

实训任务 1-1 PU 面板操作控制电动机无级调速

1. 任务要求

不需要通过外部的按钮开关设备，直接通过变频器面板上的 RUN 键控制电动机的启动，通过变频器面板上的 STOP/RESET 键控制电动机的停止，通过面板上的 M 旋钮设定变频器的输出频率，从而改变电动机的运行速度，运用操作面板改变加减速时间。正确设置变频器输出的额定频率、额定电压、额定电流、额定功率、额定转速。

2. 任务分析与准备

任务要求完成变频器控制电动机调速任务，首先明确该系统需要一台变频器和一台交流电动机构成一个最简单的变频调速系统，其系统框图，如图 1-8 所示。

下面以 XK-PLC6 型工学结合 PLC 实训台为例来介绍完成电动机调速任务的操作过程，各院校可以结合自己的实验实训设备来完成，关于这一点在本书中的后续其他实训任务都是如此，不再赘述。

正确合理地选用元器件，是电路安全可靠工作的保证，根据安全可靠的原则，以及相关的技术文件，选择元器件见表 1-7。

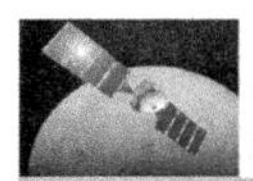

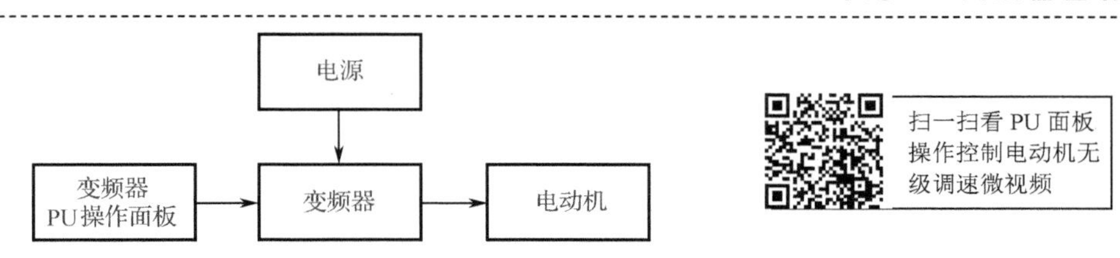

图 1-8　采用 PU 操作面板的调速系统框图

表 1-7　元器件清单

序号	名　称	型　号	数量	备　注
1	实训装置	XK-PLC6 型工学结合 PLC 实训台	1	
2	变频器实训模块	FR-D720S-0.4K-CHT	1	单相 220 V 输入电源
3	轴流风机	150FZY4-D	1	任选其中一个
4	三相异步电动机	YS7124-380 V/660 V　Y 型接法	1	
5	导线	香蕉插头线	若干	强电

3. 任务实施

1）设计变频器与电动机的连接电路原理图

由任务要求和图 1-5 所示的 FR-D700 系列变频器主电路的通用接线可知，需要单相 220 V 输入电源接到变频器的 L1、N 端子，电动机接入变频器的输出端 U、V、W。变频器与电动机的连接方式，如图 1-9 所示。

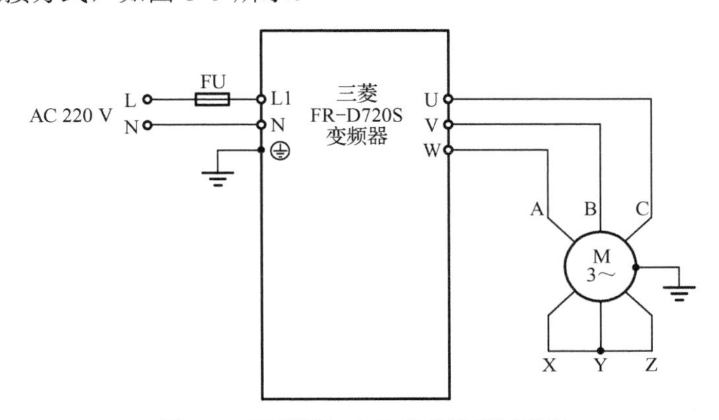

图 1-9　变频器与电动机的连接示意图

2）电路连接注意事项

在接线之前，必须首先关闭电源，不得带电操作！

进行主电路接线时，应确保输入、输出端不能接错，否则会损坏变频器。

3）变频器参数设置

连接好电路后，要设置变频器参数。由于设置变频器参数要先给设备通电，所以，在通电之前，要仔细检查电路连接的正确性，防止出现短路故障，经指导老师检查无误后，方可接通交流电源。待变频器显示正常后，首先按照表 1-3 恢复参数为出厂值操作

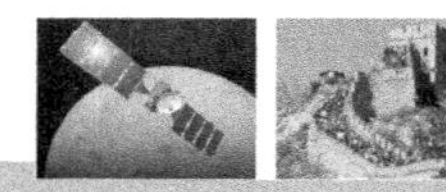

步骤，对变频器参数进行恢复出厂值操作，待出厂值恢复完毕后再给变频器设置参数。根据任务要求，具体设置的参数，如表 1-9 所示。

表 1-9　变频器参数功能表

参数号	出厂值	设定值	功 能 说 明
Pr.1	120 Hz	50 Hz	上限频率
Pr.2	0 Hz	0 Hz	下限频率
Pr.7	5.0 s	3.0 s	加速时间
Pr.8	5.0 s	3.0 s	减速时间
Pr.79	0	1	运行模式选择
Pr.160	9999	0	扩展功能显示选择
Pr.161	0	1	频率设定/键盘锁定操作选择

注：在设置参数时，应让变频器工作在 PU 模式下（即面板上 PU 指示灯亮），否则，变频器的参数不能进行修改。

4）运行调试

第一步：按 RUN 键运行变频器，观察电动机如何工作。

第二步：旋动 M 旋钮控制变频器的输出频率，观察变频器的输出有什么变化，电动机的工作又有何变化？

若将参数 Pr.40 由初始值 0 改为 1，运行变频器，观察变频器的运行 RUN 指示灯有什么变化，电动机工作有什么变化。

4. 实训总结

（1）总结变频器操作面板的功能。

（2）总结变频器操作面板的使用方法。

（3）总结利用操作面板改变变频器参数的步骤。

（4）记录变频器与电动机控制线路的接线方法及注意事项。

变频器更多功能参数的含义详见三菱通用变频器 FR-D700 使用手册（应用篇）。

1.2.4　变频器外部控制回路端子的功能

控制回路端子分输入端子和输出端子两大部分，下面我们分别介绍。

图 1-10 中，控制电路端子分为控制输入（数字量输入）、频率设定（模拟量输入）、继电器输出（异常输出）、集电极开路输出（状态检测）和模拟电压输出等 5 部分区域，各端子的功能可通过调整相关参数的值进行变更。在出厂初始值的情况下，各控制电路端子的功能说明，如表 1-10、表 1-11 和表 1-12 所示。

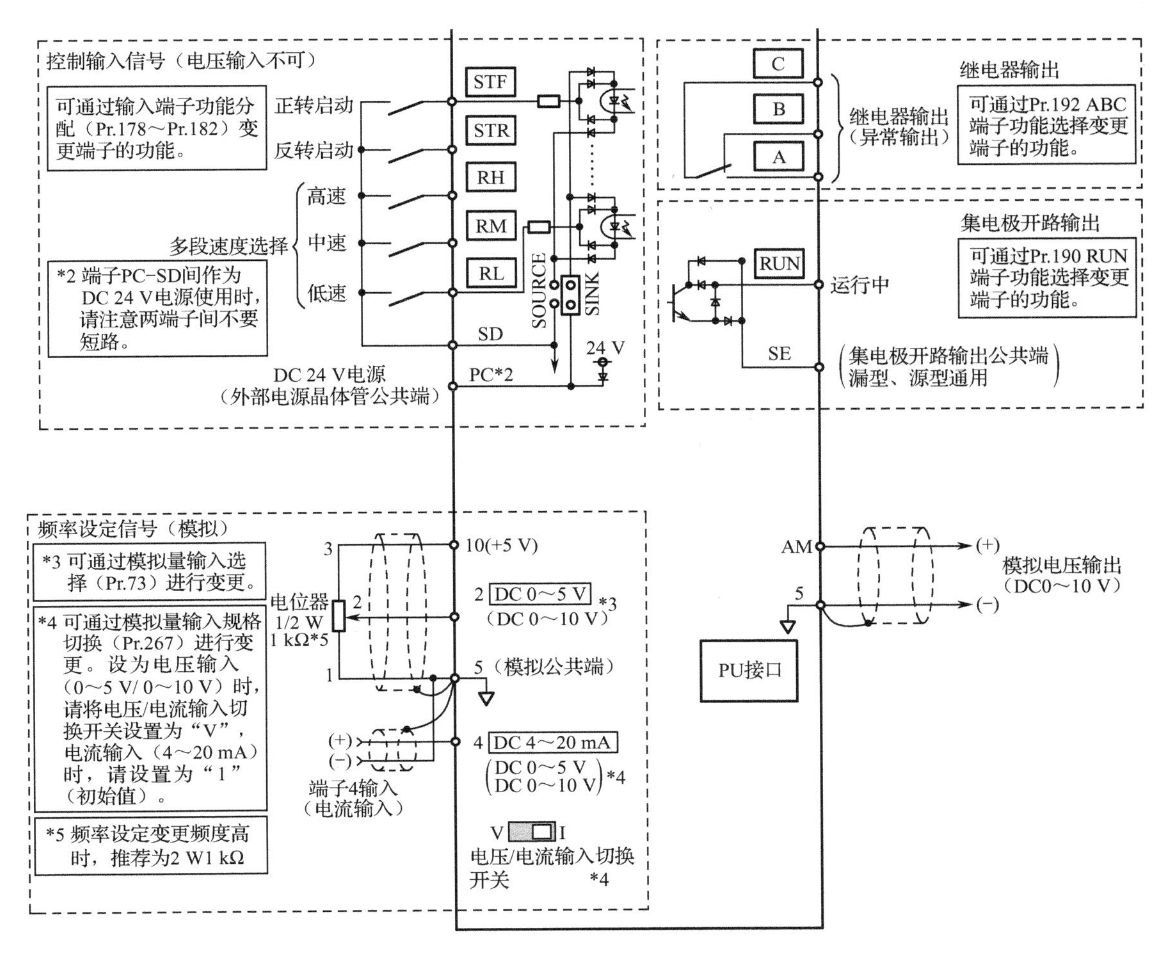

图 1-10　FR-D700 变频器控制电路接线图

（1）数字量输入端子又叫开关量输入端子，其端口只有两种状态：接通或断开（ON/OFF），端子所完成的功能则由端子参数设定来定义或者为变频器所规定的固有功能。

表 1-10　控制回路输入端子的功能

种类	端子编号	端 子 名 称	端子功能说明	
接点输入	STF	正转启动	STF 信号 ON 时为正转、OFF 时为停。	STF、STR 信号同时 ON 时变成停止指令。
	STR	反转启动	STR 信号 ON 时为反转、OFF 时为停止指令。	STF、STR 信号同时 ON 时变成停止指令。
	RH RM RL	多段速度选择	用 RH、RM 和 RL 信号的组合可以选择多段速度。	
	SD	接点输入公共端（漏型）（初始设定）	接点输入端子（漏型逻辑）的公共端子。	

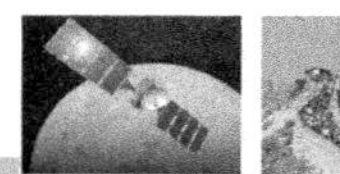

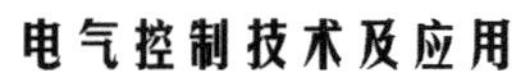

续表

种类	端子编号	端 子 名 称	端子功能说明
接点输入	SD	外部晶体管公共端（源型）	源型逻辑时当连接晶体管输出（即集电极开路输出），例如可编程控制器（PLC）时，将晶体管输出用的外部电源公共端接到该端子时，可以防止因漏电引起的误动作。
		DC 24 V 电源公共端	DC 24 V 0.1 A 电源（端子 PC）的公共输出端子，与端子 5 及端子 SE 绝缘。
	PC	外部晶体管公共端（漏型）（初始设定）	漏型逻辑时当连接晶体管输出（即集电极开路输出），例如可编程控制器（PLC）时，将晶体管输出用的外部电源公共端接到该端子时，可以防止因漏电引起的误动作。
		接点输入公共端（源型）	接点输入端子（源型逻辑）的公共端子。
		DC 24 V 电源	可作为 DC 24 V 0.1 A 的电源使用。
频率设定	10	频率设定用电源	作为外接频率设定用电位器时的电源使用。（按照 Pr.73 模拟量输入选择）
	2	频率设定（电压）	如果输入 DC 0～5 V（或 0～10 V），在 5 V（10 V）时为最大输出频率，输入输出成正比。通过 Pr.73 进行 DC 0～5 V（初始设定）和 DC 0～10 V 输入的切换操作。
	4	频率设定（电流）	若输入 DC 4～20 mA（或 0～5 V，0～10 V），在 20 mA 时为最大输出频率，输入输出成正比。只有 AU 信号为 ON 时端子 4 的输入信号才会有效（端子 2 的输入将无效）。通过 Pr.267 进行 4～20 mA（初始设定）和 DC 0～5 V、DC 0～10 V 输入的切换操作。 电压输入（0～5 V/0～10 V）时，请将电压/电流输入切换开关切换至“V”。
	5	频率设定公共端	频率设定信号（端子 2 或 4）及端子 AM 的公共端子，请勿接大地。

注意：STF、STR、RH、RM 和 RL 端子可以通过 Pr.178～Pr.182、Pr.190、Pr.192（输入输出端子功能选择）选择端子功能。

表 1-11　控制电路接点输出端子的功能

种类	端子记号	端 子 名 称	端子功能说明	
继电器	A、B、C	继电器输出（异常输出）	指示变频器因保护功能动作时输出停止的 1C 接点输出。异常时：B-C 间不导通（A-C 间导通）；正常时：B-C 间导通（A-C 间不导通）。	
集电极开路	RUN	变频器正在运行	变频器输出频率大于或等于启动频率（初始值 0.5 Hz）时为低电平，已停止或正在直流制动时为高电平。	
	FU	频率检测	输出频率大于或等于任意设定的检测频率时为低电平，未达到时为高电平。	
	SE	集电极开路输出公共端	端子 RUN、FU 的公共端子。	
模拟	AM	模拟电压输出	可以从多种监视项目中选一种作为输出。变频器复位中不被输出。 输出信号与监视项目的大小成比例。	输出项目：输出频率（初始设定）。

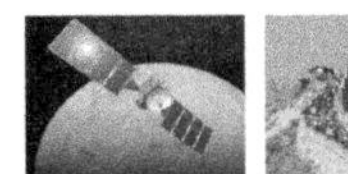

表 1-12　控制电路网络接口的功能说明

种类	端子记号	端子名称	端子功能说明
RS-485	——	PU 接口	通过 PU 接口，可进行 RS-485 通信。 ● 标准规格：EIA-485（RS-485）； ● 传输方式：多站点通信； ● 通信速率：4 800～38 400 bps； ● 总长距离：500 m。

注意：FR-D700 系列变频器没有 USB 接口，FR-E700 系列有 USB 接口。

1.3　变频器的运行模式

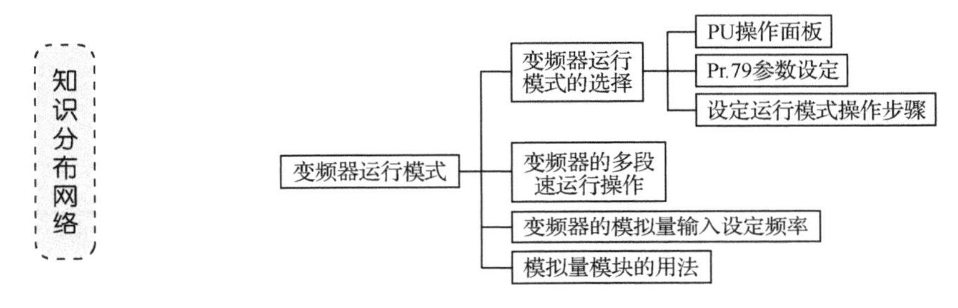

1.3.1　变频器运行模式的选择

要使变频器正常工作，要解决的问题首先是如何启动和停止变频器，其次是如何设定变频器频率。在变频器不同的运行模式下，各种按键、M 旋钮的功能各异。所谓运行模式，是指对输入到变频器的启动指令和频率指令的输入场所的指定。

一般来说，使用控制电路端子、在外部设置电位器和开关来进行操作的是“外部运行模式”，使用操作面板或参数单元输入启动指令、设定频率的是“PU 运行模式”，通过 PU 接口进行 RS-485 通信或使用通信选件的是“网络运行模式（NET 运行模式）”。可以通过操作面板或通信的命令代码来进行运行模式的切换。在进行变频器操作以前，必须了解其各种运行模式，才能进行各项操作。

FR-D700 系列变频器通过参数 Pr.79 的值来指定变频器的运行模式，设定值范围为 0、1、2、3、4、6、7。这 7 种运行模式的内容以及相关 LED 指示灯的状态，如表 1-13 所示。

表 1-13　运行模式选择（Pr.79）

设定值	内　容	LED 显示状态（▭：灭灯　▭：亮灯）
0	外部/PU 切换模式，通过 PU/EXT 键可切换 PU 与外部运行模式 注意：接通电源时为外部运行模式	外部运行模式：EXT　PU 运行模式：PU
1	固定为 PU 运行模式	PU
2	固定为外部运行模式，可以在外部、网络运行模式间切换运行	外部运行模式：EXT　网络运行模式：NET

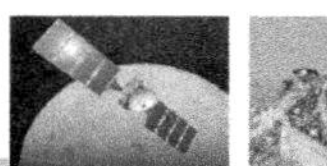

续表

设定值	内容		LED 显示状态（▬：灭灯 ▭：亮灯）
3	外部/PU 组合运行模式 1		PU EXT
	频率指令	启动指令	
	用操作面板设定或用参数单元设定，或外部信号输入（多段速设定，端子 4-5 间 AU 信号为 ON 时有效）	外部信号输入（端子 STF、STR）	
4	外部/PU 组合运行模式 2		
	频率指令	启动指令	
	外部信号输入（端子 2、4、JOG、多段速选择等）	通过操作面板的 RUN 键、或通过参数单元的 FWD、REV 键来输入	
6	切换模式可以在保持运行状态的同时，进行 PU 运行、外部运行、网络运行的切换		PU 运行模式：PU 外部运行模式：EXT 网络运行模式：NET
7	外部运行模式（PU 运行互锁） X12 信号 ON 时，可切换到 PU 运行模式（外部运行中输出停止） X12 信号 OFF 时，禁止切换到 PU 运行模式		PU 运行模式：PU 外部运行模式：EXT

*注：Pr.79=3 的频率指令的优先顺序是："多段速运行（RL/RM/RH/REX）>PID 控制（X14）>端子 4 模拟量输入（AU）>在操作面板上进行的数字输入"。与运行模式无关时，上述参数在停止中也能进行变更。

变频器出厂时，参数 Pr.79 设定值为 0。当停止运行时用户可以根据实际需要修改 Pr.79 设定值，变频器的运行模式将变更为设定的模式。修改 Pr.79 设定值的方法参考变频器参数设置步骤进行操作。也可通过启动指令和频率指令的组合，进行简单操作设定 Pr.79 运行模式。

表 1-14 是设定参数 Pr.79 的一个例子。该例子把变频器从固定外部运行模式变更为组合运行模式 1，即启动指令为外部（STF/STR）、频率指令通过 M 旋钮运行。

表 1-14 简单操作设定 Pr.79 运行模式操作步骤

操作步骤		显示结果
1	电源接通时显示的监视器画面	0.00 Hz MON EXT 显示0.00
2	同时按住（PU/EXT）和（MODE）键	闪烁 79-- PRM
3	旋动（M 旋钮），把设定值变为 79-3（关于其他设定，请参照下表）	闪烁 79-3 PU EXT PRM 闪烁
4	按住（SET）键	⇨ 79-3 79-- 闪烁…参数设定完成!! ⇩ 3 s后显示监视器画面。 0.00 Hz MON PU EXT

而简单操作设定运行模式，参照表 1-15 所示。

表 1-15　简单操作设定运行模式参照表

操作面板显示	运行方法	
	启动指令	频率指令
闪烁 79-1 PU PRM 闪烁	RUN	
闪烁 79-2 EXT PRM 闪烁	外部（STF、STR）	模拟电压输入
闪烁 79-3 PU EXT PRM 闪烁	外部（STF、STR）	
闪烁 79-4 PU EXT PRM 闪烁	RUN	模拟电压输入

1.3.2　变频器的多段速运行操作

变频器在外部操作模式（Pr.79=2）或外部运行模式或 PU/外部组合运行模式（Pr.79=3 或 4）下，变频器可以通过外接的开关器件的组合通断改变输入端子的状态来实现频率控制。这种控制频率的方式称为多段速控制功能。

FR-D700 变频器的速度控制端子是 RH、RM、RL 和 REX。预先通过参数设定运行速度，通过这些开关的 ON、OFF 操作组合可以实现多段速的控制，转速的切换。由于转速的挡位是按二进制的顺序排列的，故四个输入端可以组合成 3 至 15 挡（0 状态不计）转速。

1. 3 段速设定（Pr.4～Pr.6）

RH 信号、RM 信号、RL 信号为 ON 时，分别以 Pr.4、Pr.5、Pr.6 中设定的频率运行，如图 1-11 所示。

多段速参数设定在 PU 运行过程中或外部运行过程中也可以进行设定。初始设定情况下，同时选择 2 段速度以上时则按照低速信号侧的设定频率。例如，RH、RM 信号均为 ON 时，RM 信号（Pr.5）优先。

2. 4 速以上的多段速设定（Pr.24 ~ Pr.27、Pr.232 ~ Pr.239）

通过 RH、RM、RL、REX 信号的组合，可以设定 4 速～15 速。请在 Pr.24～Pr.27、Pr.232～Pr.239 中设定运行频率（初始值状态下 4 速～15 速为无法使用的设定），如图 1-12（a）所示。

REX 信号输入所使用的端子，请通过将 Pr.178～Pr.182（输入端子功能选择）设定为

“8”来分配功能。对应于 REX、RH、RM、RL 和 SD 端子的多段速运行的接线图，如图 1-12（b）所示。

参数号	出厂设定	设定范围	备注
4	50 Hz	0～400 Hz	
5	30 Hz	0～400 Hz	
6	10 Hz	0～400 Hz	
24～27	9 999	0～400 Hz，9 999	9 999：未选择

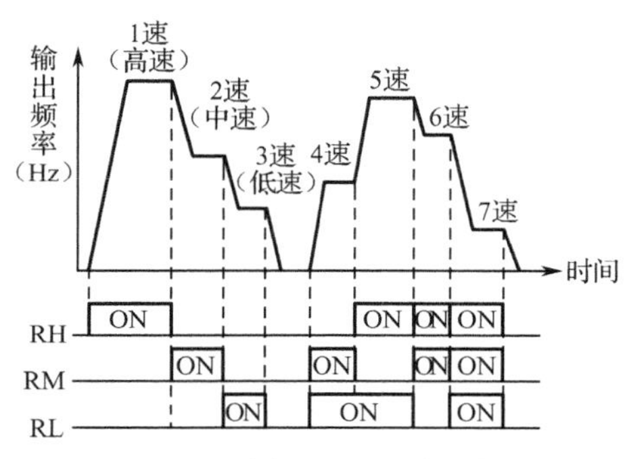

1速：RH单独接通，Pr.4设定频率
2速：RM单独接通，Pr.5设定频率
3速：RL单独接通，Pr.6设定频率
4速：RM、RL同时接通，Pr.24设定频率
5速：RH、RL同时接通，Pr.25设定频率
6速：RH、RM同时接通，Pr.26设定频率
7速：RH、RM、RL全接通，Pr.27设定频率

图 1-11　7 段速控制对应的控制端状态及参数关系

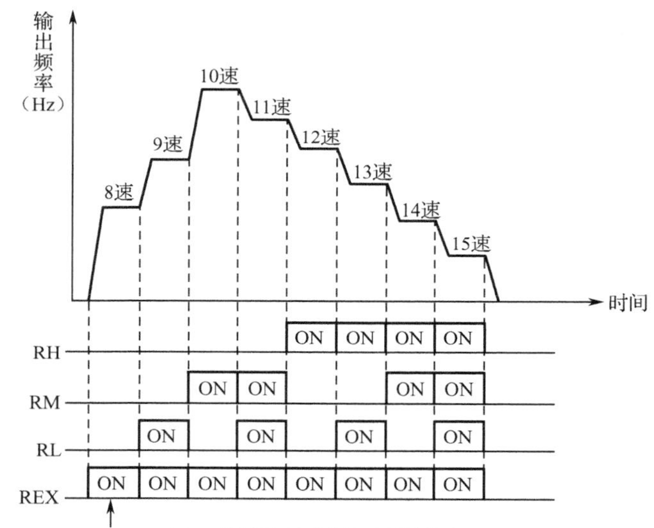

（a）15段速控制对应的控制端状态

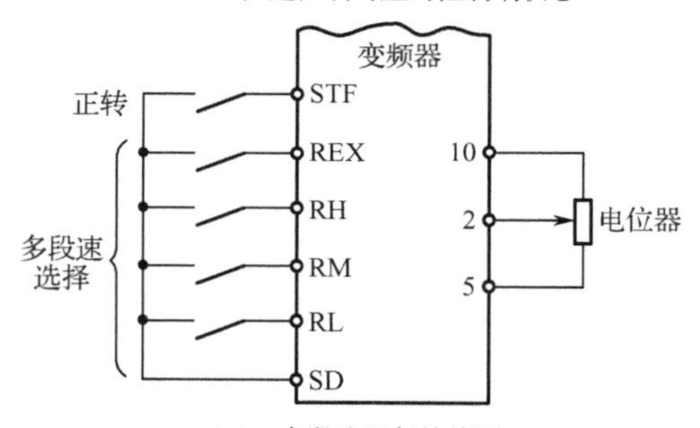

（b）3多段速运行接线图

图 1-12　15 段速控制

实训任务 1-2　变频器外部端子控制电动机多段速度运行

1. 任务要求

通过外部端子控制电动机多段速运行，通过三个外部开关分别控制 RH、RM、RL 速度端子的通断，开关“K3”“K4”“K5”按不同的方式组合，可选择 3～7 种不同的输出频率，运用操作面板设定加减速时间，通过两个外部开关“K1”“K2”控制正反转运行端子（STF、STR）通断，启停变频器。正确设置变频器输出的额定频率、额定电压、额定电流、额定功率、额定转速。

2. 任务分析与准备

利用 FR-D720S 变频器实现三相异步电动机的多段速控制任务，首先明确该系统主要由主令开关、变频器和交流电动机构成，其系统框图，如图 1-13 所示。

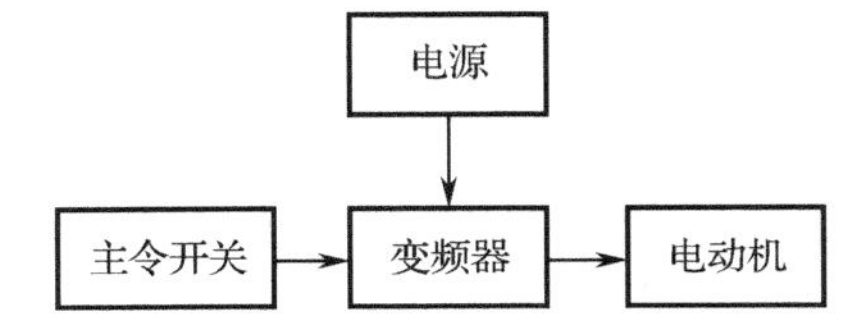

图 1-13　采用外部开关控制的调速系统框图

扫一扫看变频器外部端子控制电动机多段速运行微视频

所需元器件见表 1-16。

表 1-16　元器件清单

序号	名　称	型　号	数量	备　注
1	实训装置	XK-PLC6 型工学结合 PLC 实训台	1	
2	变频器实训模块	FR-D720S-0.4K-CHT	1	单相 220 V 输入电源
3	轴流风机	150FZY4-D	1	任选其中一个
4	三相异步电动机	YS7124-380 V/660 V　Y 型接法	1	
5	导线	香蕉插头线	若干	强电、弱电
6	开关		5	

3. 任务实施

1）设计变频器与电动机的连接电路原理图

由任务要求和图 1-5 所示的 FR-D700 系列变频器主电路的通用接线可知，需要单相 220 V 输入电源接到变频器的 L1、N 端子，电动机接入变频器的输出端 U、V、W。由图 1-6 FR-D720S 变频器控制电路接线图可知，控制回路需要给变频器提供启停信号和多段速频率设定信号，可以选择外部启停，外部设定频率，由于多段速设定可以在外部模式也可以在面板模式下进行，所以可以选择运行模式 Pr.79=3，变频器外部接线图，如图 1-14 所示。

2）电路连接注意事项

在接线之前，必须首先关闭电源，不得带电进行操作！

按照变频器外部接线图完成变频器的接线，认真检查，确保正确无误。

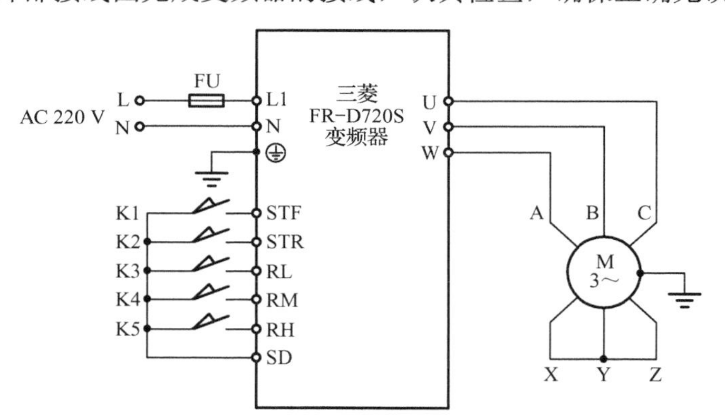

图 1-14　变频器外部接线图

进行主电路接线时，应确保输入、输出端不能接错，否则会损坏变频器。

3）变频器参数设置

在通电之前，要仔细检查电路连接的正确性，防止出现短路故障。经指导老师检查无误后，方可接通交流电源。待变频器显示正常后，给变频器设置参数，根据任务要求，具体设置的参数，如表 1-17 所示。

表 1-17　变频器参数功能表

序号	变频器参数	出厂值	设定值	功 能 说 明
1	Pr.1	120	50	上限频率（50 Hz）
2	Pr.2	0	0	下限频率（0 Hz）
3	Pr.7	5	5	加速时间（5 s）
4	Pr.8	5	5	减速时间（5 s）
5	Pr.9	0	0.35	电子过电流保护（0.35 A）
6	Pr.160	9 999	0	扩张功能显示选择
7	Pr.79	0	3	操作模式选择
8	Pr.4	50	15	固定频率 1
9	Pr.5	30	10	固定频率 2
10	Pr.6	10	5	固定频率 3
11	Pr.24	9 999	20	固定频率 4
12	Pr.25	9 999	30	固定频率 5
13	Pr.26	9 999	40	固定频率 6
14	Pr.27	9 999	50	固定频率 7

注：设置参数前先将变频器参数复位为工厂的设定默认值。

在设置参数时，应让变频器工作在 PU 模式下（即面板上 PU 指示灯亮），否则，变频器的参数不能进行修改。

4）运行调试

打开开关“K1”，正转启动变频器。

切换开关“K3”“K4”“K5”的通断，观察并记录变频器的输出频率，并填写表 1-18 调试记录。

表 1-18　调试结果记录表

序号	K3（RL）	K4（RM）	K5（RH）	输出频率
1	ON	OFF	OFF	
2	OFF	ON	OFF	
3	OFF	OFF	ON	
4	ON	ON	OFF	
5	ON	OFF	ON	
6	OFF	ON	ON	
7	ON	ON	ON	

4. 实训总结

（1）总结变频器外部端子的不同功能及使用方法。

（2）总结使用变频器外部端子控制电动机点动运行的操作方法。

（3）改变 P4～P6 的值，观察电动机运转状态有什么变化。

（4）如果通过变频器的操作面板控制变频器的启停，其他要求不变，任务如何实现？有哪些地方需要改变？

（5）查阅三菱通用变频器 FR-D700 使用手册（应用篇）实现变频器的 15 段速。

实训任务 1-3　基于 PLC 控制变频器外部端子的电动机正反转

1. 任务要求

通过 PLC 控制变频器运行输入端子（STF、STR）通断，启动/停止变频器，从而控制电动机正反转。运用操作面板改变电动机运行频率和加减速时间。

按下按钮“SB2”，PLC 对应输出端口控制变频器 STF 端子接通，电动机正转启动，按下按钮“SB1”，变频器 STF 端子断开，电动机停止，待电动机停止运转，按下按钮“SB3”，变频器 STR 端子接通，电动机反转。

2. 任务分析与准备

任务要求完成变频器控制电动机正反转任务，首先明确该系统主要由 PLC、指示与主令控制单元、变频器和交流电动机构成，其系统框图，如图 1-15 所示。

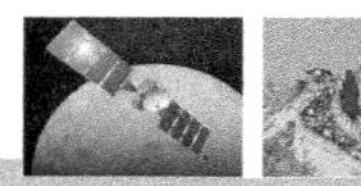

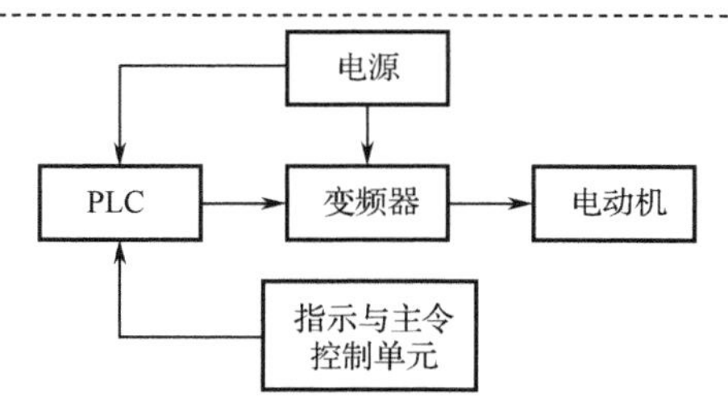

图 1-15　采用 PLC 控制变频器正反转的调速系统框图

所需元器件见表 1-19。

表 1-19　设备元器件清单

序号	名　称	型　号	数量	备　注
1	实训装置	XK-PLC6 型工学结合 PLC 实训台	1	
2	变频器实训模块	FR-D720S-0.4K-CHT	1	单相 220 V 输入电流
3	轴流风机	150FZY4-D	1	任选其中一个
4	三相异步电动机	YS7124-380 V/660 V　Y 型接法	1	
5	导线	香蕉插头线	若干	强电、弱电
6	开关		5	
7	PLC	FX2N-48MT/FX2N-48MR	1	任选一
8	电脑			安装有编程软件
9	下载线	SC-09	1	USB、串口均可

3. 任务实施

1）设计 PLC 与变频器外部接线图

由任务要求和图 1-5 所示的 FR-D700 系列变频器主电路的通用接线可知，需要单相 220 V 输入电源接到变频器的 L1、N 端子，电动机接入变频器的输出端 U、V、W。由图 1-6 FR-D720S 变频器控制电路接线图可知，控制回路需要给变频器提供启停信号，面板设定变频器运行频率，可以选择运行模式 Pr.79=3，变频器的 STF、STR、SD 分别接到 PLC Y0、Y1、COM1 端子，PLC 与变频器外部接线图，如图 1-16 所示。

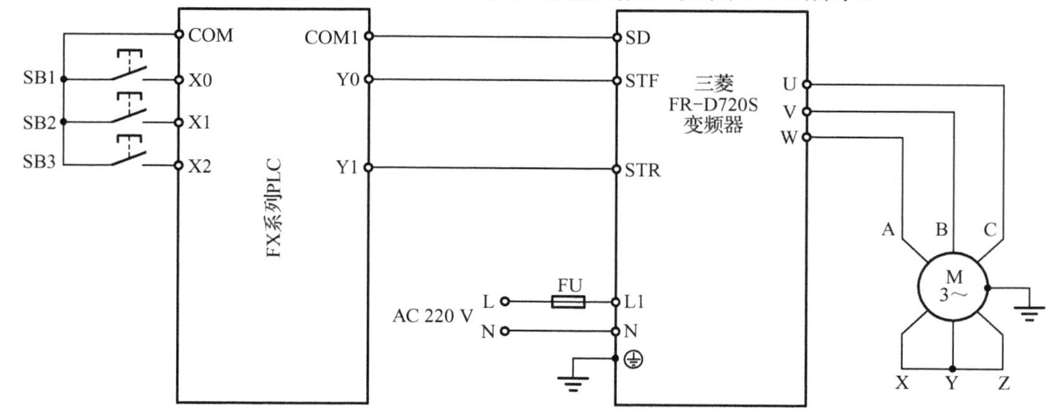

图 1-16　PLC 与变频器外部接线图

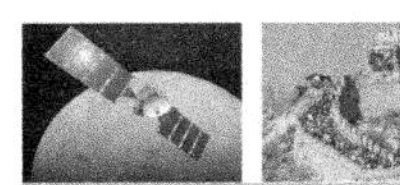

在图 1-16 中，当通过面板设定频率后，当 PLC 程序控制 Y0 为 ON 时，则 STF 接通，变频器正转启动，电动机正转运行，Y0 为 OFF 时，STF 端子断开，变频器停止，电动机停转；当 PLC 程序控制 Y1 为 ON 时，则 STR 接通，变频器反转启动，电动机反转运行，Y1 为 OFF 时，STR 端子断开，变频器停止，电动机停转。

2）电路连接注意事项

在接线之前，必须首先关闭电源，不得带电进行操作！

按照变频器外部接线图完成变频器的接线，认真检查，确保正确无误。

进行主电路接线时，应确保输入、输出端不能接错，否则会损坏变频器。

3）变频器参数设置

在通电之前，要仔细检查电路连接的正确性，防止出现短路故障。经指导老师检查无误后，方可接通交流电源。待变频器显示正常后，给变频器设置参数，根据任务要求，具体设置的参数如表 1-20 所示。

表 1-20　变频器参数功能表

序号	变频器参数	出厂值	设定值	功能说明
1	Pr.1	50	50	上限频率（50 Hz）
2	Pr.2	0	0	下限频率（0 Hz）
3	Pr.7	10	5	加速时间（10 s）
4	Pr.8	10	5	减速时间（10 s）
5	Pr.9	0	0.35	电子过电流保护（0.35 A）
6	Pr.160	9 999	0	扩张功能显示选择
7	Pr.79	0	3	操作模式选择
8	Pr.179	61	61	STR 反向启动信号

注：设置参数前先将变频器参数复位为工厂的默认设定值。

在设置参数时，应让变频器工作在 PU 模式下（即面板上 PU 指示灯亮），否则，变频器的参数不能进行修改。

4）运行调试

（1）编写的 PLC 控制程序，再进行编译，有错误时根据提示信息修改，直至无误，用 SC-09 通信编程电缆连接计算机串口与 PLC 通信口，打开 PLC 主机电源开关，下载程序至 PLC 中，下载完毕后将 PLC 的“RUN/STOP”开关拨至“RUN”状态。

（2）用 M 旋钮设定变频器运行频率。

（3）按下按钮“SB2”，观察并记录电动机的运转情况。

（4）按下按钮“SB1”，等电动机停止运转后，按下按钮“SB3”，观察并记录电动机的运转情况，并记录电动机的运转情况。

4．实训总结与思考

（1）记录 PLC 与变频器之间的接线方法及注意事项，图 1-16 的 PLC COM1 中的 Y0、Y1 输出端口连接到变频器的控制输入端口，其他两个输出端口 Y2、Y3 还能接交流

或者直流负载吗？为什么？

（2）总结 PLC 控制变频器外部端子的方法。

（3）在本任务中，参数 Pr.79 还可以怎么设置，如何操作，也能实现控制要求？

（4）如果通过 PLC 控制变频器的多段速端口通断来设定变频器的频率，其他要求不变，任务如何实现？有哪些地方需要改变？

（5）总结 PLC 程序设计、编辑、下载、监控方法。

（6）查阅三菱通用变频器 FR-D700 使用手册（应用篇）中控制电路规格和 FX3U 微型可编程控制器硬件手册输出的接线方法。

实训任务 1-4　基于 PLC 数字量方式变频器多段速控制

1. 任务要求

（1）通过 PLC 控制变频器外部端子，打开开关“SQ1”变频器每过一段时间自动变换一种输出频率，电动机正转启动运行，关闭开关“SQ1”电动机停止；开关“SQ2”“SQ3”“SQ4”“U1”按不同的方式组合，可以控制变频器多段速度端子 RH、RM、RL 通断，选择 3～7 种不同的输出频率，电动机反转启动运行。

（2）运用操作面板改变加减速时间，设定相关参数。

2. 任务分析与准备

任务要求完成变频器控制电动机有级调速任务，首先明确该系统主要由 PLC、指示与主令控制单元、变频器和交流电动机构成，其系统框图如图 1-17 所示。

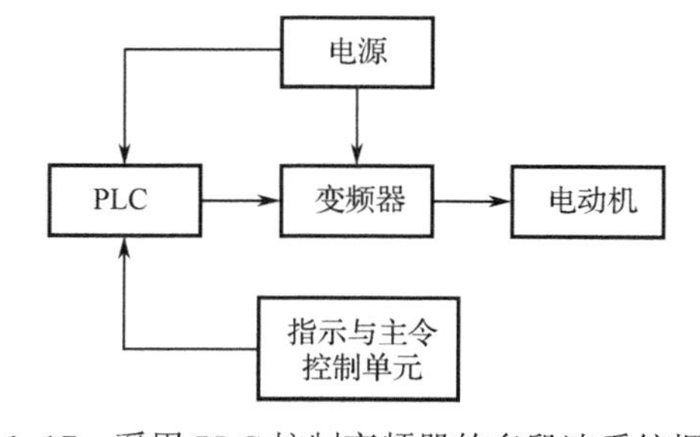

图 1-17　采用 PLC 控制变频器的多段速系统框图

扫一扫看 PLC 控制变频器的电动机多段速运行微视频

准备的元器件清单见表 1-21。

表 1-21　设备元器件清单

序号	名　称	型　号	数量	备　注
1	实训装置	XK-PLC6 型工学结合 PLC 实训台	1	
2	变频器实训模块	FR-D720S-0.4K-CHT	1	单相 220 V 输入电流
3	轴流风机	150FZY4-D	1	任选其中一个
4	三相异步电动机	YS7124-380 V/660 V　Y 型接法	1	

续表

序号	名　称	型　号	数量	备　注
5	导线	香蕉插头线	若干	强电、弱电
6	开关		若干	
7	PLC	FX2N-48MT/FX2N-48MR	1	任选一
8	电脑			安装有编程软件
9	下载线	SC-09	1	USB、串口均可

3. 任务实施

1）设计 PLC 与变频器外部接线图

由任务要求和图 1-5 所示的 FR-D700 系列变频器主电路的通用接线可知，需要单相 220 V 输入电源接到变频器的 L1、N 端子，电动机接入变频器的输出端 U、V、W。由图 1-6 所示的 FR-D720S 变频器控制电路接线图可知，控制回路需要给变频器提供启停信号和频率设定信号，选择运行模式 Pr.79 的设定值，变频器的 STF、RL、RM、RH、STR 分别接到 PLC Y0、Y1、Y2、Y3、Y4 端子，SD 接到 COM0、COM1、COM2 和 COM3 端子上，PLC 与变频器外部接线图，如图 1-18 所示。

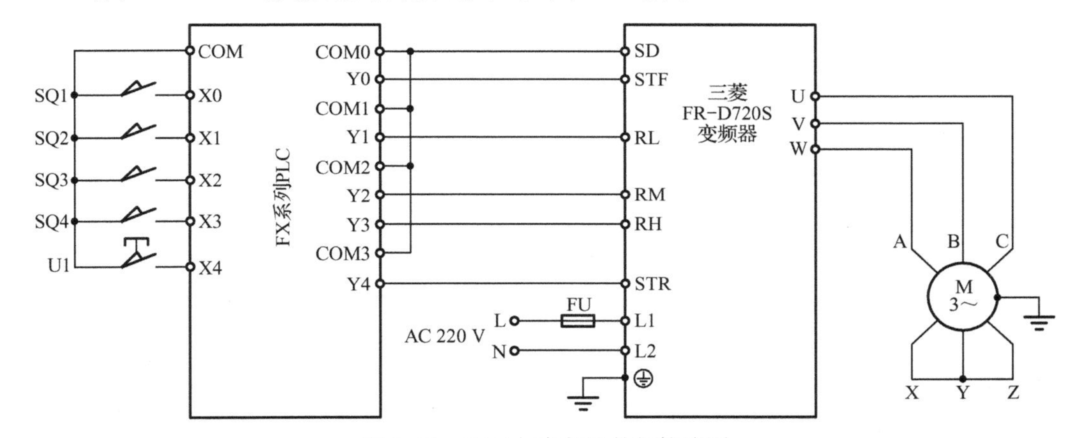

图 1-18　PLC 与变频器外部接线图

在图 1-18 中，当 PLC 程序控制 Y3 为 ON 时，则 RH 端子接通；Y3 为 OFF 时，RH 端子断开，其他输入端子的通断与此类似。

2）电路连接注意事项

在接线之前，必须首先关闭电源，不得带电操作！

按照变频器外部接线图完成变频器的接线，认真检查，确保正确无误。

进行主电路接线时，应确保输入、输出端不能接错，否则会损坏变频器。

3）变频器参数设置

在通电之前，要仔细检查电路连接的正确性，防止出现短路故障。经指导老师检查无误后，方可接通交流电源。待变频器显示正常后，给变频器设置参数，根据任务要

求，具体设置的参数参考实训任务 1-2 表 1-17，此处从略。

4）运行调试

（1）自行编写 PLC 控制程序，再进行编译，有错误时根据提示信息修改，直至无误，用 SC-09 通信编程电缆连接计算机串口与 PLC 通信口，打开 PLC 主机电源开关，下载程序至 PLC 中，下载完毕后将 PLC 的“RUN/STOP”开关拨至“RUN”状态。

（2）按下按钮“SQ1”，观察并记录电动机的运转情况。

（3）关闭开关“SQ1”，切换开关“SQ2”“SQ3”“SQ4”“U1”的通断，观察并记录电动机的运转情况。

4. 实训总结与思考

（1）记录 PLC 与变频器之间的接线方法及注意事项，图 1-18 的 PLC COM2 中的 Y4 输出端口连接到变频器的控制输入端口 STR，其他三个输出口 Y5、Y6、Y7 还能接交流或者直流负载吗？为什么？

（2）总结使用 PLC 控制变频器外部端子的通断，来控制电动机运行的操作方法。

（3）在本任务中，参数 Pr.79 还可以怎么设置，如何操作，也能实现控制要求？

（4）总结 PLC 程序设计、编辑、下载、监控方法。

（5）查阅三菱通用变频器 FR-D700 使用手册（应用篇）实现变频器的 15 段速。

1.3.3 变频器的模拟量输入（端子 2、4）设定频率

变频器的频率设定，除了用 PLC 输出端子控制多段速度设定外，也有连续设定频率的需求。例如，在变频器安装和接线完成进行运行试验时，常常用调速电位器连接到变频器的模拟量输入信号端，进行连续调速试验。此外，在触摸屏上设定变频器的频率，则此频率也应该是连续可调的。需要注意的是，如果要用模拟量输入（端子 2、4）设定频率，则 RH、RM、RL 端子应断开，否则多段速度设定优先。外部信号频率指令的优先次序是：“点动运行>多段速运行>端子 4 模拟量输入>端子 2 模拟量输入”（关于模拟量输入的频率指令请参照三菱通用变频器 FR-D700 使用手册（应用篇）第 142 页）。

1. 模拟量信号——电压输入

FR-D700 系列变频器提供 2 个模拟量输入信号端子（端子 2、4）用作连续变化的频率设定。在出厂设定情况下，只能使用端子 2，端子 4 无效。

如果使用端子 2，模拟量信号可为 0～5 V 或 0～10 V 的电压信号，用参数 Pr.73 指定，具体内容见表 1-22。

表 1-22 模拟量输入选择（Pr.73、Pr.267）

参数编号	名　称	初始值	设定范围	内　容	
73	模拟量输入选择	1	0	端子 2 输入 0～10 V	无可逆运行
			1	端子 2 输入 0～5 V	
			10	端子 2 输入 0～10 V	有可逆运行
			11	端子 2 输入 0～5 V	

续表

参数编号	名　称	初始值	设定范围	内　容	
267	端子 4 输入选择	0	0	电压/电流输入切换开关	内容
				I　V	端子 4 输入 4～20 mA
			1	I　V	端子 4 输入 0～5 V
			2		端子 4 输入 0～10 V

注：若发生切换开关与输入信号不匹配的错误（例如开关设定为电流输入 I，但端子输入却为电压信号，或反之）时，会导致外部输入设备或变频器故障。

2. 模拟量信号——电流输入

如果使用的端子 4，初始值为电流输入（4～20 mA），也可以用参数 Pr.267 和电压/电流输入切换开关设定为电压输入（0～5 V、0～10 V），具体内容见表 1-22。

要使端子 4 有效，请将 AU 信号设置为 ON。AU 信号输入所使用的端子请通过将 Pr.178～Pr.182（输入端子功能选择）设定为“4”来分配功能，分别对应 STF、STR、RL、RM 和 RH 端子，如选择 RH 端子用作 AU 信号输入，则需设置参数 Pr.182=“4”，并将 RH 端子与 SD 端进行短接，AU 信号为 ON，端子 4 有效。

电压输入时：输入电阻 10 kΩ±1 kΩ、最大容许电压 DC 20 V；电流输入时：输入电阻 233 Ω±5 Ω、最大容许电流 30 mA。

3. 以模拟量输入电压运行

频率设定信号在端子 2-5 之间输入 DC 0～5 V（或者 DC 0～10 V）的电压。输入 5 V（10 V）时为最大输出频率。5 V 的电源既可以使用内部电源，也可以使用外部电源输入。10 V 的电源，请使用外部电源输入。内部电源在端子 10-5 间输出 DC 5 V。

端子	变频器内置电源电压	频率设定分辨率	Pr.73（端子 2 输入电压）
10	DC 5 V	0.1 Hz/50 Hz	DC 0～5 V 输入

使用内部电源和外部电源的接线图分别参考图 1-20 和图 1-21。

实训任务 1-5　外部模拟量方式的变频调速控制

1. 任务要求

（1）通过外部开关“SA”控制变频器 STF 端子，从而控制电动机启动/停止，通过调节电位器改变输入电压来控制变频器的频率。

（2）运用操作面板改变加减速时间，设定相关参数。

2. 任务分析与准备

利用 FR-D720S 变频器实现三相异步电动机的外部模拟量（电压/电流）方式的变频调速控制任务，首先明确该系统主要由主令开关、变频器和交流电动机构成，其系统框图如图 1-19 所示。

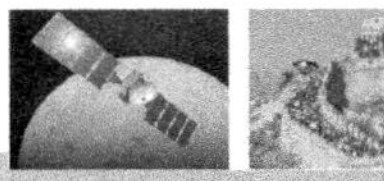

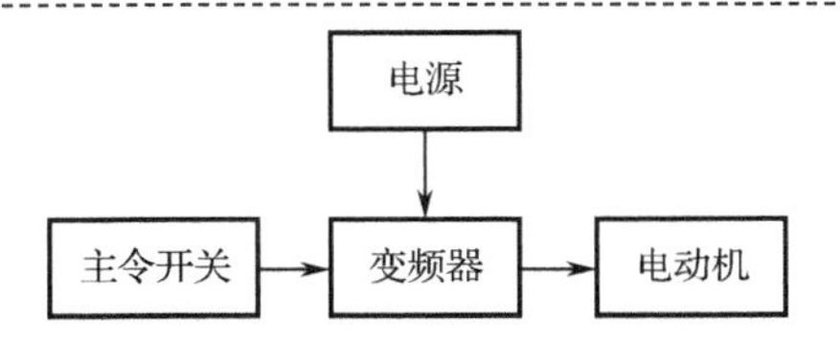

扫一扫看外部模拟量方式的变频调速控制微视频

图 1-19　调节电位器改变输入电压控制变频器的频率系统框图

所需元器件见表 1-23。

表 1-23　元器件清单

序号	名　称	型　号	数量	备　注
1	实训装置	XK-PLC6 型工学结合 PLC 实训台	1	
2	变频器实训模块	FR-D720S-0.4K-CHT	1	单相 220 V 输入电源
3	轴流风机	150FZY4-D	1	任选其中一个
4	三相异步电动机	YS7124-380 V/660 V　Y 型接法	1	
5	导线	香蕉插头线	若干	强电、弱电
6	开关		5	

3. 任务实施

1）设计变频器与电动机的连接电路原理图

由任务要求和图 1-5 所示的 FR-D700 系列变频器主电路的通用接线可知，需要单相 220 V 输入电源接到变频器的 L1、N 端子，电动机接入变频器的输出端 U、V、W。由图 1-6 所示的 FR-D720S 变频器控制电路接线图可知，控制回路需要给变频器提供启停信号和模拟量电压设定频率信号，可以选择外部启停，外部设定频率，所以可以选择运行模式 Pr.79=2，变频器外部接线如图 1-20 所示。

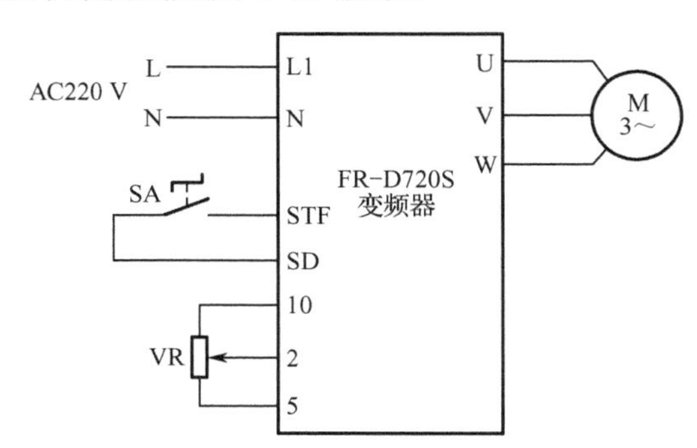

图 1-20　调节电位器改变输入电压控制变频器的频率接线图

2）电路连接注意事项

在接线之前，必须首先关闭电源，不得带电进行操作！

按照变频器外部接线图完成变频器的接线，认真检查，确保正确无误。

进行主电路接线时，应确保输入、输出端不能接错，否则会损坏变频器。

3）变频器参数设置

在通电之前，要仔细检查电路连接的正确性，防止出现短路故障。经指导老师检查无误后，方可接通交流电源。待变频器显示正常后，给变频器设置参数，根据任务要求，具体设置的参数按照表 1-24。

表 1-24　变频器参数功能表

序号	变频器参数	出厂值	设定值	功 能 说 明
1	Pr.1	50	50	上限频率（50 Hz）
2	Pr.2	0	0	下限频率（0 Hz）
3	Pr.7	5	5	加速时间（5 s）
4	Pr.8	5	5	减速时间（5 s）
5	Pr.9	0	0.35	电子过电流保护（0.35 A）
6	Pr.160	9 999	0	扩张功能显示选择
7	Pr.73	1	10	端子 2 输入 0～10 V
8	Pr.79	0	2	操作模式选择

注：当 Pr.79=2 时，Pr.79 参数设置应放在所需参数设置完成后进行，否则会造成面板锁定无法设置其他参数。

4）运行调试

（1）将电源接通，确认运行模式为外部运行模式。

（2）闭合开关 SA，启动变频器，无频率指令时，RUN 会快速闪烁。

（3）调节电位器 VR，改变输入电压，调节频率的大小，用万用表测量变频器 2、5 端子之间输入电压值，读出变频器的输出频率，并填写表 1-25 调试记录表。

（4）断开开关 SA，停止变频器。

表 1-25　调试结果记录表

序号	2、5 端子间输入电压	输 出 频 率
1		
2		
3		
4		
5		
6		
结论		

4. 实训总结

（1）总结变频器模拟量输入电压参数设置和外部接线。

（2）查阅三菱通用变频器 FR-D700 使用手册（应用篇）采用外部电源给变频器输入电压信号的接线图。

（3）如果没有直流电源，有模拟量输出模块，该采取什么措施得到模拟电压或电流信号设定变频器运行频率？

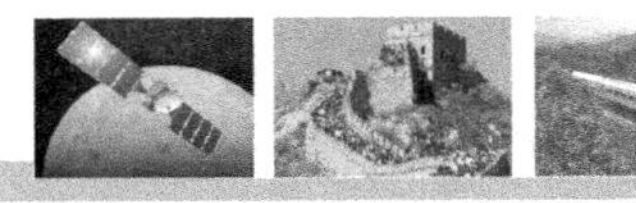

1.3.4 模拟量模块的用法

实训任务 1-5 中采用变频器内部的电源通过调节电位器改变输入电压控制变频器的频率，也可以使用外部电源给通过 2、5 端口输入电压或 4、5 端口输入电流控制变频器的频率。使用外部电压装置设定变频器频率的接线图，如图 1-21 所示。

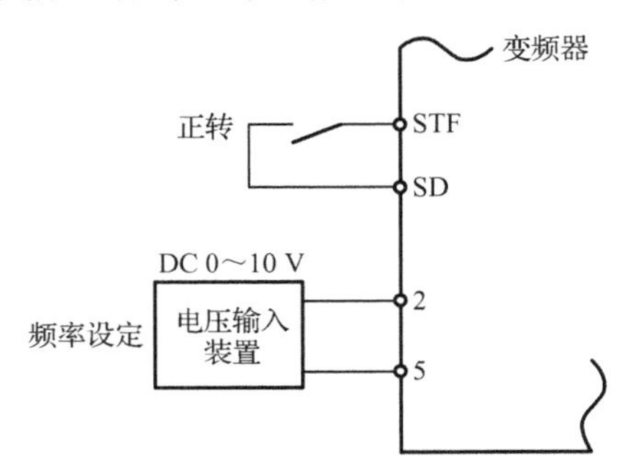

图 1-21　使用外部电源时接线图

如果没有现成的电压输入装置，也可以采用模拟量输出模块，通过 D/A 得到模拟量信号——电压和电流。

接下来学习模拟量模块 FX0N-3A 的主要性能、接线以及使用方法。

1. 特殊功能模块 FX0N-3A 的主要性能

FX0N-3A 具有 2 路输入通道和 1 路输出通道，输入通道可接收模拟信号并将模拟信号转换成数字值，可接收 DC 0～10 V 或 0～5 V 电压信号、DC 4～20 mA 电流信号。输出通道采用数字值输出等量模拟信号。该模块最大分辨率为 8 位，可与 FX2N、FX2NC、FX1N 等系列 PLC 进行连接。该模块在扩展母线上占用 8 个 I/O 点（输入或输出）。模拟量输入和输出方式均可以选择电压或电流，取决于用户接线方式。

（1）模块的电源来自 PLC 基本单元的内部电路，其中模拟电路电源要求为 DC 24 V（±10%）、90 mA，数字电路电源要求为 DC 5 V、30 mA。

（2）模拟和数字电路之间有光电耦合器隔离，但模拟通道之间无隔离。

（3）在扩展母线上占用 8 个 I/O 点（输入或输出）。

2. 模块的外部接线

模拟输入和输出的接线原理图分别如图 1-22、1-23 所示。

每路模拟量输入通道有三个接线端子，即 V_{in}、I_{in} 和 COM，电压模拟输入信号接到 V_{in}、和 COM 两个端口；电流模拟信号输入时要先将 V_{in} 和 I_{in} 短接后，然后接入信号，COM 接公共地。

如果要同时使用两个输入通道时，必须选择相同类型的输入信号，也就是两路都是电压信号或两路都是电流信号，不能一路是电压，一路是电流。

在模块的输出方面，电压输出时接 V_{out} 和 COM，电流输出时接 I_{out} 和 COM。

3. 模块性能规格

该模块出厂默认输入输出为电压有效，DC 0～10 V 对应数字量 0～250，DC 4～20 mA

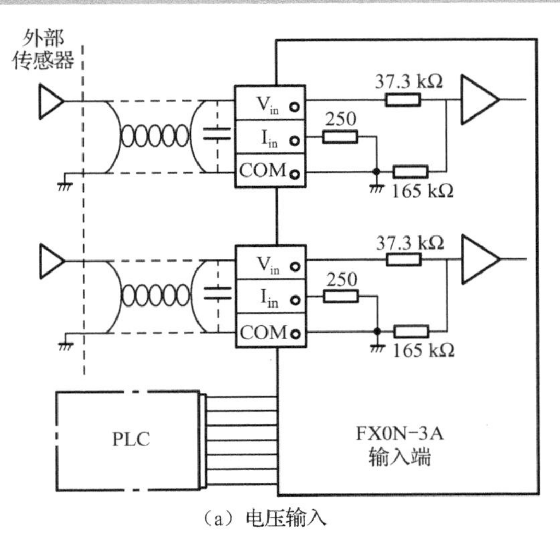

(a) 电压输入

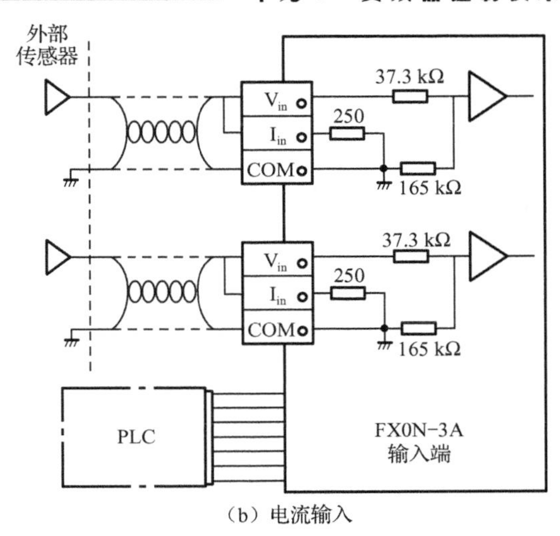

(b) 电流输入

图 1-22　模拟输入接线图

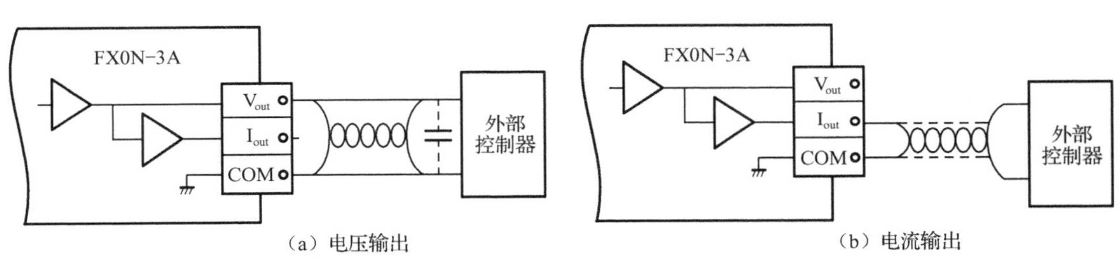

(a) 电压输出　(b) 电流输出

图 1-23　模拟输出接线图

对应于数字量 0～250。如：D/A 转换是将 0～250 的数转换成 0～10 V 的电压，是线性关系，所以需要输出 10 V 时，对应 PLC 内的数据是 250；需要输出 5 V 时，对应 PLC 内的数据是 125。

4. 编程与控制

1）读指令 FROM（FNC78）和写指令 TO（FNC79）

特殊功能模块所有数据传输和参数设置都是通过应用 PLC 中的 TO/FROM 指令完成的。所以使用特殊功能模块读指令 FROM（FNC78）和写指令 TO（FNC79）读写 FX0N-3A 模块实现模拟量的输入和输出。也可以用 FX0N-3A 模块专门的读写指令 RD3A、WR3A 来进行读写操作。

FROM 指令用于从特殊功能模块的缓冲存储器（BFM）中读出数据，如图 1-24（a）所示。这条语句是将模块号为 m1 的特殊功能模块内，从缓冲存储器（BFM）号为 m2 开始的 n 个数据读入 PLC，并存放在从 D 开始的 n 个数据寄存器中。

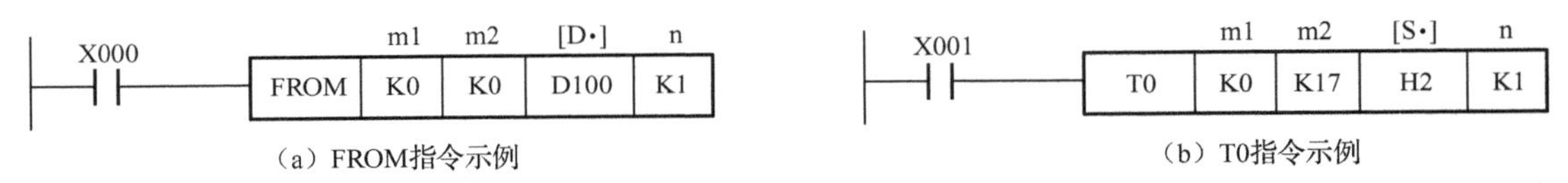

(a) FROM指令示例　(b) T0指令示例

图 1-24　特殊功能模块读和写指令

TO 指令用于从 PLC 向特殊功能模块的缓冲存储器（BFM）中写入数据，如图 1-24（b）所示。这条语句是将 PLC 中从 S 元件开始的 n 个字的数据，写到特殊功能模块号为 m1 的从编号 m2 开始的缓冲存储器（BFM）中。

模块号是指从 PLC 最近的开始按 No.0→No.1→No.2……顺序连接，模块号用于以 FROM/TO 指令指定那个模块工作。

特殊功能模块是通过缓冲存储器（BFM）与 PLC 交换信息的，FX0N-3A 共有 32 通道的 16 位缓冲寄存器（BFM），如表 1-26 所示。

表 1-26　FX0N-3A 的缓冲寄存器（BFM）分配

通道号	b15-b8	b7	b6	b5	b4	b3	b2	b1	b0
#0	保留	当前输入通道的 A/D 转换值（以 8 位二进制数表示）							
#16		当前 D/A 输出通道的设置值							
#17							D/A 转换启动	A/D 转换启动	A/D 通道选择
#1～#15 #18～#31	保留								

其中#17 通道位含义：

b0=0，选择模拟输入通道 1；b0=1，选择模拟输入通道 2；

b1 从 0 到 1，A/D 转换启动；

b2 从 1 到 0，D/A 转换启动。

图 1-25 是实现 D/A 转换的例程，图 1-26 是实现 A/D 转换的例程。

实例 1-1　使用模拟输出。写入模块号为 0 的 FX0N-3A 模块，D2 是其 D/A 转换值，如图 1-25 所示。

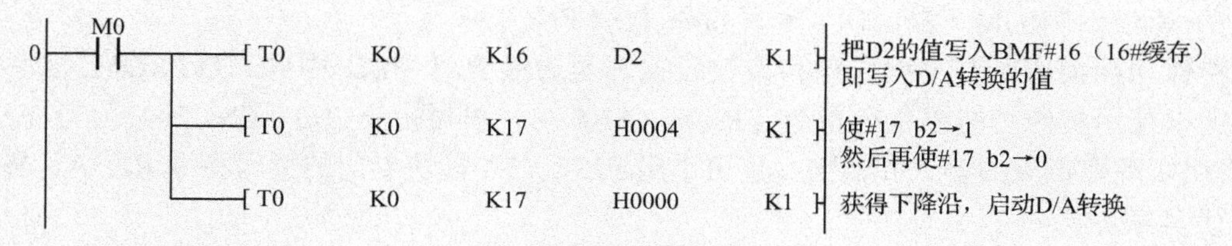

图 1-25　D/A 转换编程示例

在本例中，M0 为 ON，执行 D/A 转换处理，将存储在 PLC 的数据寄存器 D2 中数字值转换成模拟信号输出。

实例 1-2　使用模拟输入。读取模块号为 0 的 FX0N-3A 模块，其通道 1 的 A/D 转换值保存到 D0，通道 2 的 A/D 转换值保存到 D1，如图 1-26 所示。

在本例中，当 M0 为 ON 时，从通道 1 读取模拟输入保存到 PLC 的 D0 中；当 M1 为 ON 时，从通道 2 读取模拟输入，保存到 PLC 的 D1 中。

触点	指令					说明
M0	TO	K0	K17	H0000	K1	选择A/D输入通道1
	TO	K0	K17	H0002	K1	启动通道1进行A/D转换
	FROM	K0	K0	D0	K1	读取A/D转换的结果到D0
M1	TO	K0	K17	H0001	K1	选择A/D输入通道2
	TO	K0	K17	H0003	K1	启动通道2进行A/D转换
	FROM	K0	K0	D1	K1	读取A/D转换的结果到D1

图 1-26　A/D 转换编程示例

2）针对 FX0N-3A 模拟量模块读指令 RD3A（FNC 176）和写指令 WR3A（FNC 177）

读指令 RD3A：读取 FX 0N -3A 模拟量模块的模拟量输入值的指令。

写指令 WR3A：向 FX 0N -3A 模拟量模块写入数字值的指令。

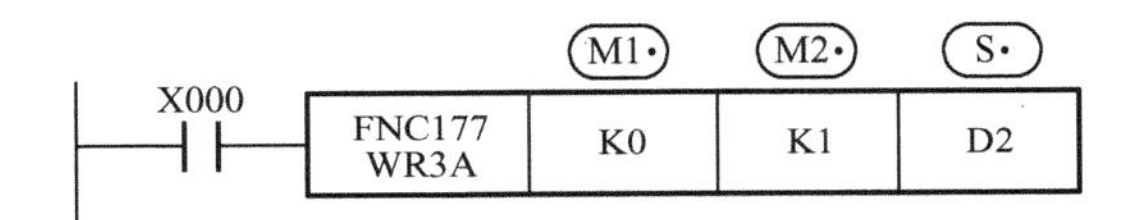

M1：指定特殊模块号 K0～K7。

M2：模拟量输出通道号仅 K1 有效。

S：写入数据，指定写入模拟量模块的数字值。

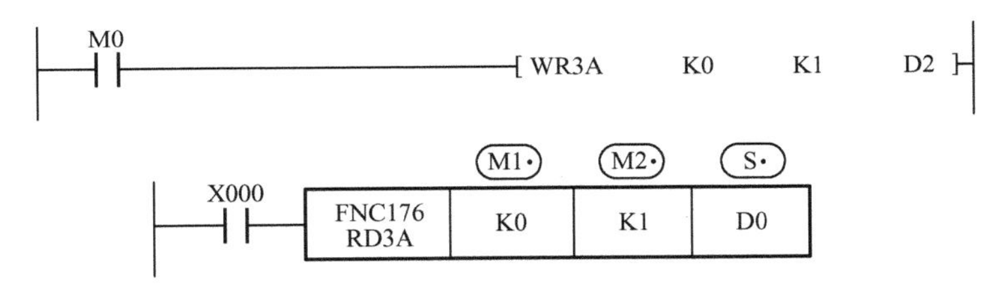

M1：指定特殊模块号 K0～K7。

M2：模拟量输入通道号，K1 或 K2。

S：读取数据，保存读取自模拟量模块的数值。

触点	指令			
M0	RD3A	K0	K1	D0
M1	RD3A	K0	K2	D1

实训任务 1-6　基于 PLC 模拟量控制的电压输入变频开环调速

1. 任务要求

（1）通过 PLC 控制变频器外部端子。通过 PLC 控制变频器端子 STF 通断，启动/停

止变频器，从而控制电动机正转/停止。

（2）通过 PLC 控制变频器模拟量电压输入（2、5）端子设定变频器的频率。

（3）PLC 设定数字量，通过模拟量模块的 D/A 转换，得到电压信号设定变频器的频率。

（4）运用操作面板改变加减速时间，设定相关参数。

2. 任务分析与准备

任务要求完成变频器控制电动机无级调速任务，首先明确该系统主要由 FX2N PLC 基本单元、FX0N-3A 模拟量模块、指示与主令控制单元、变频器和交流电动机构成，其系统框图如图 1-27 所示。

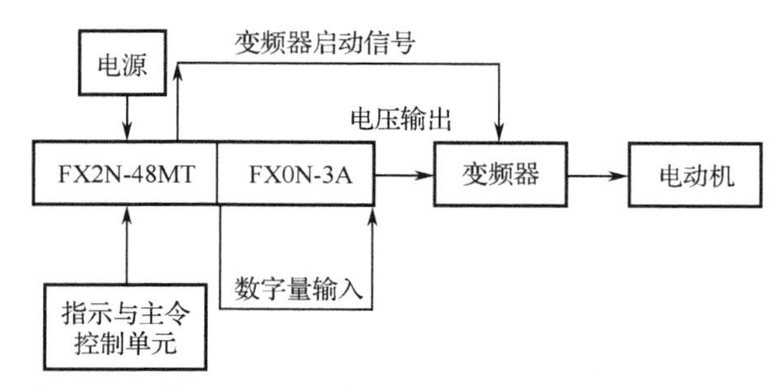

图 1-27　利用 PLC、变频器模拟电压输入调速系统框图

所需元器件见表 1-27。

表 1-27　设备元器件清单

序号	名　称	型 v 号	数量	备　注
1	实训装置	XK-PLC6 型工学结合 PLC 实训台	1	
2	变频器实训模块	FR-D720S-0.4K-CHT	1	单相 220 V 输入电源
3	轴流风机	150FZY4-D	1	任选其中一个
4	三相异步电动机	YS7124-380 V/660 V　Y 型接法	1	
5	导线	香蕉插头线	若干	强电、弱电
6	开关		若干	
7	PLC	FX2N-48MT/FX2N-48MR	1	任选一
8	电脑		1	安装有编程软件
9	编程下载线	SC-09	1	USB、串口均可
10	模拟量模块	FX0N-3A	1	

3. 任务实施

1）设计 PLC 与变频器外部接线图

由任务要求和图 1-5 所示的 FR-D700 系列变频器主电路的通用接线可知，需要单相 220 V 输入电源接到变频器的 L1、N 端子，电动机接入变频器的输出端 U、V、W。由图 1-6 所示的 FR-D720S 变频器控制电路接线图可知，控制回路需要给变频器提供启停

信号和频率设定信号，由控制方式为外部，变频器的运行频率由外部模拟量给定，从而选择运行模式 Pr.79=2，变频器的 STF 接入 PLC Y0，SD 接到 PLC COM1 端子，模拟量模块输出选用电压输出，V_{out}、COM 分别接入变频器的 2、5 端子，系统接线图如图 1-28 所示。

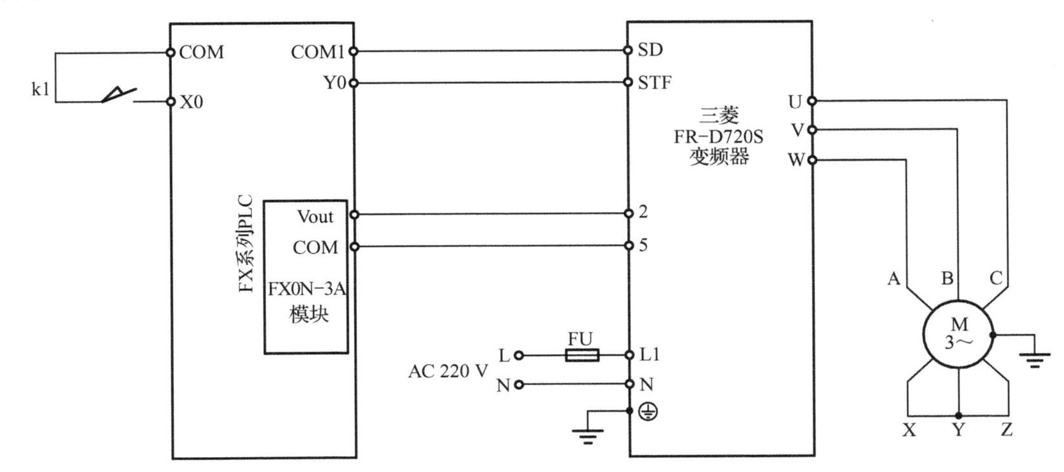

图 1-28　PLC 与变频器外部接线图

2）电路连接注意事项

在接线之前，必须首先关闭电源，不得带电操作！

按照变频器外部接线图完成变频器的接线，认真检查，确保正确无误。

进行主电路接线时，应确保输入、输出端不能接错，否则会损坏变频器。

3）变频器参数设置

在通电之前，要仔细检查电路连接的正确性，防止出现短路故障。经指导老师检查无误后，方可接通交流电源。待变频器显示正常后，给变频器设置参数，根据任务要求，具体设置的参数按照表 1-28。

表 1-28　变频器参数功能表

序号	变频器参数	出厂值	设定值	功 能 说 明
1	Pr.1	50	50	上限频率（50 Hz）
2	Pr.2	0	0	下限频率（0 Hz）
3	Pr.7	5	5	加速时间（5 s）
4	Pr.8	5	5	减速时间（5 s）
5	Pr.9	0	0.35	电子过电流保护（0.35 A）
6	Pr.160	9 999	0	扩张功能显示选择
7	Pr.73	1	10	端子 2 输入 0～10 V
8	Pr.79	0	2	操作模式选择

注意：当 Pr.79=2 时，Pr.79 参数设置应放在所需参数设置完成后进行，否则会造成面板锁定无法设置其他参数。

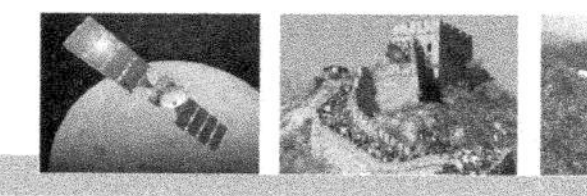

4）运行调试

（1）自行编写 PLC 控制程序，再进行编译，有错误时根据提示信息修改，直至无误，用 SC-09 通信编程电缆连接计算机串口与 PLC 通信口，打开 PLC 主机电源开关，下载程序至 PLC 中，下载完毕后将 PLC 的“RUN/STOP”开关拨至“RUN”状态。

（2）打开开关“K1”，启动变频器，改变 PLC 程序中频率的设定值，观察并记录变频器的输出频率和电动机的运转情况。

4. 实训总结与思考

（1）记录模拟量模块与变频器之间的接线方法及注意事项。

（2）总结使用 PLC 控制变频器外部端子的通断，来控制电动机运行的操作方法。

（3）通过变频器电压输入设定频率时，参数 Pr.73 设定值对变频器运行频率有什么影响？

（4）总结模拟量输出 PLC 程序设计方法。

（5）如何在 PLC 程序中产生不断增加或减小的数字量，从而改变输出的电压信号？

（6）查阅三菱 FX 系列特殊功能模块用户手册“FX0N-3A 特殊功能模块”和三菱通用变频器 FR-D700 使用手册（应用篇）。

实训任务 1-7　基于 PLC 模拟量控制的电流输入变频开环调速

1. 任务要求

（1）通过 PLC 控制变频器外部端子。通过 PLC 控制变频器端子 STF 通断，启动/停止变频器，从而控制电动机正转/停止。

（2）通过 PLC 控制变频器模拟量电流输入（4、5）端子设定变频器的频率。通过外部端子控制电动机启动/停止、打开“K1”电动机正转启动。调节输入电压，电动机转速随电压增加而增大。

（3）运用操作面板改变加减速时间，设定相关参数。

2. 任务分析与准备

任务要求完成变频器控制电动机无级调速任务，首先明确该系统主要由 FX2N PLC 基本单元、FX0N-3A 模拟量模块、指示与主令控制单元、变频器和交流电动机构成，其系统框图如图 1-29 所示。

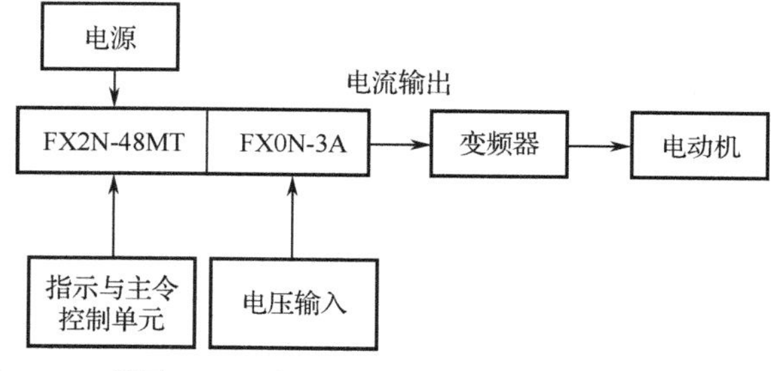

图 1-29　利用 PLC、变频器实现模拟量调速控制的系统框图

所需元器件见表 1-26。

表 1-26　设备元器件清单

序号	名　　称	型　　号	数量	备　　注
1	实训装置	XK-PLC6 型工学结合 PLC 实训台	1	
2	变频器实训模块	FR-D720S-0.4K-CHT	1	单相 220 V 输入电源
3	轴流风机	150FZY4-D	1	任选其中一个
4	三相异步电动机	YS7124-380 V/660 V　Y 型接法	1	
5	导线	香蕉插头线	若干	强电、弱电
6	开关		若干	
7	PLC	FX2N-48MT/FX2N-48MR	1	任选一
8	电脑		1	安装有编程软件
9	下载线	SC-09	1	USB、串口均可
10	模拟量模块	FX0N-3A	1	

3. 任务实施

1）设计 PLC 与变频器外部接线图

由任务要求和图 1-5 所示的 FR-D700 系列变频器主电路的通用接线可知，需要单相 220 V 输入电源接到变频器的 L1、N 端子，电动机接入变频器的输出端 U、V、W。由图 1-6 所示的 FR-D720S 变频器控制电路接线图可知，控制回路需要给变频器提供启停信号和频率设定信号，由控制方式为外部，变频器的运行频率由外部模拟量给定，从而选择运行模式 Pr.79=2，变频器的 RH 与 STF 短接后接入 PLC Y0，SD 接到 PLC COM1 端子，模拟量模块 1 通道电压输入端子 V_{in1}、COM1 分别外接 5 V 电压正极、负极，模拟量模块输出选用电流输出，I_{out}、COM 分别接入变频器的 4、5 端子，系统接线图如图 1-30 所示。

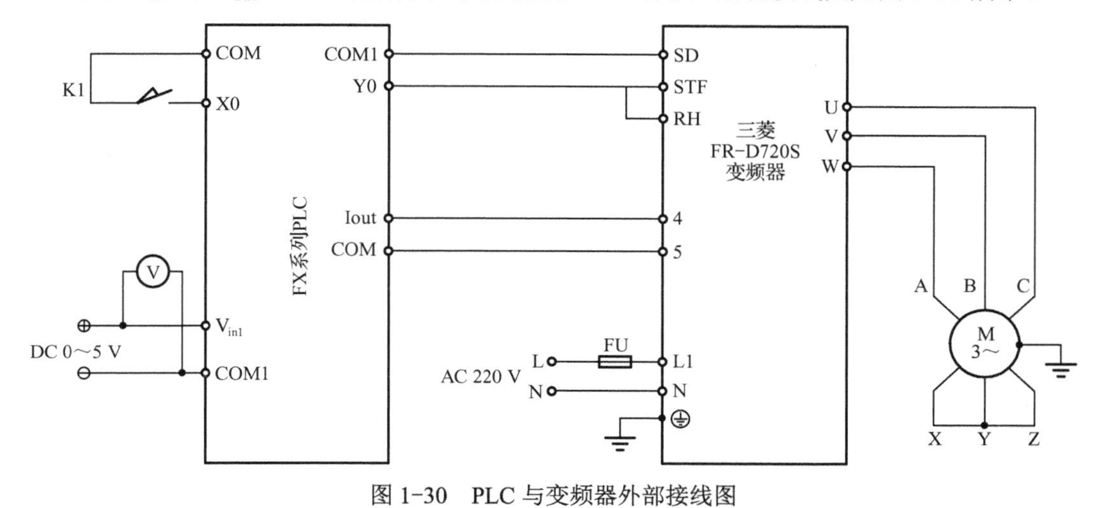

图 1-30　PLC 与变频器外部接线图

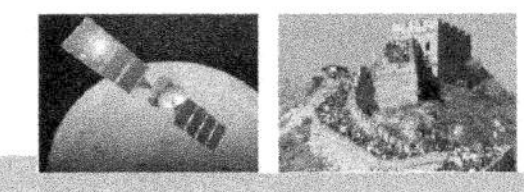

2）电路连接注意事项

在接线之前，必须首先关闭电源，不得带电进行操作！

按照变频器外部接线图完成变频器的接线，认真检查，确保正确无误。

进行主电路接线时，应确保输入、输出端不能接错，否则会损坏变频器。

3）变频器参数设置

在通电之前，要仔细检查电路连接的正确性，防止出现短路故障。经指导老师检查无误后，方可接通交流电源。待变频器显示正常后，给变频器设置参数，根据任务要求，具体设置的参数按照表1-27。

表1-27　变频器参数功能表

序号	变频器参数	出厂值	设定值	功能说明
1	Pr.1	50	50	上限频率（50 Hz）
2	Pr.2	0	0	下限频率（0 Hz）
3	Pr.7	5	5	加速时间（5 s）
4	Pr.8	5	5	减速时间（5 s）
5	Pr.9	0	0.35	电子过电流保护（0.35 A）
6	Pr.160	9 999	0	扩张功能显示选择
7	Pr.182	2	4	设定RH端子为AU信号，端子4输入
8	Pr.267	0	0	端子4输入4～20 mA
9	Pr.79	0	2	操作模式选择

注意：当Pr.79=2时，Pr.79参数设置应放在所需参数设置完成后进行，否则会造成面板锁定无法设置其他参数。

4）运行调试

（1）自行编写PLC控制程序，再进行编译，有错误时根据提示信息修改，直至无误，用SC-09通信编程电缆连接计算机串口与PLC通信口，打开PLC主机电源开关，下载程序至PLC中，下载完毕后将PLC的“RUN/STOP”开关拨至“RUN”状态。

（2）打开开关“K1”，调节PLC模拟量模块输入电压，观察并记录变频器的输出频率和电动机的运转情况。

4. 实训总结与思考

（1）记录模拟量模块与PLC以及变频器模拟量输入端子之间的接线方法及注意事项。

（2）总结使用PLC控制变频器外部端子的通断，来控制电动机运行的操作方法。

（3）变频器模拟量电流输入时，有关AU信号参数设置应注意的问题。

（4）总结模拟量输入和模拟量输出PLC程序设计方法。

（5）查阅三菱FX系列特殊功能模块用户手册“FX0N-3A特殊功能模块”和三菱通用变频器FR-D700使用手册（应用篇）。

知识梳理与总结

（1）变频器操作面板的功能以及如何用操作面板设置变频器的参数和频率。

（2）变频器外部端子的功能，包括主电路、开关量输入端子、模拟量输入端子、开关量输出端子、模拟量输出端子的功能。

（3）变频器运行模式。所谓运行模式，是指对输入到变频器的启动指令和频率指令的输入场所的指定。要使变频器正常工作，要解决的问题首先是如何启动和停止变频器，其次是如何设定变频器频率。在变频器不同的运行模式下，各种按键、M 旋钮的功能各异。一般来说，使用控制电路端子、在外部设置电位器和开关来进行操作的是“外部运行模式”，使用操作面板或参数单元输入启动指令、设定频率的是“PU 运行模式”，通过 PU 接口进行 RS-485 通信或使用通信选件的是“网络运行模式（NET 运行模式）”。可以通过操作面板或通信的命令代码来进行运行模式的切换。在进行变频器操作以前，必须了解其各种运行模式，才能进行各项操作。

（4）模拟量模块的用法。FX0N-3A 具有 2 路输入通道和 1 路输出通道，输入通道可接收模拟信号并将模拟信号转换成数字值，可接收 DC 0～10 V 或 0～5 V 电压信号、DC 4～20 mA 电流信号。输出通道采用数字值输出等量模拟信号。该模块最大分辨率为 8 位，可与 FX2N、FX2NC、FX1N 等系列 PLC 进行连接。该模块在扩展母线上占用 8 个 I/O 点（输入或输出）。模拟量输入和输出方式均可以选择电压或电流，取决于用户接线方式。模拟量模块使用包括输入方式和输入通道的选择、输出方式选择、硬件接线、A/D 和 D/A PLC 程序编写。

思考与练习 1

1. 电动机的停止和启动时间与变频器的哪些参数有关？
2. 在变频器的外部端子中，用做输入信号和输出信号的分别有哪些？
3. 如何实现变频器从变频运行转为工频运行？试设计电气原理图。
4. 如何从变频器的模拟量输出端子 AM 端子监控变频器的输出电压、输出频率？
5. 如何从变频器的开关量输出端子 RUN、SE 检测开关量输出的变化？

单元2 触摸屏与嵌入式组态控制技术

教学导航

知识目标	1. TPC触摸屏的外部接口功能; 2. 嵌入式组态软件的主要功能和结构; 3. 用户窗口的组态; 4. 设备窗口组态
能力目标	1. 会TPC触摸屏与计算机、PLC的通信连接; 2. 能对设备窗口进行组态; 3. 能在用户窗口中进行常用基本元件的组态; 4. 能进行报警、动画组态; 5. 资料查询能力; 6. 自主学习能力
素质目标	1. 团队协作能力; 2. 组织沟通能力; 3. 严谨认真的学习工作作风
重难点	1. 按钮、指示灯、输入框、标签等基本元件组态; 2. 触摸屏工程下载; 3. TPC触摸屏与FX系列通信; 4. 动画组态、报警组态、脚本程序编写、策略组态、安全机制
单元任务	1. 嵌入式TPC+三菱FXPLC制作简单工程; 2. 简单动画组态; 3. 各种报警组态
推荐教学方法	翻转课堂、动画教学、任务驱动教学

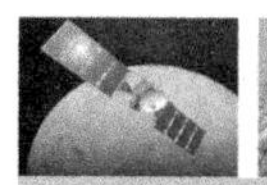

2.1　触摸屏及嵌入版组态软件

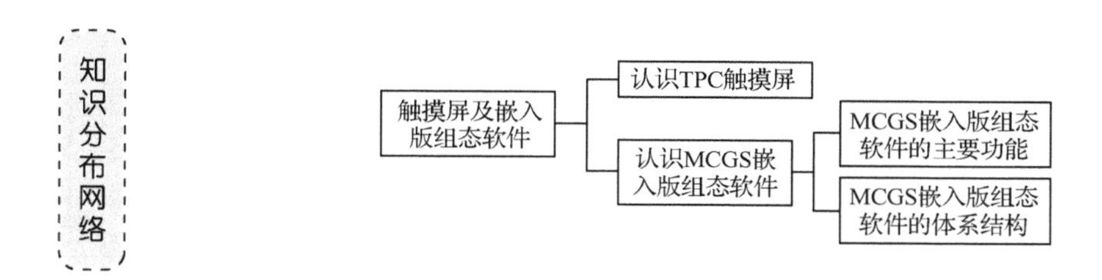

2.1.1　触摸屏的结构与功能

TPC7062K 是北京昆仑通态自动化软件公司研发的嵌入式一体化触摸屏，是一款在实时多任务嵌入式操作系统 Windows CE 环境下运行、MCGS 嵌入式组态软件组态的产品。该产品设计采用了 7 英寸高亮度 TFT 液晶显示屏（分辨率 800×480），四线电阻式触摸屏（分辨率 4 096×4 096），色彩达 64 K 彩色。CPU 主板为 ARM 结构嵌入式低功耗 CPU，主频 400 MHz，64 M 存储空间。TPC7062K 产品外观如图 2-1 所示。

（a）正视图

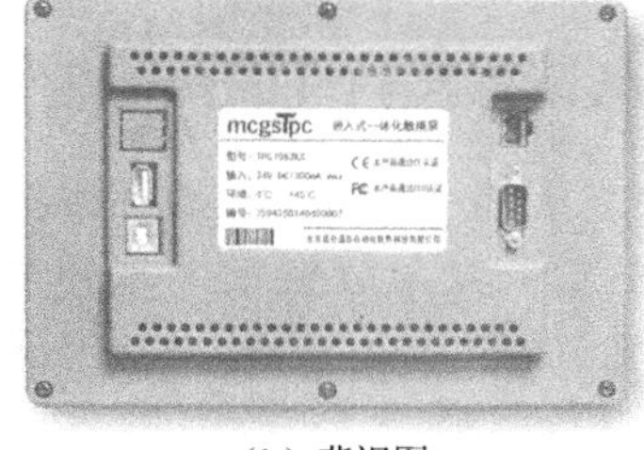

（b）背视图

图 2-1　TPC7062K 产品外观

1. TPC7062K 供电接线

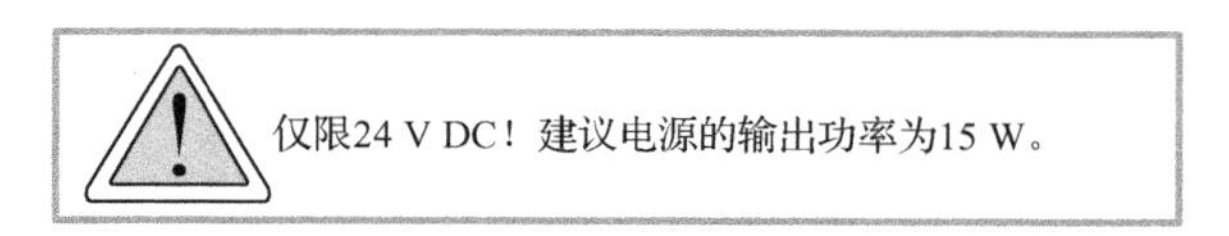

TPC7062K 的接线步骤：

步骤 1：将 24 V 电源线剥线后插入电源插头接线端子中；

步骤 2：使用一字螺丝刀将电源插头螺钉锁紧；

步骤 3：将电源插头插入产品的电源插座。

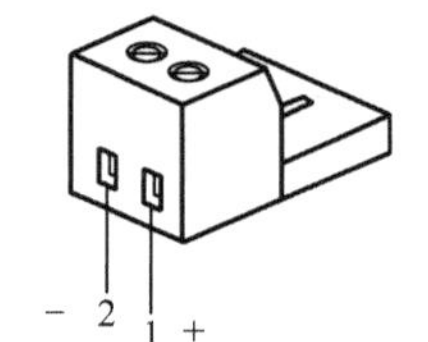

PIN	定义
1	+
2	−

图 2-2　电源插头示意图及引脚定义

2. TPC7062K 外部接口

接口说明，如图 2-3 所示，串口引脚定义，如图 2-4 所示。

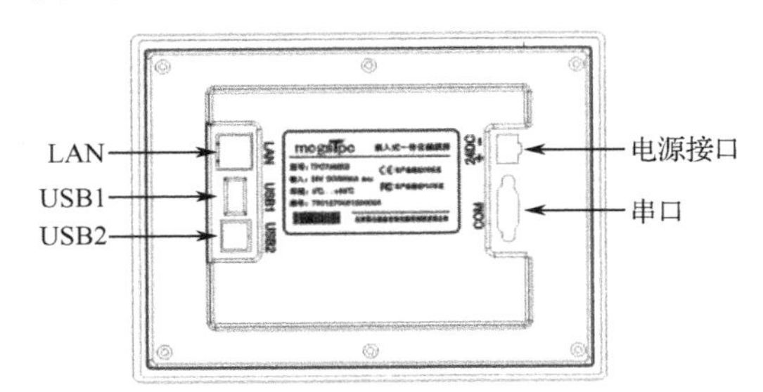

项目	TPC7062K
LAN（RJ45）	以太网接口
串口（DB9）	1×RS232，1×RS485
USB1	主口，USB1.1兼容
USB2	从口，用于下载工程
电源接口	DC 24 V（±20%）

图 2-3　接口说明

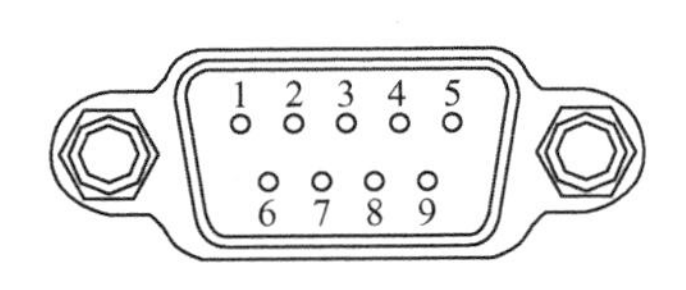

接口	PIN	引脚定义
COM1	2	RS232 RXD
	3	RS232 TXD
	5	GND
COM2	7	RS485+
	8	RS485-

图 2-4　COM 串口引脚定义

2.1.2　嵌入版组态软件的功能与体系结构

MCGS 嵌入版是在 MCGS 通用版的基础上开发的，专门应用于嵌入式计算机监控系统的组态软件，MCGS 嵌入版包括组态环境和运行环境两部分，它的组态环境能够在基于 Microsoft 的各种 32 位 Windows 平台上运行，运行环境则是在实时多任务嵌入式操作系统 Windows CE 下运行。适应于应用系统对功能、可靠性、成本、体积、功耗等综合性能有严格要求的专用计算机系统。通过对现场数据的采集处理，以动画显示、报警处理、流程控制和报表输出等多种方式向用户提供解决实际工程问题的方案，在自动化领域有着广泛的应用。此外 MCGS 嵌入版还带有一个模拟运行环境，用于对组态后的工程进行模拟测试，方便用户对组态过程的调试。

1. MCGS 嵌入版组态软件的主要功能

（1）简单灵活的可视化操作界面。采用全中文、可视化的开发界面，符合中国人的使用习惯和要求。

（2）实时性强、有良好的并行处理性能。真正的 32 位系统，以线程为单位对任务进行分时并行处理。

（3）丰富、生动的多媒体画面。以图像、图符、报表、曲线等多种形式，为操作员及时提供相关信息。

（4）完善的安全机制。提供了良好的安全机制，可以为多个不同级别用户设定不同的操作权限。

（5）强大的网络功能。MCGS 嵌入版支持串口通信、Modem 串口通信、以太网 TCP/IP 通信。

（6）多样化的报警功能。提供多种不同的报警方式，具有丰富的报警类型，方便用户进行报警设置。

（7）支持多种硬件设备，实现“设备无关”。

MCGS 嵌入版设立设备工具箱，定义多种设备构件，建立系统与外部设备的连接关系，赋予相关的属性，实现对外部设备的驱动和控制。

总之，MCGS 嵌入版组态软件具有与通用组态软件一样强大的功能，并且操作简单。

2. MCGS 嵌入版组态软件的体系结构

MCGS 嵌入式体系结构分为组态环境、模拟运行环境和运行环境三部分。

组态环境和模拟运行环境相当于一套完整的工具软件，可以在 PC 机上运行。它帮助用户设计和构造自己的组态工程并进行功能测试。

运行环境则是一个独立的运行系统，它按照组态工程中用户指定的方式进行各种处理，完成用户组态设计的目标和功能。运行环境本身没有任何意义，必须与组态工程一起作为一个整体，才能构成用户应用系统。一旦组态工作完成，并且将组态好的工程通过 USB 口或以太网下载到触摸屏的运行环境中，组态工程就可以离开组态环境而独立运行在下位机上，从而保证控制系统的可靠性、实时性、确定性和安全性。

由 MCGS 嵌入版生成的用户应用系统，其结构由主控窗口、设备窗口、用户窗口、实时数据库和运行策略五个部分构成，如图 2-5 所示。

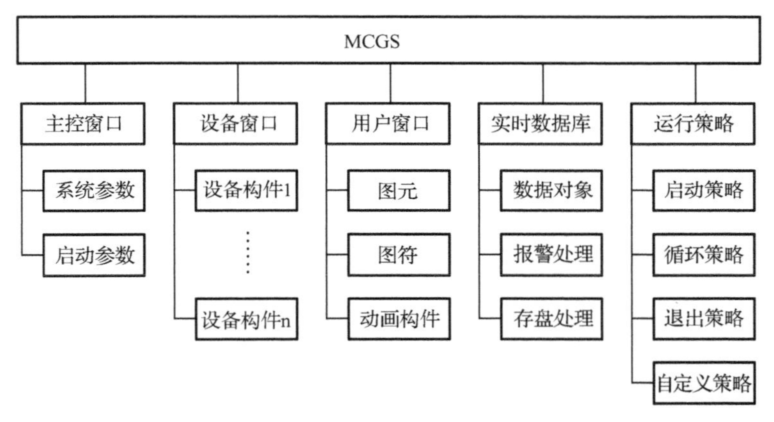

图 2-5　用户应用系统的构成

2.2　新建工程的步骤与工作台界面

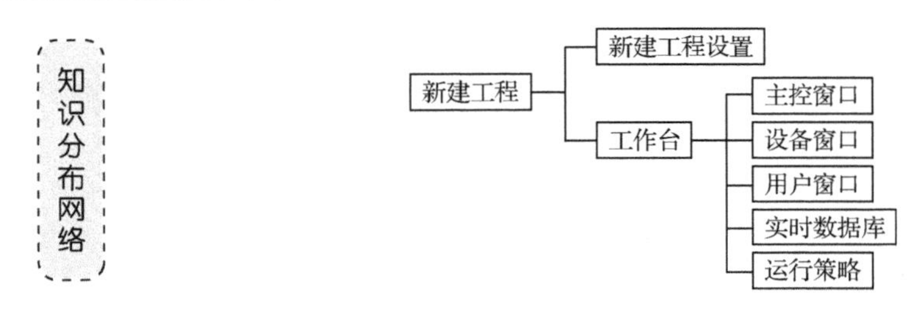

在电脑上安装好 MCGS 嵌入版组态软件后，桌面会显示两个快捷方式图标，分别用于启动 MCGS 嵌入式组态环境和模拟运行环境。鼠标双击 Windows 操作系统桌面上的组态环

境快捷方式，可打开嵌入版组态软件，然后按如下步骤建立通信工程：

单击“文件”菜单中“新建工程”选项，弹出“新建工程设置”对话框，如图 2-6 所示，TPC 类型选择为“TPC7062K”，单击“确认”。

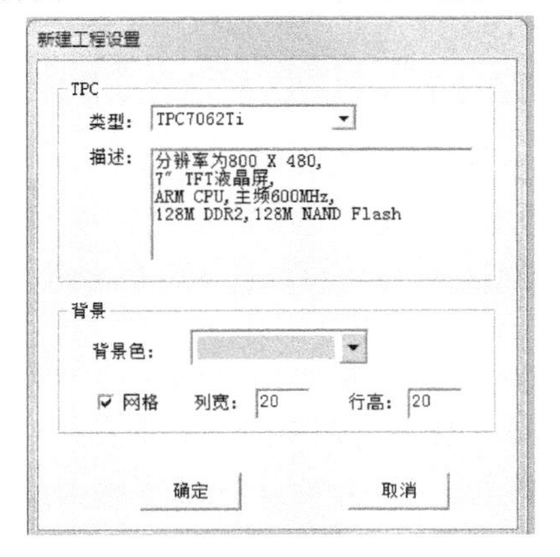

图 2-6　新建工程设置

（1）单击“文件”菜单中“新建工程”选项，如果 MCGS 嵌入版安装在 D:盘根目录下，则会在 D:\MCGSE\WORK\下自动生成新建工程，默认的工程名为“新建工程 X.MCE”（X 表示新建工程的顺序号，如 0、1、2 等）。

（2）选择“文件”菜单中的“工程另存为”菜单项，弹出文件保存窗口。

（3）在文件名一栏内输入“三菱 FXPLC 控制”，单击“保存”按钮，工程创建完毕。弹出图 2-7 所示界面。

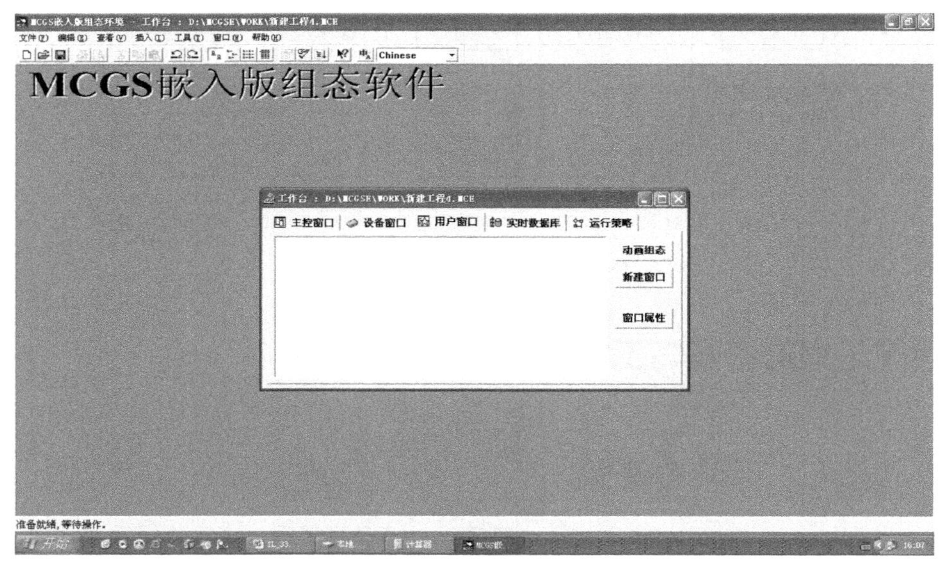

图 2-7　工作台

MCGS 嵌入版用“工作台”窗口来管理构成用户应用系统的五个部分，工作台上的五个标签：主控窗口、设备窗口、用户窗口、实时数据库和运行策略，对应于五个不同的窗口页面，每一个页面负责管理用户应用系统的一个部分，用鼠标单击不同的标签可选取不同窗口页面，对应用系统的相应部分进行组态操作。

1. 主控窗口构造了应用系统的主框架

主控窗口确定了工业控制中工程作业的总体轮廓，以及运行流程、特性参数和启动特性等项内容，是应用系统的主框架，是组态工程的主窗口，是所有设备窗口和用户窗口的父窗口，它相当于一个大的容器，可以放置一个设备窗口和多个用户窗口，负责这些窗口的管理和调度，并调度用户策略的运行。

2. 设备窗口是 MCGS 嵌入版系统与外部设备联系的媒介

设备窗口专门用来放置不同类型和功能的设备构件，实现对外部设备的操作和控制。设备窗口通过设备构件把外部设备的数据采集进来，送入实时数据库，或把实时数据库中的数据输出到外部设备。

3. 用户窗口实现了数据和流程的“可视化”

用户窗口本身是一个“容器”，用户窗口中可以放置三种不同类型的图形对象：图元、图符和动画构件。通过在用户窗口内放置不同的图形对象，用户通过对用户窗口内多个图形对象的组态，生成漂亮的图形界面，为实现动画显示效果做准备。

4. 实时数据库是 MCGS 嵌入版系统的核心

实时数据库相当于一个数据处理中心，同时也起到公共数据交换区的作用。从外部设备采集来的实时数据送入实时数据库，系统其他部分操作的数据也来自于实时数据库。

5. 运行策略是对系统运行流程实现有效控制的手段

所谓“运行策略”，是用户为实现对系统运行流程自由控制所组态生成的一系列功能块的总称。运行策略本身是系统提供的一个框架，里面放置由策略条件构件和策略构件组成的“策略行”，MCGS 嵌入版为用户提供了进行策略组态的专用窗口和工具箱。运行策略的建立，使系统能够按照设定的顺序和条件，操作实时数据库，控制用户窗口的打开、关闭以及设备构件的工作状态，从而实现对系统工作过程精确控制及有序调度管理的目的。

设备窗口通过设备构件驱动外部设备，将采集的数据送入实时数据库；由用户窗口组成的图形对象，与实时数据库中的数据对象建立连接关系，以动画形式实现数据的可视化；运行策略通过策略构件，对数据进行操作和处理，如图 2-8 所示。

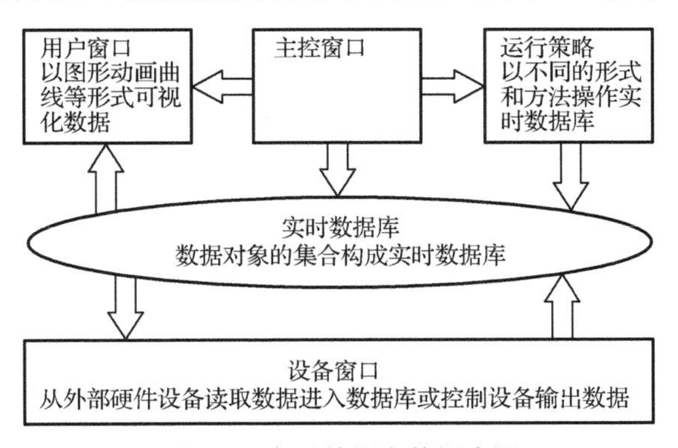

图 2-8　实时数据库数据流图

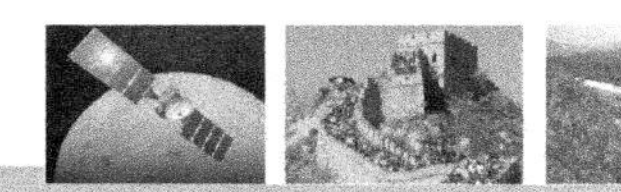

2.3 工程组态

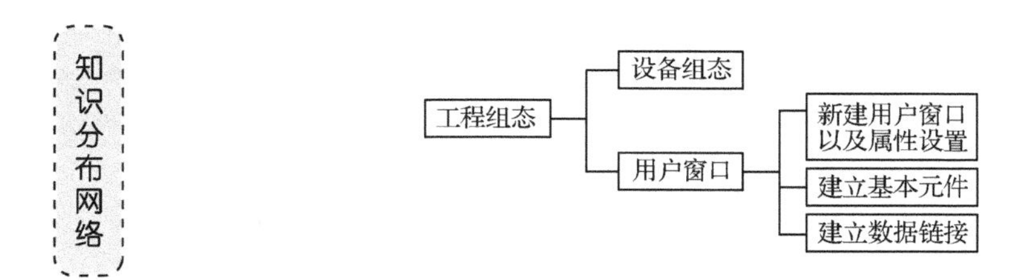

为了通过触摸屏操作机器或系统，必须给触摸屏设备组态用户界面，该过程称为“组态阶段”。系统组态就是通过 PLC 以“变量”方式进行操作单元与机械设备或工作过程之间的通信。变量值写入 PLC 的存储区域（地址），由操作单元从该区域读取。

本节通过实例介绍 MCGS 嵌入版组态软件中建立同三菱 FX 系列 PLC 编程口通信的步骤，实际操作地址是三菱 PLC 中的 Y0、Y1、Y2、D0 和 D2。

2.3.1 设备组态

（1）在工作台中激活设备窗口，双击 设备窗口 图标进入设备组态画面，点击工具条中的“工具箱” 图标，打开“设备工具箱”，如图 2-9 所示。

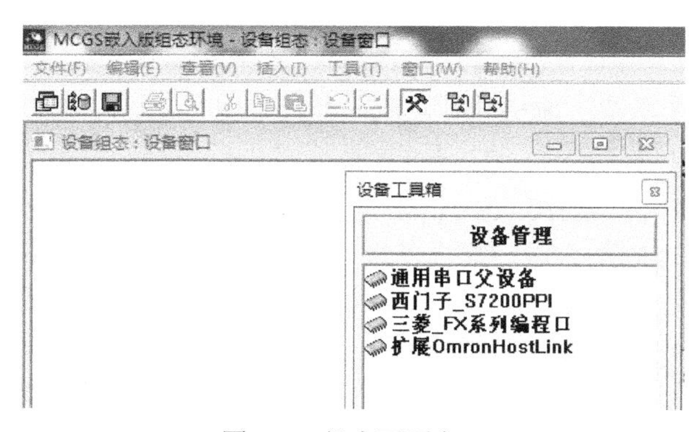

图 2-9　组态画面窗口

（2）在设备工具箱中，先双击“通用串口父设备”，然后双击“三菱_FX 系列编程口”选项添加至组态画面，如图 2-10 所示。提示是否使用三菱 FX 系列编程口默认通信参数设置设置串口父设备参数，如图 2-11 所示，单击“是”按钮关闭设备窗口。

（3）在下方出现“通用串口父设备”“三菱_FX 系列编程口”，见图 2-12。

（4）双击“通用串口父设备”，进入通用串口父设备的基本属性设置窗口，见图 2-13，作如下设置：

① 串口端口号（1～255）设置为“0 - COM1”；

② 通信波特率设置为“6-9 600”；

③ 数据校验方式设置为“2 - 偶校验”；

④ 其他设置为默认。

（5）双击“三菱_FX 系列编程口”，进入设备编辑窗口，如图 2-14 所示。左边窗口下

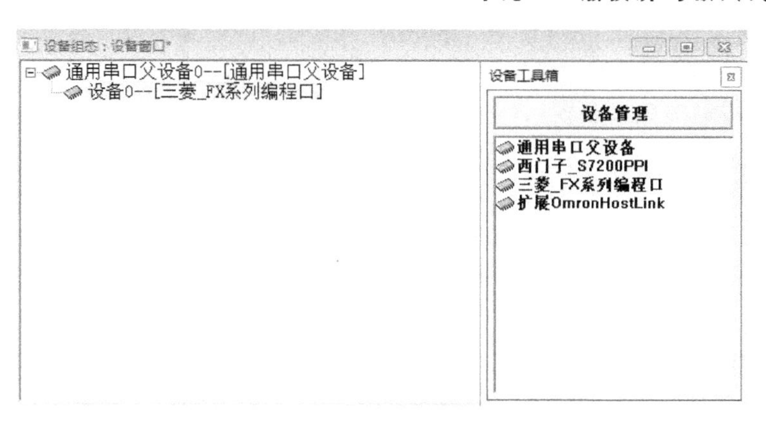

图 2-10　组态画面窗口

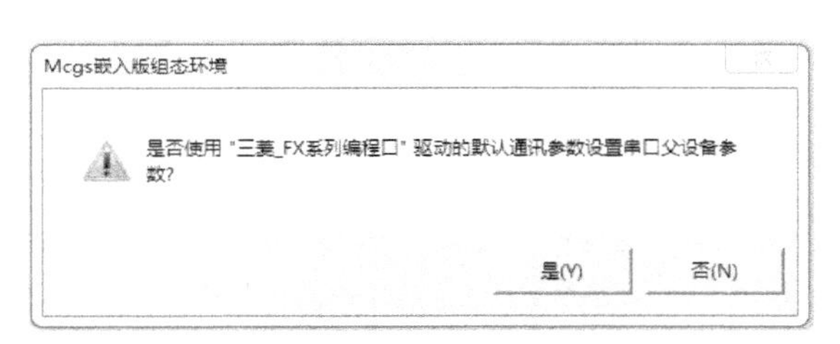

图 2-11　默认通信参数设置串口父设备

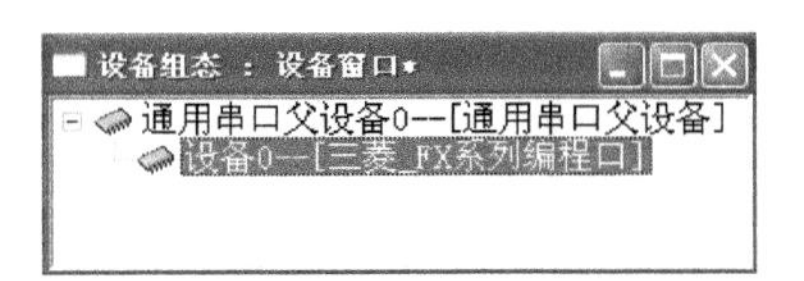

图 2-12　组态画面窗口

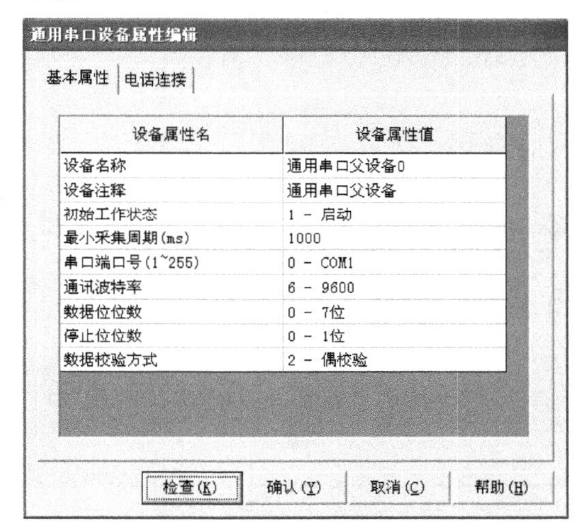

图 2-13　通用串口设置窗口

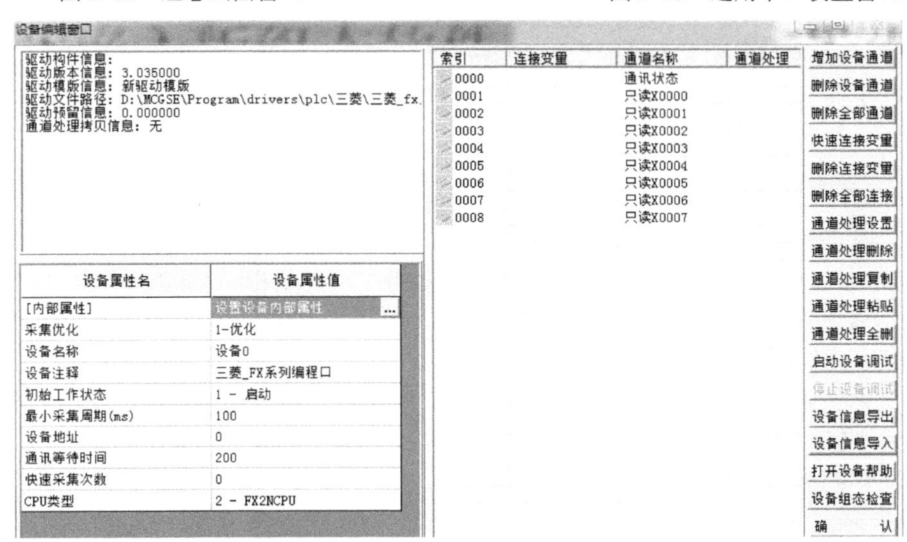

图 2-14　设备编辑窗口

方 CPU 类型选择 2-FX2NCPU（注意：和硬件 PLC 的 CPU 型号要一致）。右窗口中“通道名称”默认为 X0000—X0007，单击“删除全部通道”按钮进行删除。

所有操作完成后关闭设备窗口，返回工作台。

扫一扫看窗口之间的切换微视频

2.3.2 用户窗口组态

任务内容：创建启动和停止按钮，对三个指示灯进行流水灯控制，三个灯交替间隔的时间由输入框中的变量 D0 设定，各构件设有标签的相应注释。最后结合 PLC 程序实现流水灯控制。

1. 新建用户窗口以及属性设置

（1）在“用户窗口”中单击“新建窗口”按钮，建立“窗口 0”，如图 2-15 所示。选中“窗口 0”图标，单击“窗口属性”按钮，打开“用户窗口属性设置”对话框，如图 2-16 所示。

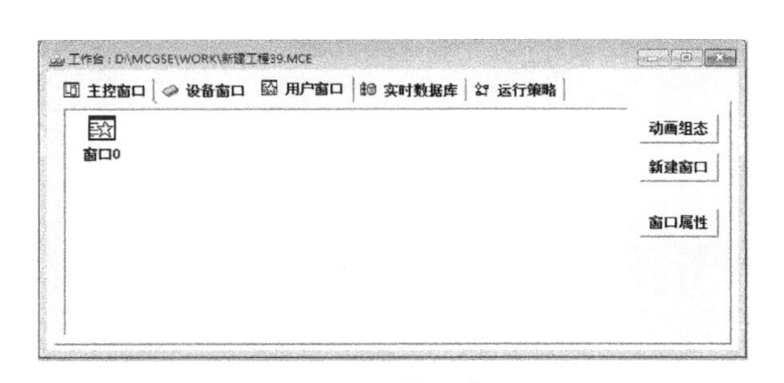

图 2-15 工作台窗口

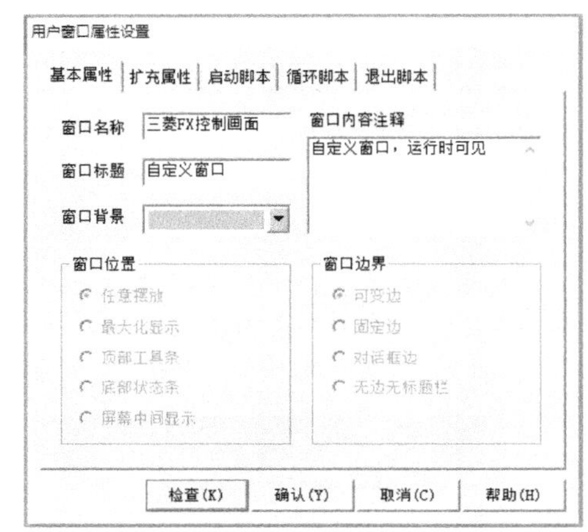

图 2-16 “用户窗口属性设置”对话框

（2）接下来在“用户窗口属性设置”对话框的“基本属性”页面，将“窗口名称”修改为“三菱 FX 控制画面”，单击“确认”按钮进行保存，返回工作台。

（3）在工作台的“用户窗口”中进入“三菱 FX 控制画面”动画组态窗口，并打开“工具箱”。

2. 建立基本元件

构件的组态包括外观组态和建立数据连接两个方面。

（1）按钮：从工具箱中选中“标准按钮” ⌴ 构件，有鼠标在动画组态窗口中单击并拖出一个大小合适的按钮。松开鼠标左键，这样一个按钮构件就绘制在窗口画面中了，如图 2-17 所示。

双击该按钮弹出“标准按钮构件属性设置”对话框，在“基本属性”选项卡中将“文本”修改为“启动按钮”，单击“确认”按钮保存，如图 2-18 所示。

按照同样的操作方法分别绘制另外一个按钮，将“文本”修改为“停止按钮”，完成后如图 2-19 所示。

图 2-17　动画组态窗口

图 2-18　“标准按钮构件属性设置”对话框

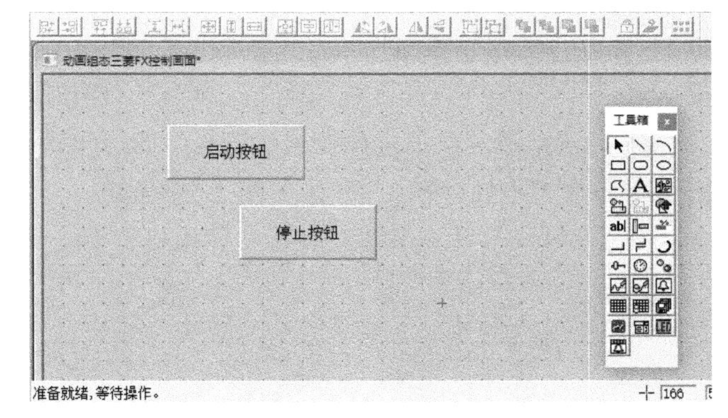

图 2-19　绘制“停止”按钮

按住键盘的 Ctrl 键，然后单击鼠标左键，同时选中两个按钮，使用工具栏中的等高宽、左（右）对齐和纵向等间距功能，对两个按钮进行排列对齐，如图 2-20 所示。

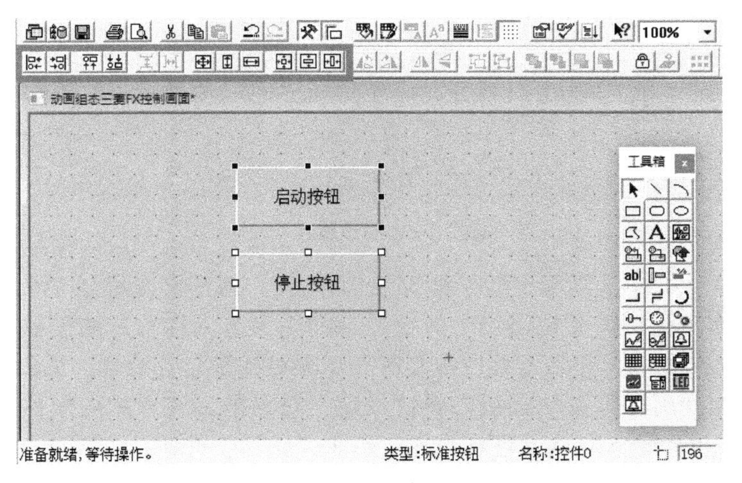

图 2-20　对齐按钮

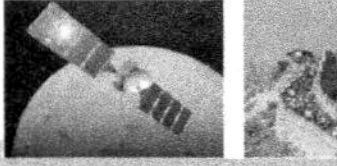

（2）指示灯：单击绘图工具箱中的“插入元件”图标，弹出“对象元件管理”对话框，选中“指示灯”，添加到窗口界面，并调整到合适大小，按照同样的方法再添加两个指示灯，排放在窗口中按钮旁边的位置，如图 2-21 所示。

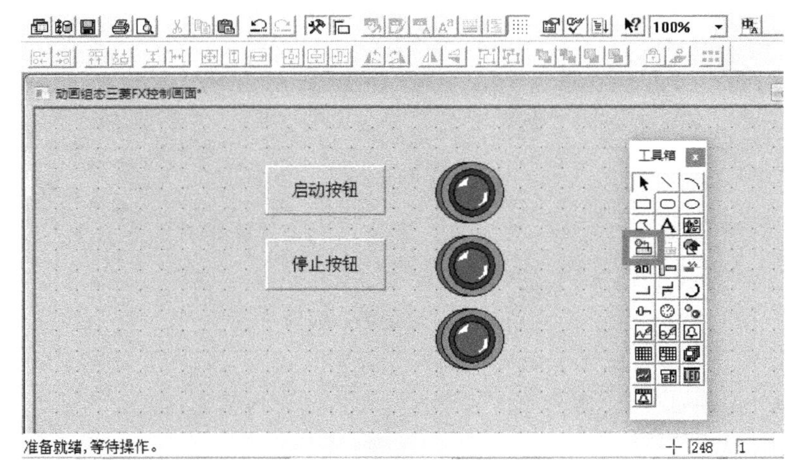

图 2-21　添加指示灯

（3）输入框：选中绘图工具箱中的“输入框”图标 abl，在窗口中按住鼠标左键，拖放出一个一定大小的“输入框”，如图 2-22 所示。

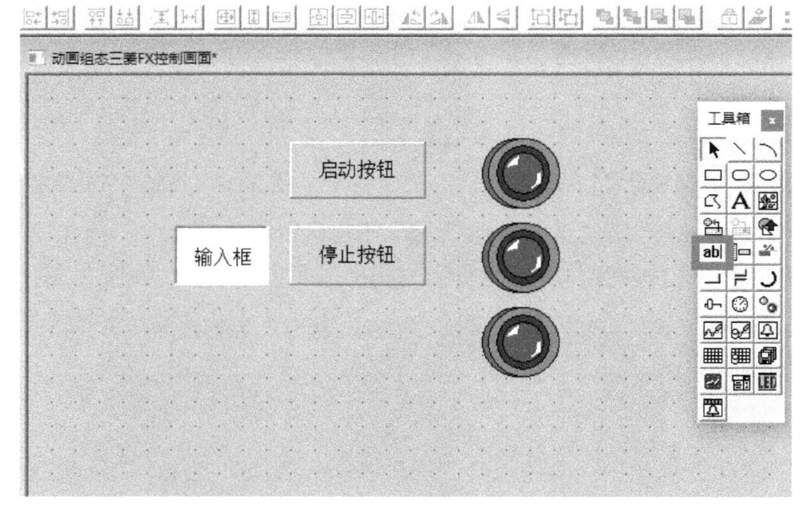

图 2-22　添加输入框

（4）标签：单击绘图工具箱中的“标签”构件 A，鼠标的光标呈“十字”形，在窗口中按住并拖拽鼠标，根据需要拉出一个大小适合的矩形，同样的方法创建多个标签放在对应的指示灯和输入框旁边，并用工具栏中的对齐工具对标签对齐处理，如图 2-23 所示。

双击该标签，弹出“标签动画组态属性设置”对话框，在“扩展属性”选项卡的“文本内容输入”文本框中输入相应的注释内容，单击“确认”按钮，如图 2-24 所示。

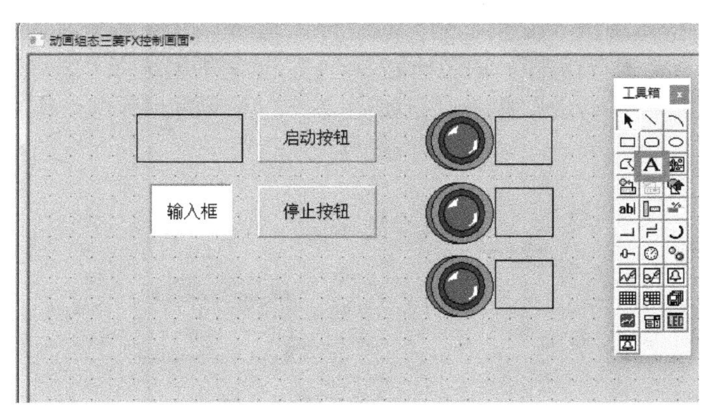

图 2-23　添加标签

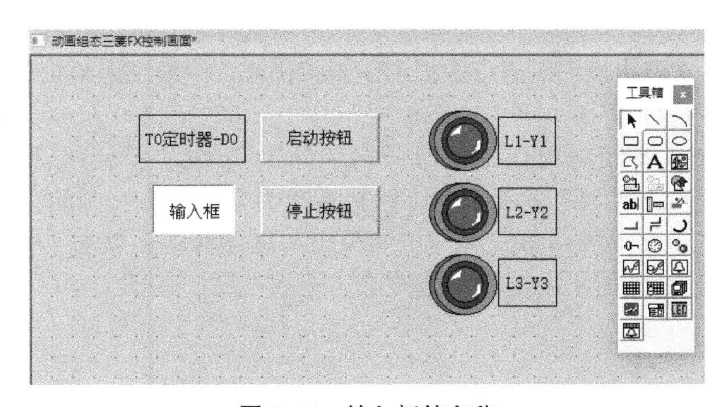

图 2-24　输入标签名称

3. 建立数据链接

（1）按钮：在动画组态窗口中双击“启动按钮”，弹出“标准按钮构件属性设置”对话框，在“操作属性”选项卡中，默认“抬起功能”标签为按下状态，选中“数据对象值操作”复选框，如图 2-25 所示，选择“按 1 松 0”选项。

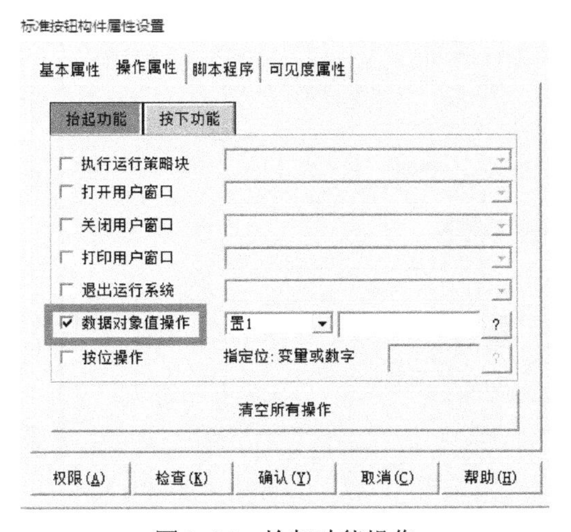

图 2-25　抬起功能操作

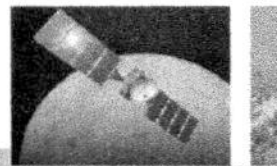

单击右侧的 ? 按钮弹出“变量选择”对话框，选择“根据采集信息生成”单选按钮，选择通道类型为“M 辅助寄存器”，通道地址为“1”，读写类型选择“读写”选项，如图 2-26 所示，设置完成后单击“确认”按钮返回如图 2-27 所示的对话框，再单击“确认”按钮返回。

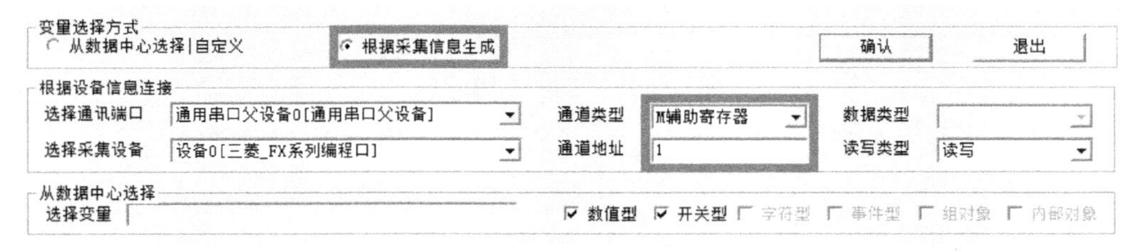

图 2-26 通道地址操作

同样的方法，对“停止按钮”进行数据通道链接操作，变量通道地址选择为“M2 辅助寄存器”。

（2）指示灯：在动画组态窗口中双击“指示灯”，出现“单元属性设置”对话框，如图 2-28 所示，在“数据对象”选项卡中，选择连接类型后单击右侧的“？”按钮，进行数据对象链接，选择“根据采集信息生成”单选按钮，选择通道类型为“Y 输出寄存器”，通道地址为“1”，如图 2-29 所示，然后单击“确认”后返回，如图 2-30 所示。

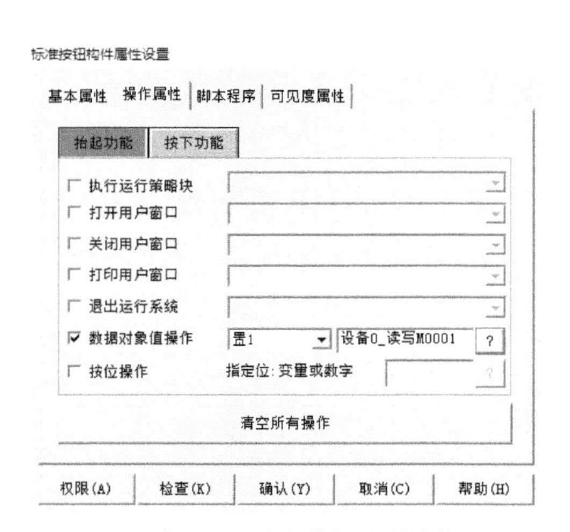

图 2-27 建立数据通道链接

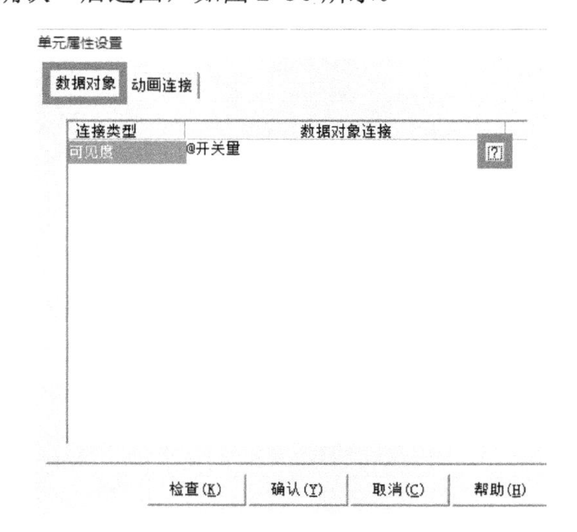

图 2-28 “单元属性设置”对话框

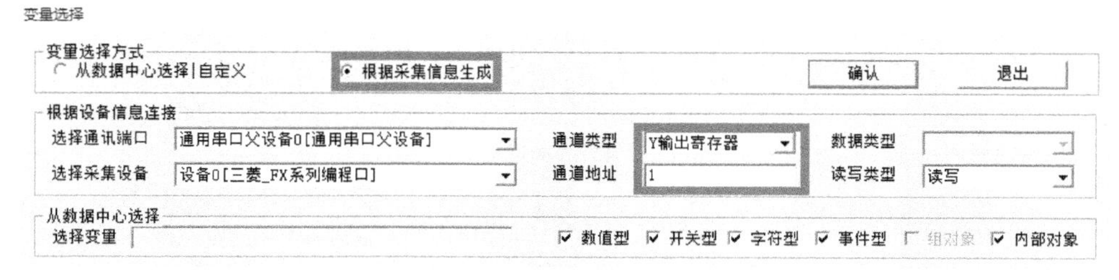

图 2-29 选择通道地址

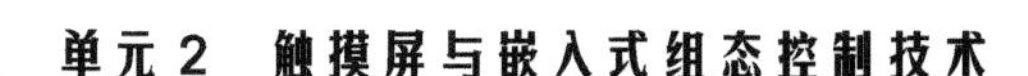

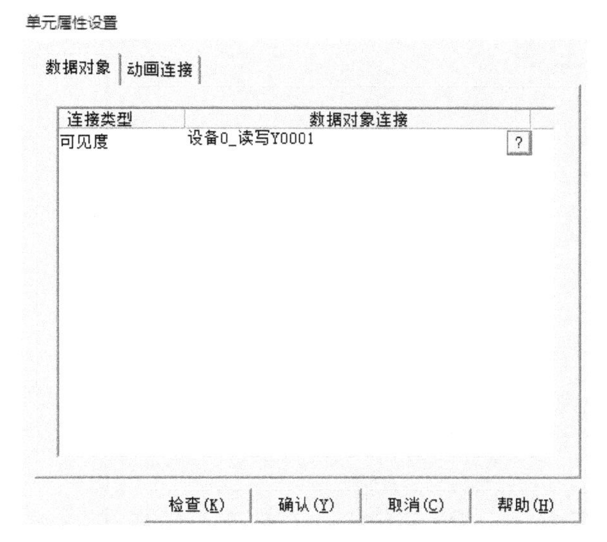

图 2-30　建立数据对象链接

同样的方法对 L2 和 L3 指示灯进行数据对象链接，变量通道地址为“Y2 输出寄存器”和“Y3 输出寄存器”。

（3）输入框：在动画组态窗口中双击“T0 定时器-D0 标签”旁边的“输入框”构件，弹出“输入框构件属性设置”对话框，在“操作属性”选项卡中，单击 ? 按钮进行变量选择，选择“根据采集信息生成”单选按钮，通道类型选择“D 数据寄存器”选项，通道地址为“0”；数据类型选择“16 位无符号二进制”选项；读写类型选择“读写”选项，如图 2-31 所示，完成后单击“确认”后保存并返回。

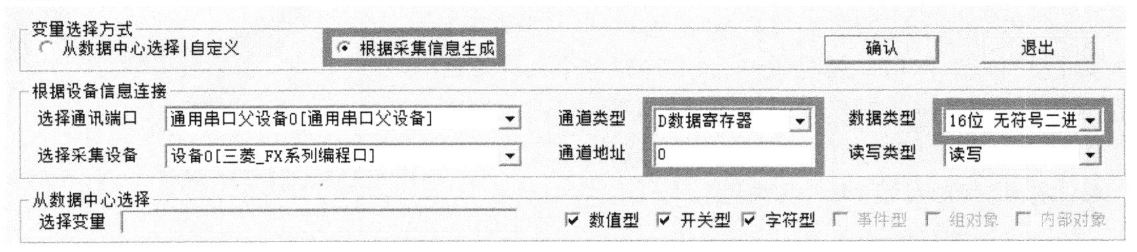

图 2-31　输入框构件属性设置

4. 说明的几点问题

（1）输入框也可以用来进行数值显示。

（2）以上对组态过程是将构件的外观组态和数据链接建立分开进行的，对同一元件也可以将外观组态和数据链接建立放在一起来做。

（3）按钮的数据对象操作值选择“按 1 松 0”，组态更方便些，也可以用组态完成的按钮来实现模拟实物按钮的点动效果。

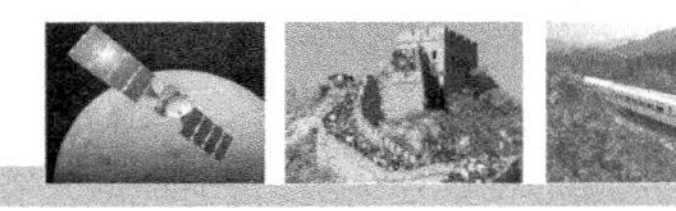

2.4 下载触摸屏工程

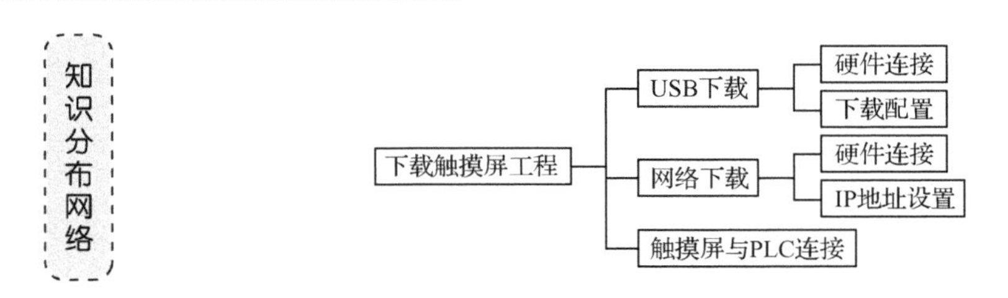

组态好的工程通过 USB 口或以太网下载到触摸屏的运行环境中，组态工程就可以离开组态环境而独立运行在触摸屏上；在没有触摸屏的情况下，也可以在模拟运行环境中对组态后的工程进行模拟调试，模拟调试又分为在线模拟（与 PLC 通信正常）和离线模拟（没有与 PLC 通信）。

TPC1063E、TPC1063H、TPC1262H、TPC1561H 都是通过网线的形式下载，TPC7062TI 等可以通过网线下载也可以通过 USB 下载，TPC7062KX 没有网口只能通过 USB 下载，这两种下载方式具体操作下面分别说明。

2.4.1 USB 下载

1. TPC7062K 与计算机的硬件连接

TPC7062K 人机界面的电源进线、各种通信接口均在其背面进行，图 2-3 接口说明和图 2-4 串口 COM 引脚定义。其中 USB1 口用来连接鼠标和 U 盘等，USB2 口用做工程项目下载，COM1 口（RS232）用来连接 PLC。下载线见图 2-32。

XK-PLC6 型工学结合 PLC 实训台上，TPC7062KX 触摸屏没有以太网口，只能通过 USB2 口与个人计算机连接的，一端为扁平接口，插到电脑的 USB 口，一端为微型接口，插到 TPC 端的 USB2 口。（注意：连接前，个人计算机应先安装 MCGS 组态软件）

图 2-32　触摸屏工程下载线

2. USB 下载方法

打开需要下载的工程，左击工具栏中“下载工程并进入运行环境”，单击工具条中的下载按钮，进行下载配置。选择“连机运行”，连接方式选择“USB 通信”，然后点击“通信测试”按扭，通信测试正常后，点击“工程下载”，即可进行下载，如图 2-33 所示。如果工程项目要在电脑上模拟测试，则选择“模拟运行”，然后下载工程。

2.4.2 网口下载（以太网下载）

1. TPC 与计算机的硬件连接

TPC1063E、TPC1063H、TPC1262H、TPC1561H 都是通过网线的形式下载，TPC7062TI 可以通过网线下载，也可以通过 USB 下载。

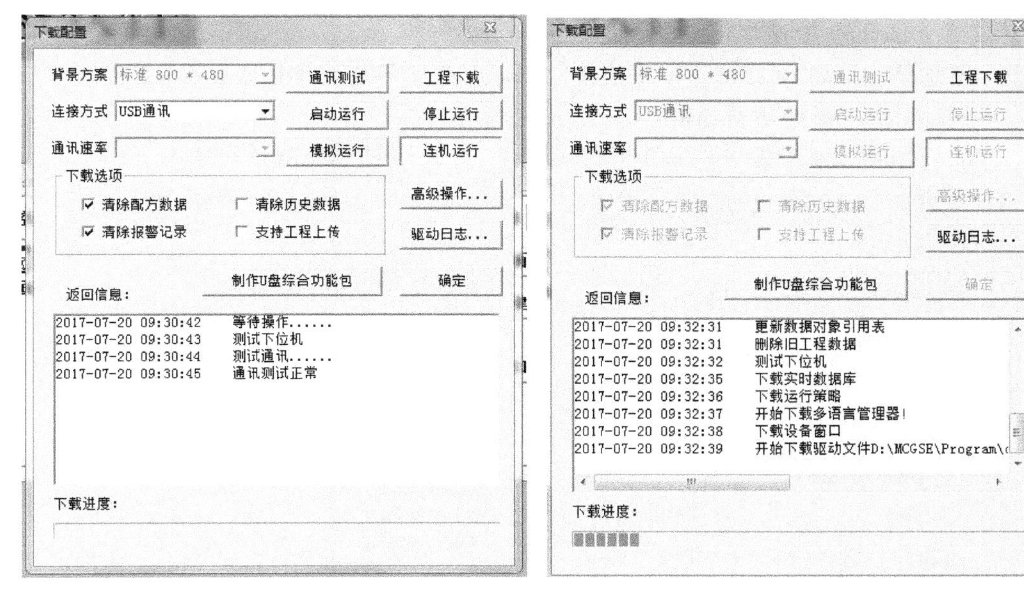

图 2-33　工程下载方法

2. 以太网口下载

用以太网口下载时，上位机的 IP 地址必须和触摸屏 TPC 的 IP 地址在同一网段，构成一个局域网。也就是上位机的 IP 地址必须和触摸屏的 IP 地址前三段是一样的，第四段不能一样。

1）触摸屏 TPC 的 IP 地址设置方法

（1）查看触摸屏的 IP 地址，给触摸屏上电，会出现一个如图 2-34 所示的滚动条，在滚动条未滚动到头之前单击触摸屏，会弹出“启动属性”对话框，如图 2-35 所示，左击“不启动工程”按钮后进入如图 2-36 所示的画面，就可以看到触摸屏的 IP 地址。

正在启动.......

按住触摸屏，可进入启动属性窗口

图 2-34　启动属性窗口

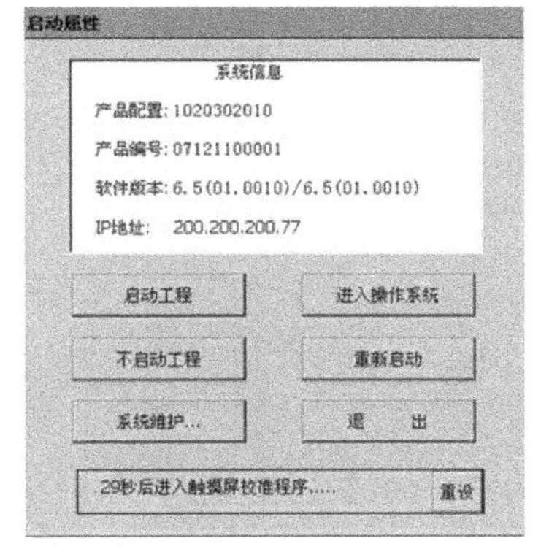

图 2-35　“启动属性”对话框

图 2-36　TPC 的 IP 地址

（2）如果需要修改地址，则单击“系统维护”按钮，在进入“设置系统参数”IP 地址页面后，即可修改触摸屏的 IP 地址。

2）设置上位机的 IP 地址

（1）右击 Windows 系统的“网络连接”图标，在打开的菜单中选择“本地连接”，选择“属性”，弹出如图 2-37 所示对话框。

（2）双击“Internet 协议（TCP/IP）”会弹出如图 2-38 所示的对话框。

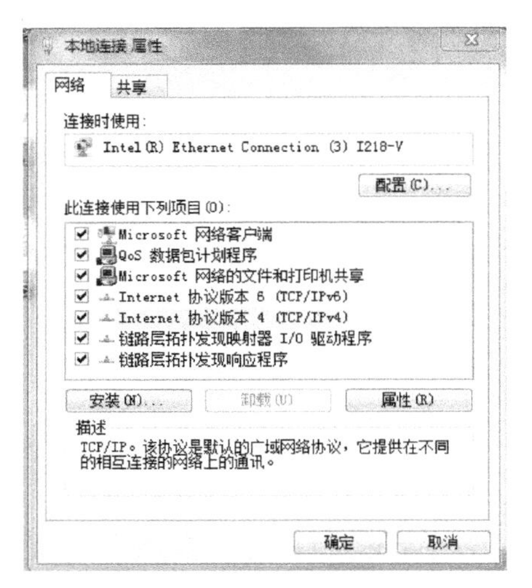

图 2-37 “本地连接属性”对话框

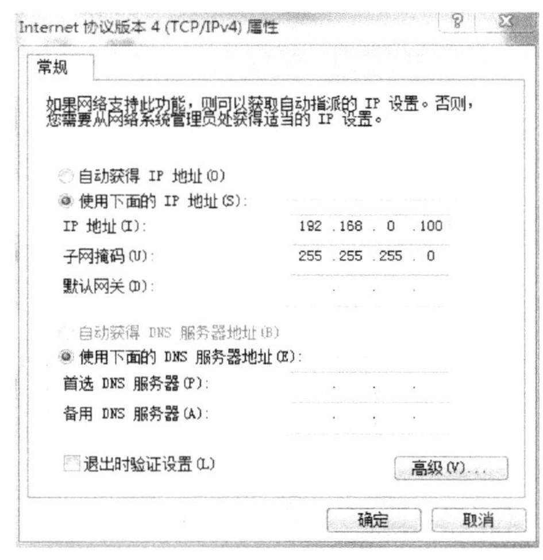

图 2-38 网络属性设置窗口

（3）选择“使用下面的 IP 地址”单选按钮，在“IP 地址”的后面输入 IP 地址，IP 地址必须和触摸屏的 IP 地址在同一网段，也就是上位机的 IP 地址必须和触摸屏的 IP 地址前三段是一样的，第四段不能一样。“子网掩码”设置成如图 2-38 所示，设置好之后单击“确定”按钮后返回。

3）工程下载

打开需要下载的工程，单击工具栏中“下载工程并进入运行环境”，弹出如图 2-39 的

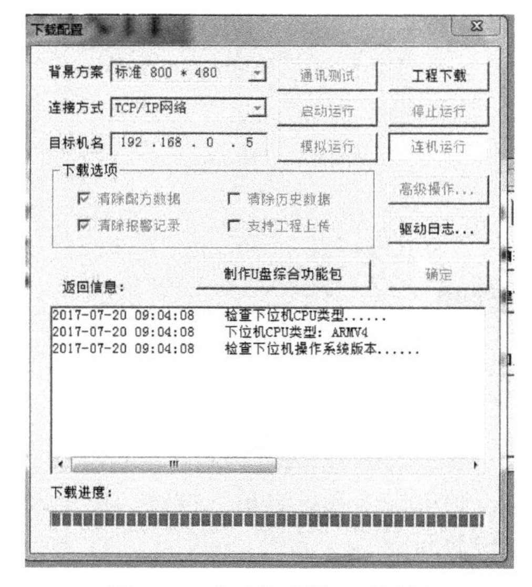

图 2-39 “下载配置”对话框

“下载配置”对话框，选择“连机运行”，“连接方式”选择为“TCP/IP 网络”，在“目标机名”中输入触摸屏的 IP 地址。

如果“返回信息”中显示“通信测试正常”，单击“工程下载”，在“返回信息”中显示当前下载的状态，“下载进度条”会滚动。下载完成后会显示“下载成功”，然后再单击触摸屏上的“进入运行环境”按钮，就可以进入工程运行。

2.4.3 触摸屏与 PLC 的连接

TPC7062K 触摸屏与 FX 系列 PLC 的连接，如图 2-40 所示。

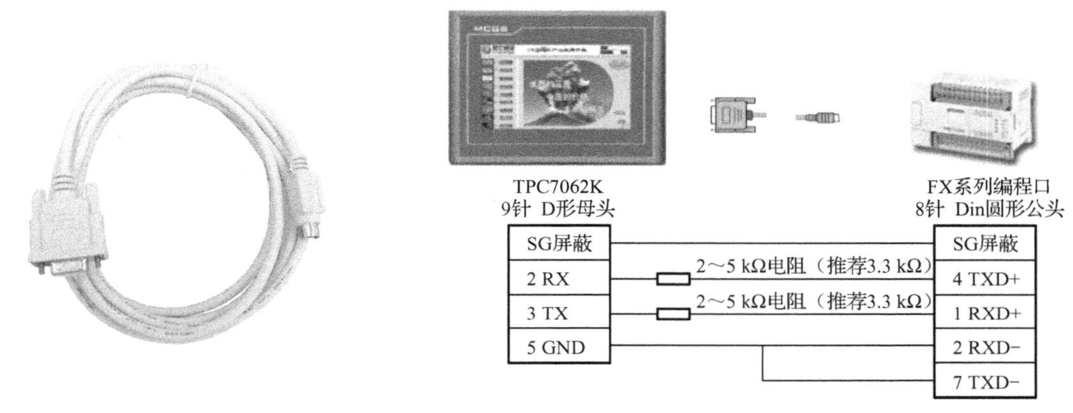

图 2-40 通信线及 TPC 与三菱 FX 系列 PLC 的连接

注意事项：

建议在工程界面添加一个标签或者输入框构件，关联“设备 0—通信状态”变量，用于显示 PLC 和触摸屏 HMI 当前的通信状态，以保证工程正常运行。通信状态为 0 表示 PLC 和触摸屏 HMI 通信正常。

实训任务 2-1 嵌入式 TPC 与 PLC 的通信与控制

1. 任务要求

利用嵌入版 MCGS 组态软件制作流水灯监控界面，需要完成以下功能：

按下 TPC 触摸屏上的启动按钮 SB1，指示灯 L1 点亮并保持，L1 点亮一定时间后（由输入框 D0 设定 T0 延时时间）指示灯 L2 点亮并保持，L2 继续点亮，延时一定时间（由输入框 D2 设定 T2 延时时间）后，L3 点亮并保持，当 L1、L2、L3 同时点亮 2 s 后，同时闪烁，闪烁 5 次后，自动熄灭。在 L1、L2、L3 运行过程中按下按钮 SB2，流水灯系统控制立即停止。制作指示灯控制界面，实现上述功能，并设有标签做适当注释。

2. 任务分析与准备

根据实训任务要求，需要完成触摸屏组态和 PLC 程序设计两个方面任务。明确该系统由触摸屏 TPC7062K、FX2N-48MT、通信线、触摸屏工程下载线、开关电源等组成，其系统框图和接线图，如图 2-41 所示。

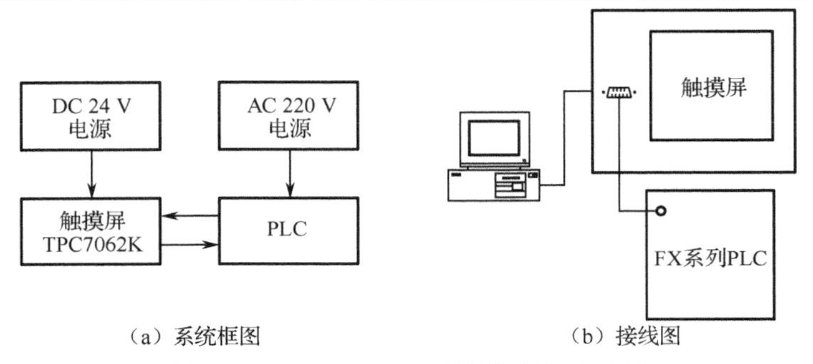

（a）系统框图　　（b）接线图

图 2-41　TPC+FXPLC 通信控制组态系统

正确合理地选用元器件，是电路安全可靠工作的保证，根据安全可靠原则，以及相关的技术文件，选择元器件见表 2-1。

表 2-1　设备元器件清单

序号	名　称	型　号	数量	备　注
1	实训装置	XK-PLC6 型工学结合 PLC 实训台	1	
2	触摸屏	TPC7062K	1	DC 24 V 供电
3	通信线	SC-09	1	串口
4	PLC	FX2N-48MT	1	AC 220 V 供电
5	导线	香蕉插头线	若干	强电
6	触摸屏下载线	标准 USB2.0 打印机线	1	一端方口，一端扁平口

根据实训任务，首先对触摸屏组态进行分析并规划如下。

（1）**工程框架**：有 1 个用户窗口，指示灯控制界面。

（2）**数据对象**：两个按钮（SB1 和 SB2）、三个指示灯（Y0、Y1 和 Y2）、定时器延时时间设定 D0 和 D2。

（3）**图形制作**：

① 按钮：由对象元件库引入；

② 指示灯：由对象元件库引入；

③ 文字：通过标签构件实现；

④ 定时器 T0、T2 设定值由 D0、D2 来设置：通过输入框构件实现。

根据任务要求，规划定义触摸屏 TPC 与 PLC 连接的变量，如表 2-2 所示。

进行上述规划后，就可以创建工程，然后进行组态。

表 2-2　TPC 与 PLC 变量对应关系表

序号	连 接 变 量	通道名称
1	SB1	M0
2	SB2	M1
3	T0 定时器设定值	D0
4	T2 定时器设定值	D2
5	指示灯 L1	Y1
6	指示灯 L2	Y2
7	指示灯 L3	Y3

3. 任务实施

（1）组态触摸屏工程。

（2）将 TPC 触摸屏与计算机连接，下载该触摸屏工程到 TPC。

（3）编写 PLC 程序，参考程序如图 2-42 所示。

```
0   ─┤├ M8002 ──────────────[ SET   S0  ]
3   ─┤├ M1 ─────┬───────────[ ZRST  S10  S15 ]
                └───────────[ SET   S0  ]
11  ────────────────────────[ STL   S0  ]
12  ────────────────────────[ RST   C0  ]
14  ─┤├ M0 ─────────────────[ SET   S10 ]
17  ────────────────────────[ STL   S10 ]
18  ────────┬───────────────( Y001 )
            └───────────────( T0  D0 )
22  ─┤├ T0 ─────────────────[ SET   S11 ]
25  ────────────────────────[ STL   S11 ]
26  ────────┬───────────────( Y001 )
            ├───────────────( Y002 )
            └───────────────( T2  D1 )
31  ─┤├ T2 ─────────────────[ SET   S12 ]
34  ────────────────────────[ STL   S12 ]
35  ────────┬───────────────( Y001 )
            ├───────────────( Y002 )
            ├───────────────( Y003 )
            └───────────────( T3  K20 )
41  ─┤├ T3 ─────────────────[ SET   S13 ]
44  ────────────────────────[ STL   S13 ]
45  ─┤├ M8013 ─┬────────────( Y001 )
               ├────────────( Y002 )
               ├────────────( Y003 )
               └────────────( C0  K5 )
52  ─┤├ C0 ─────────────────( S0 )
55  ────────────────────────[ RET ]
56  ────────────────────────[ END ]
```

图 2-42　PLC 程序

（4）用 SC-09 通信编程电缆连接计算机串口与 PLC 通信口，计算机与 PLC 连接，打开 PLC 主机电源开关，下载程序至 PLC 中。

（5）PLC 程序下载完毕后，将通信编程电缆从计算机串口取下，再将通信电缆连接触摸屏通信口与 PLC 通信口，实现 TPC 与 PLC 硬件连接，最后将 PLC 的“RUN/STOP”开关拨至“RUN”状态，进行连机运行调试。

TPC 上电后，在初始状态时，在输入框 D0 中输入 20（定时），D2 数据为 10（定时），并且按照表 2-3 所示操作测试功能。

表 2-3　功能测试表

结果 观察项目 / 操作步骤	Y1		Y2		Y3		D0		D2	
	L1 指示灯	PLC	L2 指示灯	PLC	L3 指示灯	PLC	L1 指示灯	PLC	L2 指示灯	PLC
初始状态										

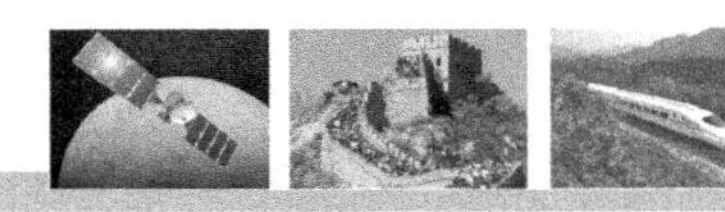

续表

观察项目 / 结果 / 操作步骤	Y1		Y2		Y3		D0		D2	
	L1 指示灯	PLC	L2 指示灯	PLC	L3 指示灯	PLC	L1 指示灯	PLC	L2 指示灯	PLC
按下 SB1 按钮										
T0 设定时间到										
T2 设定时间到										
按下 SB2 按钮										

4. 总结

（1）总结触摸屏的使用方法。

（2）总结记录触摸屏与外部设备的接线过程及注意事项。

5. 练习与提高

在 TPC 上输入框 D0、D2 中输入数据后，如何观察 PLC 内部 D0、D2 数据寄存器中的数据？

2.5 组态原理与简单动画组态

随着人们生活水平的提高，对美的要求越来越高，在生活中如此，在工作中也不例外。人机界面产品的真彩时代已经到来，仅仅是颜色的绚丽远远满足不了客户的需求，客户最需要的是画面能够把设备的运行状态非常逼真地表现出来，使得整个产品再上升一个档次。北京昆仑通态公司的 MCGS TPC 产品凭借优质的硬件特性和强大的软件功能，致力于满足客户需要，能够提供完整的动画解决方案。

复杂动作是简单动作的结合运用，生活中的简单动作大都可理解为闪烁、移动、旋转、大小变化等。这几种简单的动画结合起来就可以把工业设备的动作表现得很生动、逼真。下面我们主要来学习如何在 MCGS 软件中实现这几种简单的动作。

1. 组态软件的工作流程

在学习动画组态前，我们先来了解下 MCGS 组态软件的大体框架和工作流程，如图 2-43 所示。

实时数据库是整个软件的核心，从外部硬件采集的数据送到实时数据库，再由窗口来调用；通过用户窗口更改数据库的值，再由设备窗口输出到外部硬件。

用户窗口中的动画构件关联实时数据库中的数据对象，动画构件按照数据对象的值进行相应的变化，从而达到“动”起来的效果。

2. 简单动画组态

将用户窗口中的图形对象与实时数据库中的数据对象建立相关性链接，并设置相应的动画属性。在系统运行中，图形对象的外观和状态特征，由数据对象的实时采集值驱动，从而实现了图形的动画效果。

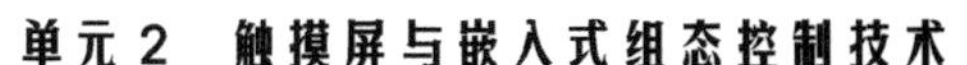

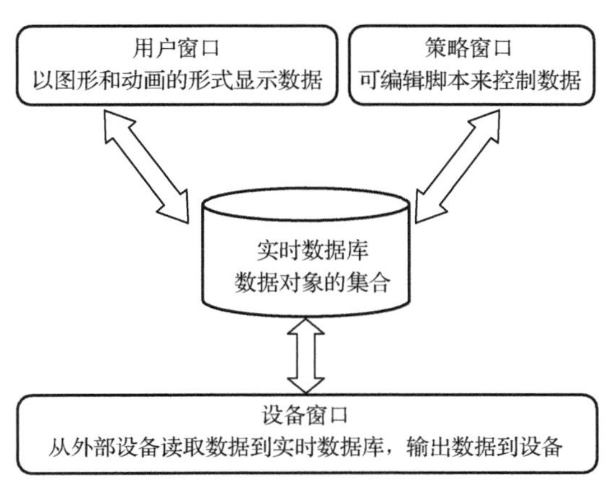

图 2-43　MCGS 软件工作原理

扫一扫看简单动画组态微视频

MCGS 组态软件提供丰富的图形库，而且几乎所有的构件都可以设置动画属性。移动、大小变化、闪烁等效果只要在属性对话框中进行相应的设置即可。

1）动画效果——闪烁

闪烁效果是通过设置标签的属性来实现的。我们首先介绍标签的使用。

标签除了可以显示数据外，还可以用做文本显示，如显示一段公司介绍、注释信息、标题等。通过标签的属性对话框还可以设置动画效果。标签是用处最多的构件之一。

当新建窗口并进入组态画面后，添加“标签”构件，进入“标签动画组态属性设置”对话框，在“属性设置”页面，设置填充颜色为“没有填充”，字符颜色为“藏青色”，字体设置为“宋体、粗体、小二”，选中“闪烁效果”复选框。

在“扩展属性”页面，文本内容输入“简单动画组态”。

在“闪烁效果”属性页面，闪烁效果表达式填写“1”，表示条件永远成立。选择闪烁实现方式为“用图元可见度变化实现闪烁”。

上面完成的组态设置，如图 2-44 和图 2-45 所示，设置完成后单击“确认”按钮返回。将标签的坐标设为（230，10），大小设为 320*40。

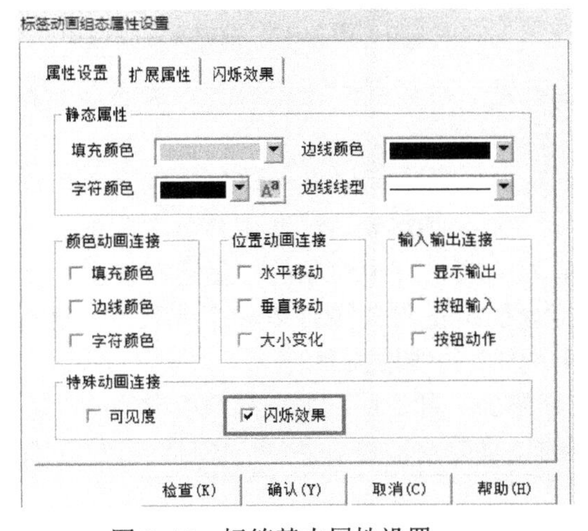

图 2-44　标签基本属性设置

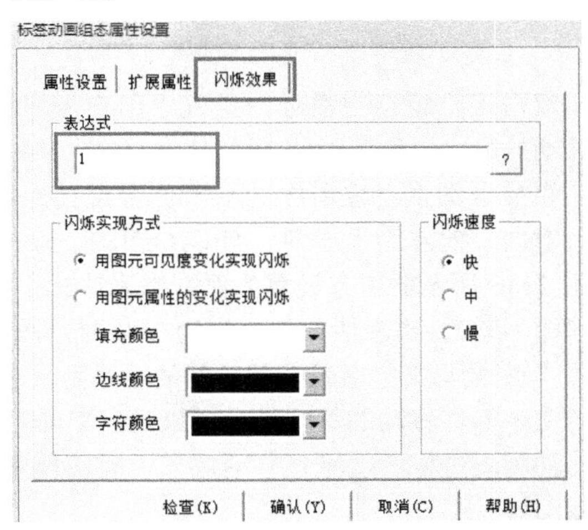

图 2-45　标签闪烁效果属性设置

注意：当所链接的数据对象（或者由数据对象构成的表达式）的值非 0 时，图形对象就以设定的速度开始闪烁，而当表达式的值为 0 时，图形对象就停止闪烁。

2）*动画效果——水平移动*

水平移动的效果用标签来实现，只要设置标签的“水平移动”属性即可。

添加一个“标签” A，进入标签的“属性设置”页面，设置填充颜色为“没有填充”，字符颜色为“红色”，字体设置为“宋体、粗体、四号”，边线颜色为“没有边线”。在位置动画连接部分选中“水平移动”。

在“扩展属性”页面，文本内容输入“显示报错信息”。

在“水平移动”属性页面，“表达式”文本框中要填写一个数据对象，在这里我们定义一个数据对象 i。设置最小偏移量为 0，最大移动偏移量为 200，对应表达式的值分别为“0”“100”，如图 2-46 所示。单击“确认”按钮，弹出如图 2-47 所示提示框，选择“是”，弹出“数据对象属性设置”对话框，选择 i 的对象类型为“数值”，如图 2-48 所示，单击“确认”按钮，数据对象会被添加到实时数据库中。

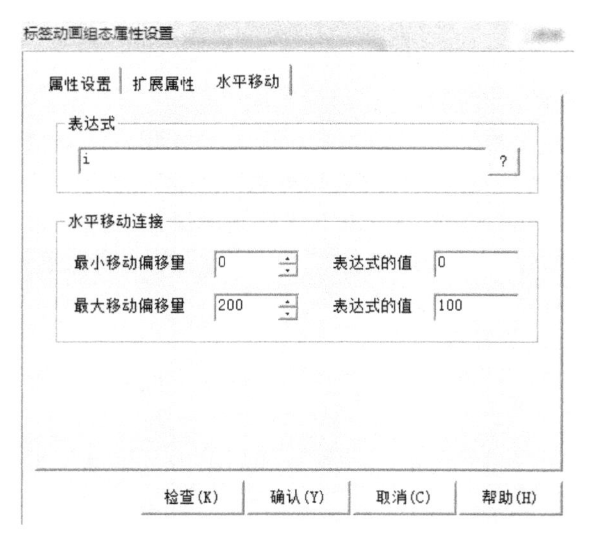

图 2-46　水平移动属性设置

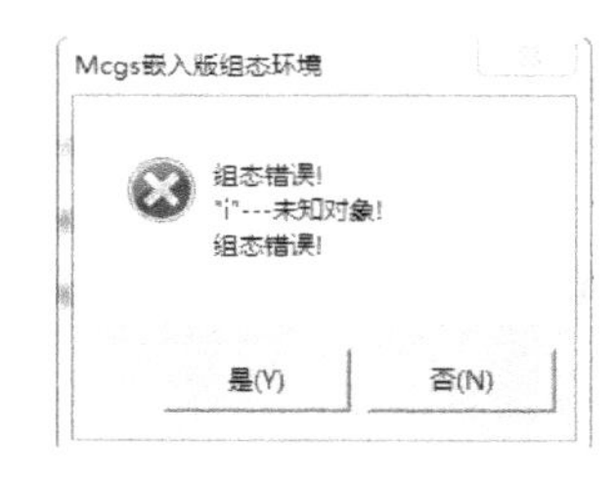

图 2-47　数据对象报错信息

双击用户窗口空白处，进入“用户窗口属性设置”对话框，在循环脚本页添加标签水平移动的脚本，循环时间改为 100，如图 2-48 所示。

触摸屏图形对象所在的水平位置定义为：以左上角为坐标原点，单位为像素点，向左为负方向，向右为正方向。TPC7062KS 分辨率是 800×480，表达式和偏移量之间的关系，以图 2-46 所示的组态设置为例，当表达式 i 的值为 0 时，图形对象的位置向右移动 0 个像素（即不动），当表达式 i 的值为 100 时，图形对象的位置向右移动 200 个像素点。这就是说“i”变量与文字对象位置之间的关系是一个斜率为 2 的线性关系。

文字循环移动的策略是，如果文字串向右全部移出，则返回初始位置重新移动。

动画还可以实现垂直移动效果、旋转和棒图的动画效果，可以参考 MCGS TPC 软件用户指南等。

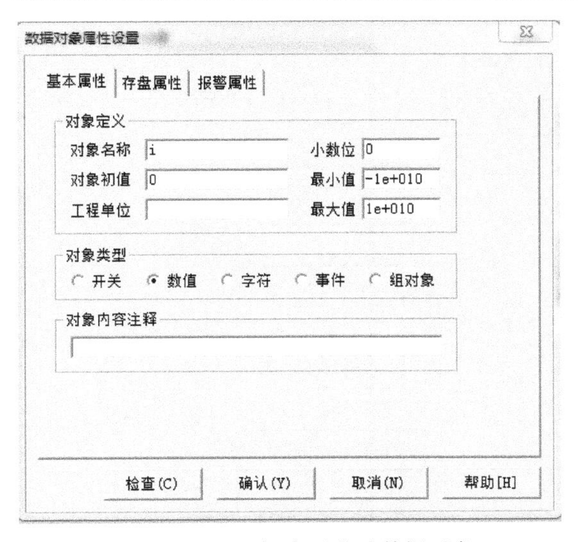

图 2-48　添加水平移动数据对象

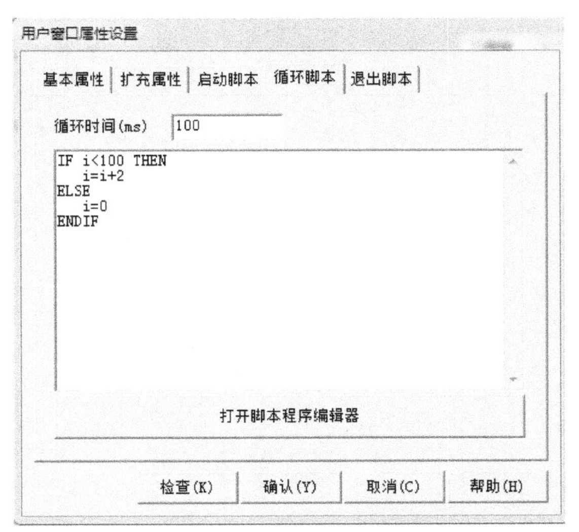

图 2-49　水平移动脚本设置

2.6　报警流程与实现方式

扫一扫看
字报警微
视频

在工作过程中，我们非常希望当设备运行出现故障时能够通知到工作人员，从而及时地处理；查看报警产生的历史记录能够清楚地了解设备的运行情况。不同的现场作业需要不同的报警形式，总之，报警已经成为工业现场必备的条件。MCGS 组态软件根据客户需求，综合分析工业现场报警的多种需求，致力于为客户提供合适的报警方案。本章内容分析了工业现场的实际需求，列举出字报警、位报警、多状态报警、弹出窗口显示报警信息等几种报警形式的实现方案。

1. 实现报警的流程

在学习报警前，我们先来了解 MCGS 组态软件中实现报警的流程。在前面的学习中大家已经了解到从 PLC 等外部设备读取的数据是传送给实时数据库中对应的数据对象，判断数据对象的值是否满足报警的条件，如果满足即产生报警。保存数据对象的值即保存了报警的历史记录，在用户窗口显示对应数据对象（下文中简称为变量）的值，也就是显示了当前 PLC 中值，如图 2-50 所示。

如图 2-51 是实现报警的组态流程，首先要确定所用的硬件设备，例如 PLC 型号，在设备窗口添加正确的驱动构件，添加 PLC 中所用到的地址（在 MCGS 组态软件中叫做通道），并且关联上变量，到实时数据库中设置报警属性，在用户窗口用报警构件显示。MCGS 提供了报警条（走马灯）、报警显示构件、报警浏览构件等多个报警构件。

2. 弹出窗口方式报警

MCGS 嵌入版软件把报警处理作为数据对象的属性，封装在数据对象内，由实时数据库来自动处理。当数据对象的值或状态发生改变时，实时数据库判断对应的数据对象是否发生了报警或已产生的报警是否已经结束，并把所产生的报警信息通知给系统的其他部分。下面通过实例来说明报警的常用实现方式。

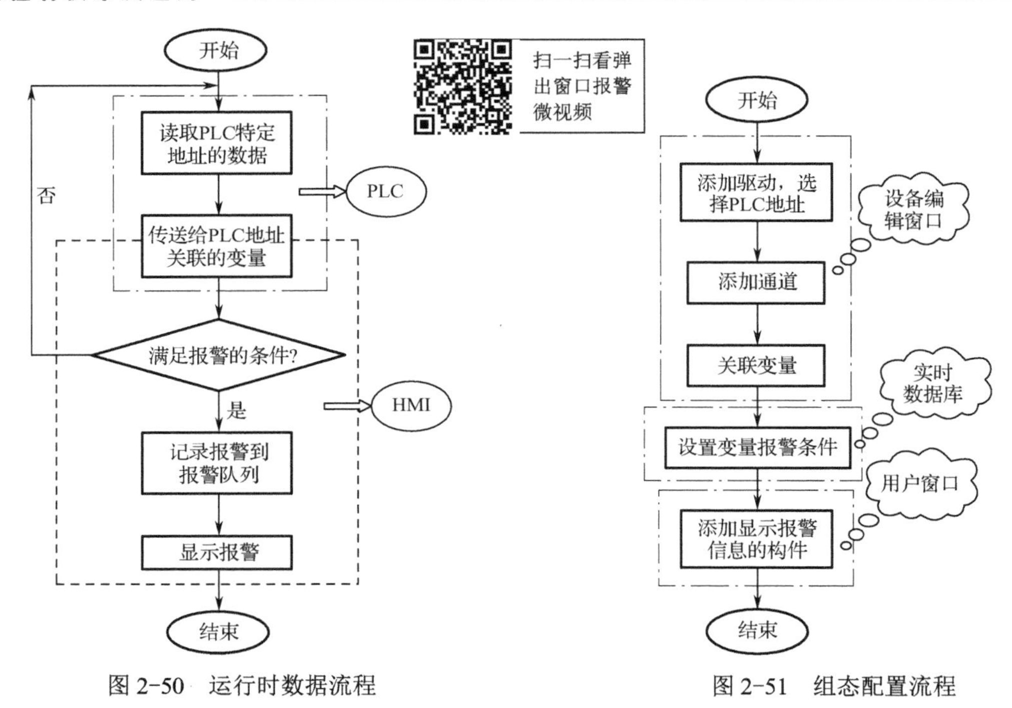

图 2-50　运行时数据流程　　　　图 2-51　组态配置流程

任务内容：当“M 寄存器”的地址 M12 发生报警后立即弹出一个小窗口，提示“水满了”。

方案：用子窗口弹出来实现，运用报警策略来及时判断报警是否发生，并设置子窗口显示的大小和坐标。

（1）新建工程，在设备窗口添加通用串口父设备和三菱_FX 系列编程口驱动。在用户窗口添加两个窗口：窗口 0 和窗口 1。新建的“窗口 1”作为报警弹出的子窗口。

（2）设置显示信息：打开“窗口 1”，选中工具箱中的“常用符号”，打开常用图符工具箱。添加“凸平面”，设置坐标为（0，0），大小为“310*140”，填充色为“银色”，没有边线。然后添加一个“矩形”，设置坐标为（5，5），大小为“300*130”。

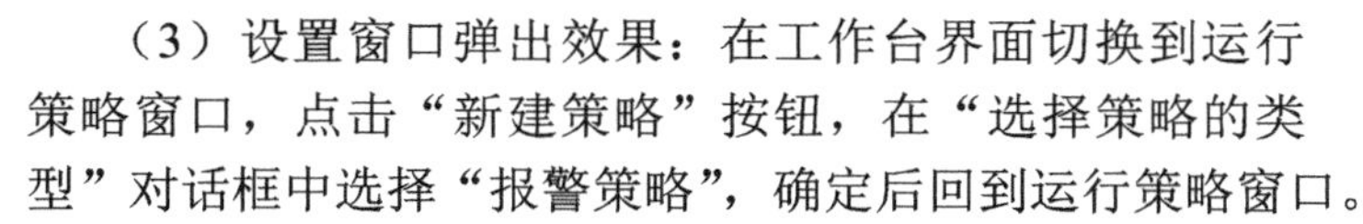

从对象元件库插入“标志 24”，再添加一个“标签”，文本内容为“水满了！”，然后把这两个构件放到矩形上合适的位置，如图 2-52 所示。

图 2-52　水位报警窗口信息

（3）设置窗口弹出效果：在工作台界面切换到运行策略窗口，点击“新建策略”按钮，在“选择策略的类型”对话框中选择“报警策略”，确定后回到运行策略窗口。

① 添加报警策略：双击新建的策略进入策略组态窗口，从工具条单击“新增策略行”，然后打开策略工具箱，选择“脚本程序”，如图 2-53 所示。

② 策略属性设置：双击图标进入“策略属性设置”对话框，设置策略名称为“注水状态报警显示策略”，单击选择对应数据对象为“设备 0_读写 M0012”，对应报警状态选择“报警产生时，执行一次”，对“确认延时时间（ms）”可以修改一下，如改为“10”，确认后保存，如图 2-54 所示。

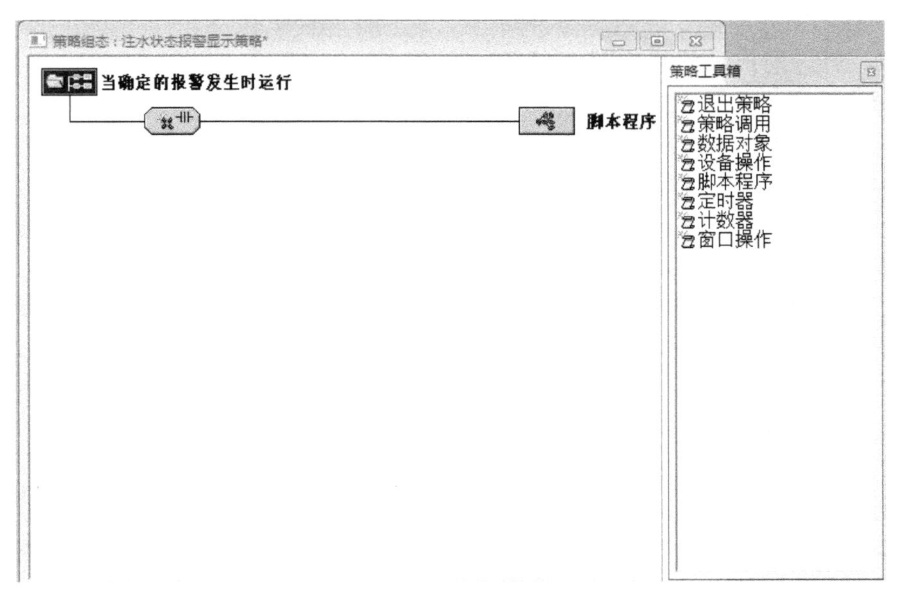

图 2-53　添加报警策略

③ 表达式条件设置：在策略组态窗口中双击图标进入“表达式条件”对话框，设置表达式“设备 0_读写 M0012”，条件设置选择“表达式的值非 0 时条件成立”，如图 2-55 所示，设置完成后单击“确认”按钮返回。

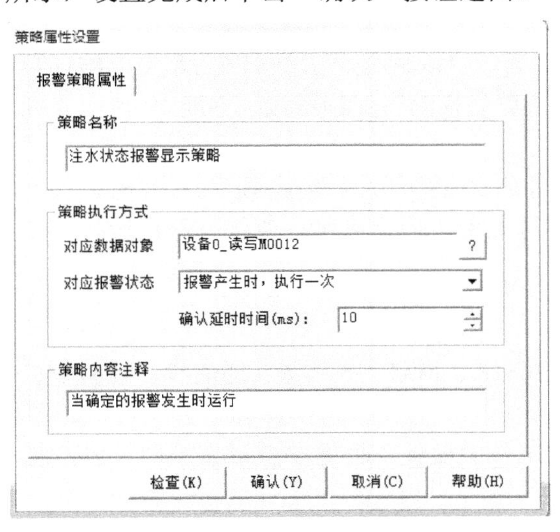

图 2-54　水位报警策略属性设置

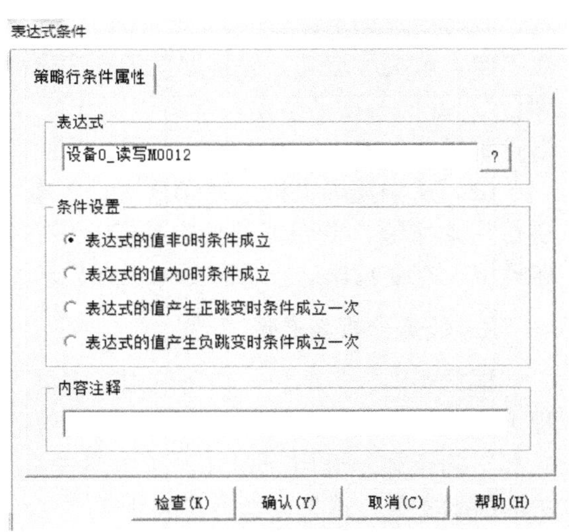

图 2-55　报警条件属性设置

④ 脚本程序编写：双击此策略的脚本程序图标，进入脚本程序窗口，输入“! OpenSubWnd（窗口 1，450，300，310，140，0）”，确定后保存。

（4）在实时数据库设置变量的报警属性：在工作台窗口中切换到“实时数据库”，打开变量“设备 0_读写 M0012”的属性设置对话框，在报警属性页面，选择“允许进行报警处理”，设置“开关量报警”，报警值为 1。报警注释为“水满了”，如图 2-56 所示，设置完成后单击“确认”按钮返回。

采用同样的方式新建“注水状态报警结束策略”，对应的报警状态选择“报警结束时，执行一次”，对应的策略行条件设置选择“表达式的值为 0 时条件成立”，脚本程序为“!CloseSubWnd（窗口1）”。

（5）查看效果：组态完成后，连接PLC，当“M 寄存器”的地址 12 发生报警时，在窗口 0 就会弹出窗口显示报警信息。然后为“窗口 0”添加一个“标签”作为标题，文本内容为“报警”，背景色为“白色”。组态设置完成后，运行效果就能够实现。

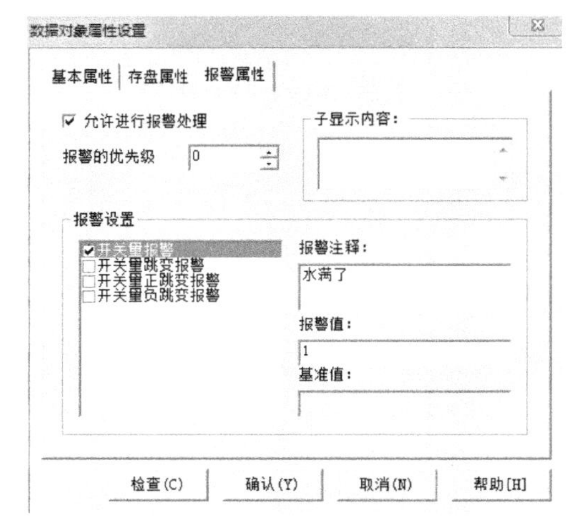

图 2-56　设置开关量报警

位报警、字报警和多状态报警等报警方式请参考 MCGS TPC 软件用户指南等。

实训任务 2-2　PLC、TPC 触摸屏及变频器通信控制

1. 任务要求

在触摸屏上进行操作，通过通信方式对 PLC 进行控制，再由变频器控制电动机运行。具体要求如下：

（1）触摸屏启动，触摸屏显示欢迎界面，并显示“欢迎使用 XK-PLC2 型工学结合实训台”，并向右循环移动，单击“下一页”，触摸屏切换到“变频器控制界面”，单击变频器控制界面上的“返回”就能返回到欢迎界面。

（2）从触摸屏上给定变频器运行频率（或者通过变频器面板给定频率）；在触摸屏上单击启动按键，变频器开始启动运行；在触摸屏上单击停止按键，变频器停止运行；在触摸屏上有变频器运行状态的指示灯显示。

2. 任务分析与准备

根据实训任务要求，该系统由触摸屏 TPC7062K、PLC、变频器、通信线、触摸屏工程下载线、开关电源等组成，试画出系统框图。

正确合理地选用元器件，是电路安全可靠工作的保证，根据安全可靠原则，以及相关的技术文件，选择元器件见表 2-4。

表 2-4　设备元器件清单

序号	名　称	型　号	数量	备　注
1	实训装置	XK-PLC6 型工学结合 PLC 实训台	1	
2	触摸屏	TPC7062K	1	DC 24 V 供电
3	通信线	SC-09	1	串口
4	PLC	FX2N-48MT	1	AC 220 V 供电

续表

序号	名　称	型　号	数量	备　注
5	导线	香蕉插头线	若干	强电
6	触摸屏下载线	标准 USB2.0 打印机线	1	一端方口，一端扁平口
7	变频器实训模块	FR-D720S-0.4K-CHT	1	单相 220 V 输入电源
8	模拟量模块	FX0N-3A	1	

根据实训任务，首先对触摸屏组态进行分析并规划如下：

（1）**工程框架：**有 2 个用户窗口，一个欢迎界面（为启动界面），一个为变频器控制界面。

（2）**数据对象：**三个按钮（启动、停止和界面切换按钮）、变频器运行指示灯 1 个、设定变频器运行频率数值的输入框 1 个。

（3）**图形制作：**指示灯控制窗口——按钮由对象元件库引入；指示灯由对象元件库引入；文字通过标签构件实现；频率设定通过输入框构件实现。

根据任务要求，规划定义触摸屏 TPC 与 PLC 连接的变量，并填写表 2-5。

表 2-5　TPC 与 PLC 变量对应关系

序号	连 接 变 量	通 道 名 称	备　注
1	启动		
2	停止		
3	频率设定		若从面板给定频率则不需要
4	变频器运行状态指示灯		

当进行上述规划后，就可以创建工程，然后进行组态。

3. 任务实施

（1）硬件接线图：按照图 2-57 所示的接线图完成 PLC 与实训模块之间的接线，认真检查，确保正确无误。

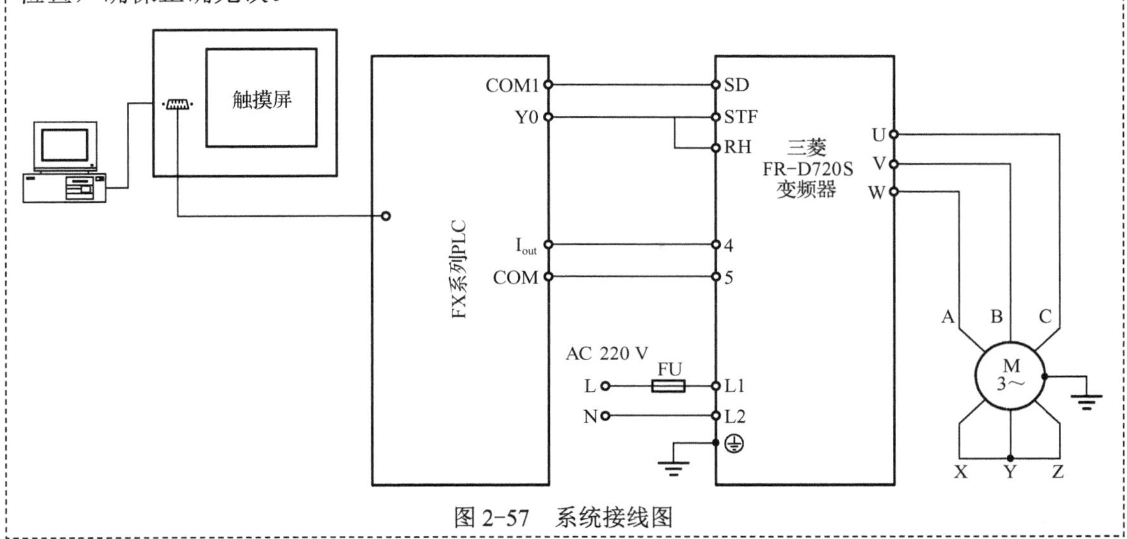

图 2-57　系统接线图

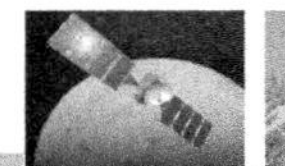

（2）变频器参数设置：按照表2-6所示的变频器参数，设置变频器功能。

表2-6　变频器参数设置表

序号	变频器参数	出厂值	设定值	功能说明
1	P1	50	50	上限频率（50 Hz）
2	P2	0	0	下限频率（0 Hz）
3	P7	5	5	加速时间（5 s）
4	P8	5	5	减速时间（5 s）
5	P9	0	0.35	电子过电流保护（0.35 A）
6	P160	9 999	0	扩张功能显示选择
7	P73	0	10	模拟量输入选择
8	P182	2	4	端子4输入（电流输入）
9	P79	0	2	操作模式选择

注：设置参数前先将变频器参数复位为工厂设定的默认值；此处采用电流输入控制频率。

（3）在计算机中组态触摸屏工程，连接TPC与计算机，并将组态好的工程下载到TPC中。

（4）编写PLC程序，再进行编译，有错误时根据提示信息修改，直至无误。

（5）用SC-09通信编程电缆连接计算机串口与PLC通信口，打开PLC主机电源开关，下载程序至PLC中，下载完毕后将通信编程电缆从计算机串口上取下，再将通信电缆连接触摸屏通信口与PLC通信口，最后将PLC的“RUN/STOP”开关拨至“RUN”状态。

4. 实训总结

（1）总结PLC、触摸屏和变频器的综合使用方法。

（2）总结记录PLC与外部设备的接线过程及注意事项。

（3）触摸屏界面切换如何实现？

（4）从触摸屏上输入的频率值，在PLC中如何进行数值处理？

（5）若用电压输入作为变频器的频率信号，该怎么实施任务？

知识梳理与总结

扫一扫看多状态报警微视频

（1）认识TPC7062K触摸屏。了解触摸屏外部接线，包括供电电源等级、触摸屏与电脑通信连接方式以及触摸屏与PLC通信连接方式。

（2）认识MCGS嵌入版组态软件。MCGS嵌入版软件是在MCGS通用版的基础上开发的，专门应用于嵌入式计算机监控系统的组态软件，MCGS嵌入版软件包括组态环境和运行环境两部分，它的组态环境能够在基于Microsoft的各种32位Windows平台上运行，运行环境则是在实时多任务嵌入式操作系统Windows CE下运行。适应于应用系统对功能、可靠性、成本、体积、功耗等综合性能有严格要求的专用计算机系统。通过对现场数据的采集处理，以动画显示、报警处理、流程控制和报表输出等多种方式向用户提供解决实际工程问题的方案，在自动化领域有着广泛的应用。此外 MCGS 嵌入版软件还带有一个模拟运行环境，用于对组态后的工程进行模拟测试，方便用户对组态过程的调试。

MCGS 嵌入版软件的体系结构分为组态环境、模拟运行环境和运行环境三部分。

组态环境和模拟运行环境相当于一套完整的工具软件，可以在 PC 机上运行。它帮助用户设计和构造自己的组态工程并进行功能测试。

运行环境则是一个独立的运行系统，它按照组态工程中用户指定的方式进行各种处理，完成用户组态设计的目标和功能。运行环境本身没有任何意义，必须与组态工程一起作为一个整体，才能构成用户应用系统。一旦组态工作完成，并且将组态好的工程通过 USB 口或以太网下载到触摸屏的运行环境中，组态工程就可以离开组态环境而独立运行在下位机上，从而保证控制系统的可靠性、实时性、确定性和安全性。

由 MCGS 嵌入版软件生成的用户应用系统，其结构由主控窗口、设备窗口、用户窗口、实时数据库和运行策略五个部分构成。窗口是屏幕中的一块空间，是一个“容器”，直接提供给用户使用。在窗口内，用户可以放置不同的构件，创建图形对象并调整画面的布局，组态配置不同的参数以便应用系统完成不同的功能。

在 MCGS 嵌入版软件中，每个应用系统只能有一个主控窗口和一个设备窗口，但可以有多个用户窗口和多个运行策略，实时数据库中也可以有多个数据对象。MCGS 嵌入版软件用主控窗口、设备窗口和用户窗口来构成一个应用系统的人机交互图形界面，组态配置各种不同类型和功能的对象或构件，同时可以对实时数据进行可视化处理。

实时数据库是 MCGS 嵌入版系统的核心，主控窗口构造了应用系统的主框架，用户窗口实现了数据和流程的“可视化”，运行策略是对系统运行流程实现有效控制的手段。

思考与练习 2

1．什么叫组态？组态由几部分组成？

2．利用网络资源来了解有哪些组态软件？（从北京昆仑通态自动化软件科技有限公司下载相关资源）

3．下载并安装 MCGS_嵌入版软件。

4．MCGS 组态软件有几个窗口？各有什么特点和功能？如何进入这些窗口？

5．触摸屏实现数值显示时，要对应 PLC 内部的？（　　）

A．输入点 X　　B．输出点 Y　　C．数据存贮器 D　　D．定时器

6．下面哪些软件不属于组态软件？（　　）

A．MCGS　　B．力控　　C．组态王　　D．protel

7．触摸屏实现按钮输入时，要对应 PLC 内部的？（　　）

A．输入点 X　　B．内部辅助继电器 M

C．数据存贮器 D　　D．定时器

8．触摸屏实现换画面时，必须指定（　　）。

A．当前画面编号　B．目标画面编号　　C．无所谓　　D．视情况而定

9．触摸屏是用于实现替代哪些设备的功能？（　　）

A．传统继电控制系统　　B．PLC 控制系统

C．工控机系统　　　　　　　　　　　　D．传统开关按钮型操作面板

10．用 PLC、变频器和触摸屏设计一个工业洗衣机的综合控制系统，控制流程如图 2-58 所示，其控制要求如下：

（1）PLC 一上电，系统进入初始状态，准备启动。

（2）按启动按钮则开始进水，当水位到达高水位时，停止进水，并开始正转洗涤。

（3）当水位下降到低水位时，开始脱水并继续排水，脱水时间为 10 s，10 s 时间到，即完成一次大循环。

（4）洗衣机“正转洗涤 15 s”和“反转洗涤 15 s”过程，要求使用变频器驱动电动机，且实现 3 段速运行，即先以 30 Hz 速度运行 5 s，接着转为 45 Hz 速度运行 5 s，最后 5 s 以 25 Hz 速度运行。

（5）脱水时变频器的输出频率为 50 Hz，设定其加速、减速时间均为 2 s。

（6）通过触摸屏设定启动按键、停止按键，显示正反转运行时间、循环次数等参数。

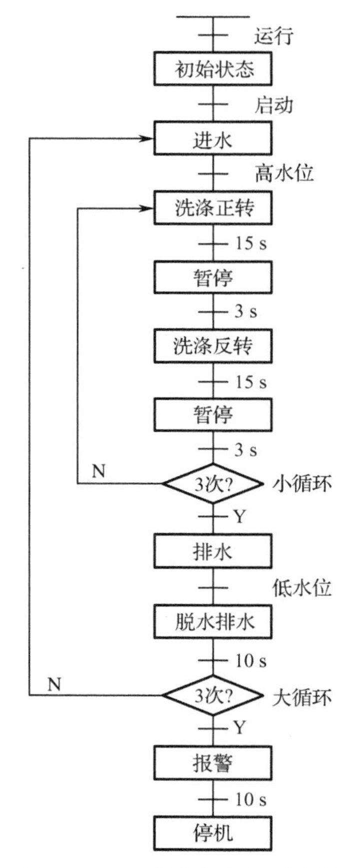

图 2-58　工业洗衣机控制流程

单元3

步进伺服定位控制技术

教学导航

知识目标	1. 步进电动机和伺服电动机的工作原理; 2. 细分的概念; 3. 电子齿轮比; 4. 步进驱动器接口信号功能; 5. 伺服驱动器控制信号接口功能; 6. 定位控制指令和脉冲输出指令的用法;
能力目标	1. 掌握驱动器控制信号接口以及驱动器接受脉冲信号的方式; 2. 掌握步进驱动、伺服控制系统硬件接线; 3. 掌握步进驱动器和伺服驱动器的参数设置方法; 4. 会用脉冲输出指令 PLSY 和 PLSR 指令设计定位控制 PLC 程序; 5. 掌握光电开关、接近开关、霍尔开关、行程开关的接线方法; 6. 资料查询能力; 7. 自主学习能力
素质目标	1. 团队协作能力; 2. 组织沟通能力; 3. 严谨认真的学习工作作风
重难点	1. 对步进驱动器和伺服驱动器进行参数设置; 2. 定位控制的 PLC 程序设计
单元任务	1. 步进电动机的正反转点动控制; 2. 步进电动机的定位控制; 3. 伺服电动机的位置控制
推荐教学方法	动画视频教学、任务驱动教学、翻转课堂

3.1 定位控制方式与系统组成

知识分布网络

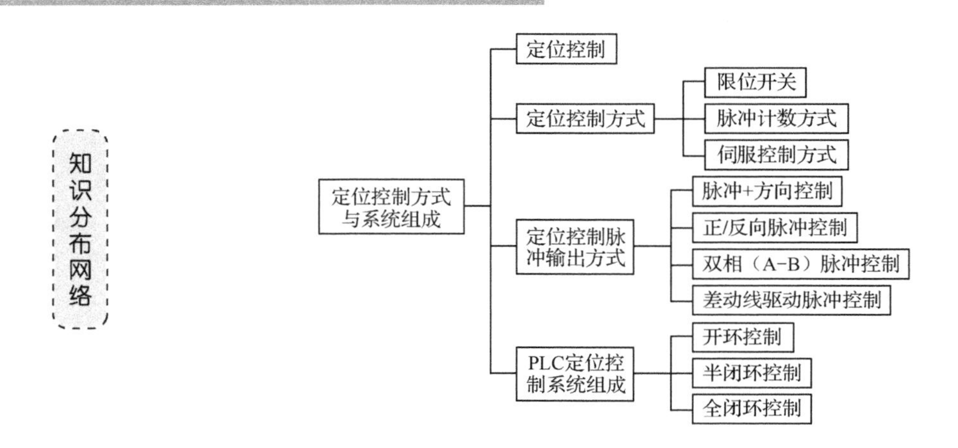

3.1.1 定位控制与控制方式

定位控制是指当控制器发出控制指令后使运动件（如机床工作台）按指定速度完成指定方向上的指定位移。定位控制是运动量控制的一种，又称位置控制、点动控制，在本书中统称为定位控制。

定位控制的应用非常广泛，如机床工作台的移动，电梯的平层、定长处理，立体仓库的操作机取货、送货及各种包装机械、输送机械等，和模拟量控制、运动量控制一样，定位控制已成为当今自动化技术的一个重要内容。

1. 利用限位开关实现的定位控制

早期的定位控制是利用限位开关来完成的。在需要停止的位置安装一个限位开关（行程开关、接近开关、光电开关等均可），当运动物体（如工作台）在运动过程中碰到限位开关时便切断电动机的电源，使工作台自由滑行停止，如图3-1所示。

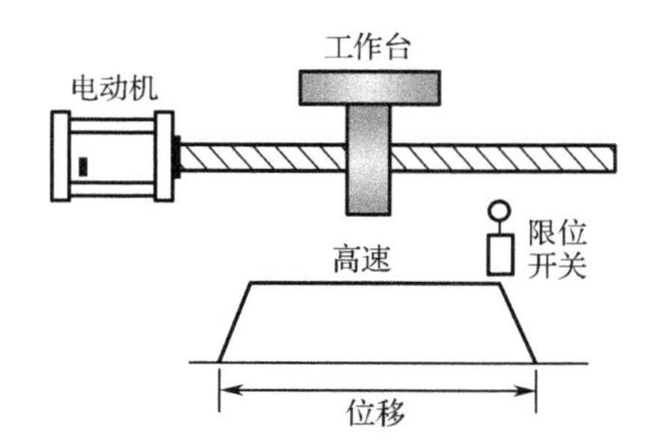

图3-1 限位开关方式定位控制示意图

这种定位控制方式简单，仅需一个限位开关即可。缺点是定位控制的精度极差，因为物体自由滑行停止，拖动系统完全处于自由制动惯性状态，停机时间完全由系统的惯性决定，而系统的惯性与负荷的大小、滑行阻力等有关，很难准确把握，所以其停止位置是不确定的。也有通过加装制动装置来提高定位精度，虽然效果好一些，但制动装置在某些工况下是不允许的，而且维护也不方便，定位精度仍然不能满足要求。

2. 脉冲计数方式

脉冲计数方式取消了外置限位开关，引入PLC，依靠程序进行定位控制，也可以通过变频器对电动机进行三段速控制，如图3-2所示。

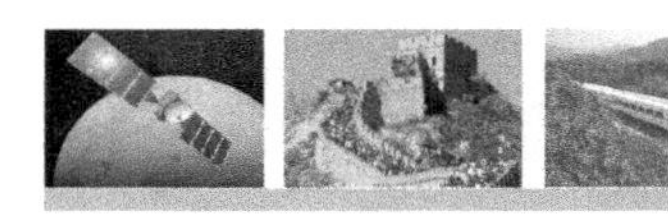

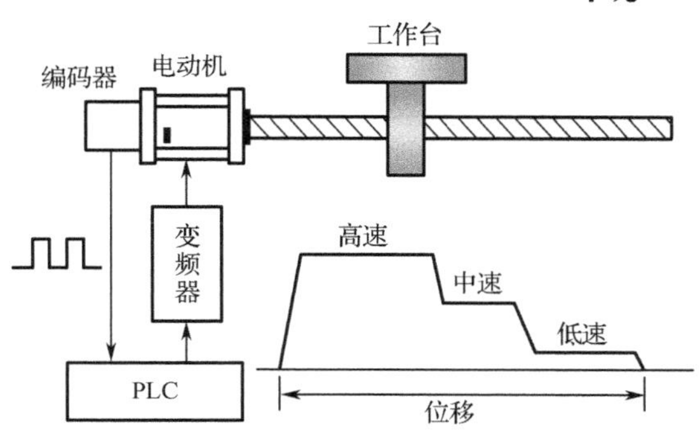

图 3-2　脉冲计数方式定位控制示意图

图 3-2 中，引入 PLC（也可以是单片机、工控机、PC 等其他数字控制设备）作为定位控制系统的控制器。一个增量式编码器与电动机轴端相连，当电动机带动工作台移动时，与电动机轴端相连的旋转编码器会发出脉冲，脉冲的数量与位移量对应。编码器的输出脉冲被送入 PLC 的高速计数器输入端口，PLC 则利用内置高速计数器对输入脉冲进行计数，并编制相应的程序，利用高速计数器比较置位指令对相关的计数当前值输出相应的动作。例如，当计数输入当前值为某一位置时进行高速、中速、低速的切换，当计数输入当前值为指令位移量时发出信号，使电动机电源切断直到停止转动。这种控制方式去掉了外置限位开关，速度切换可以多段速进行，只要改变脉冲输入当前值就可以改变切换速度的位置，使用十分方便。然而，由于影响定位精度的因素与限位开关相同，定位精度并不能得到提高，成本却比限位开关方式增加不少。

上述的定位控制方式又称为速度控制方式，它们有个共同点：当发出位置到达信号后，从电动机断电到电动机停止运转这段时间均为自由滑行时间，自由滑行时间与负荷大小、滑行阻力等系统惯性有很大的关系，难以准确控制。速度控制方式的定位控制这种状况直到出现伺服定位控制系统后才得以改善。

3. 伺服控制方式

伺服系统是指执行机构严格按照控制命令的要求而动作，即控制命令未发出命令时，执行机构是静止不动的，而控制命令发出后，执行机构按命令执行，当控制命令消失后，执行机构立即停止。在定位控制中，只有当伺服电动机和步进电动机代替普通感应电动机作为执行器后，定位控制的速度和精度才能得到很大提高。这是因为伺服电动机和步进电动机都是与控制信号随动的执行器，不会产生像感应电动机那样的自由滑行时间，也就是说，在定位控制中，它们的停止位置只受控制信号的控制。如果位移控制命令相当精确，则定位控制也会相当精确。图 3-3 为采用位置控制方式的定位控制伺服系统示意图。

图 3-3 中，伺服电动机代替感应电动机，伺服驱动器代替变频器，同时将伺服电动机的同轴编码器脉冲输出送到伺服驱动器中，而不是像脉冲计数方式那样送入 PLC 中，而 PLC 在这里所起的作用是向伺服驱动器发出定位控制命令。伺服控制方式的工作原理为：在位置控制中，PLC 直接向伺服驱动器发出定位控制指令（转速、转向和位移量），伺服驱动器开始运行后，与伺服电动机轴端相连的编码器就把运行状况（转速和已经移动的距离）传送给驱动器，驱动器会把编码器传来的信号与控制信号相比较，根据比较结果对伺服电动机进行连续速度控制，使其停止在控制指令所指定的位移距离上。

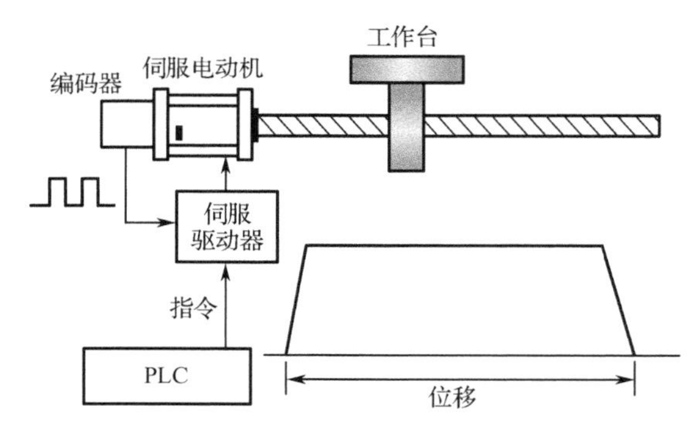

图 3-3 伺服定位控制系统示意图

伺服定位控制系统有以下几个特点：

（1）由控制器 PLC 直接发出定位控制指令。

（2）用伺服电动机（或步进电动机）作为执行元件。

3.1.2 定位控制脉冲输出方式

目前在定位控制中，不论是步进电动机还是伺服电动机，基本上都是采用脉冲信号控制的。本书所介绍的是采用脉冲信号作为定位控制信号和基于伺服电动机、步进电动机作为执行元件的定位控制系统。在定位控制中，用高速脉冲去控制运动物体的速度、方向和位移时，常用的脉冲控制方式有下面 4 种。

1. 脉冲+方向控制

一个控制信号是输出的高速脉冲，通过脉冲的频率控制运动的速度，通过脉冲的个数控制运动的位移；另一个信号控制运动的方向，如图 3-4 所示。

图 3-4 脉冲+方向控制波形

这种脉冲控制方式的优点是只需一个高速脉冲输出口，但方向控制的信号状态必须在程序中予以控制。

2. 正/反向脉冲控制

通过两个高速脉冲信号控制物体的运动，这两个脉冲的频率一样，其中一个是正向脉冲，另一个是反向脉冲，如图 3-5 所示。

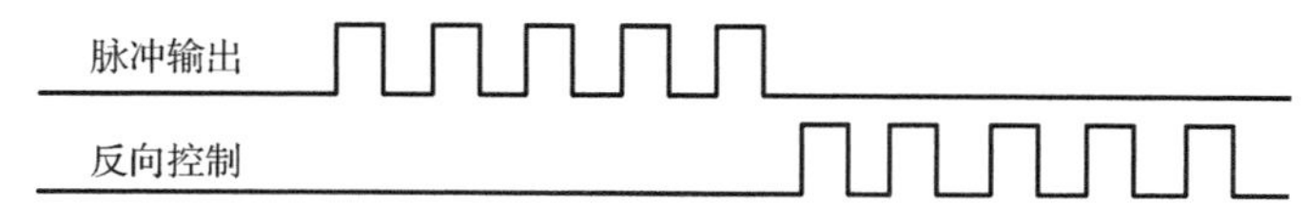

图 3-5 正/反向脉冲控制波形

与脉冲+方向控制方式相比，这种方式需要占用两个高速脉冲输出端口，而 PLC 的高速脉冲输出口本来就比较少，因此这种方式很少在 PLC 中应用，PLC 中采用的大多数是脉

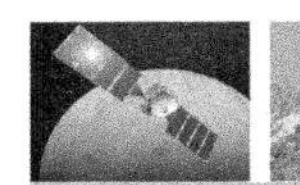

冲+方向控制方式。这种脉冲控制方式一般在定位模块或定位单元中作为脉冲输出的选项而被采用。

3. 双相（A-B）脉冲控制

这种控制方式也需要两个高速脉冲串，但它与正/反向脉冲控制方式不同。正/反向脉冲控制方式中在一个时间里只能出现一个方向的脉冲，不能同时出现两个脉冲控制。而双相（A-B）脉冲控制是 A 相和 B 相脉冲同时输出的，这两个脉冲的频率一样。其方向控制是由 A 相和 B 相的相位关系决定的，当 A 相超前 B 相 90° 时为正向，当 B 相超前 A 相 90° 时为反向，如图 3-6 所示。

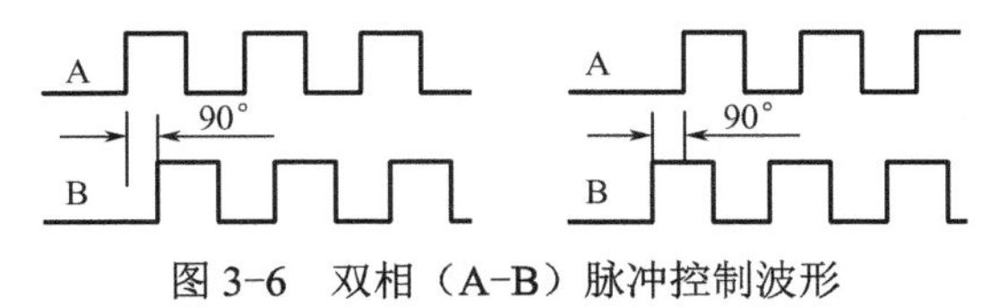

图 3-6　双相（A-B）脉冲控制波形

4. 差动线驱动脉冲控制

差动线驱动又称差分线驱动。上面所介绍的三种脉冲输出方式在电路结构上不管采用集电极开路输出还是电压输出电路，其本质上是一种单端输出信号，即脉冲信号的逻辑值是由输出端电压所决定的（信号地线电压为 0）。差分信号也是两根线传输信号，但这两个信号的振幅相等，相位相反，称之为差分信号。当差分信号送到接收端时，接收端通过比较这两个信号的差值来判断逻辑值“0”或“1”。图 3-7 为差分信号脉冲控制波形。当差分信号作为输出信号时，接收端必须是差分放大电路结构才能接收差分信号。

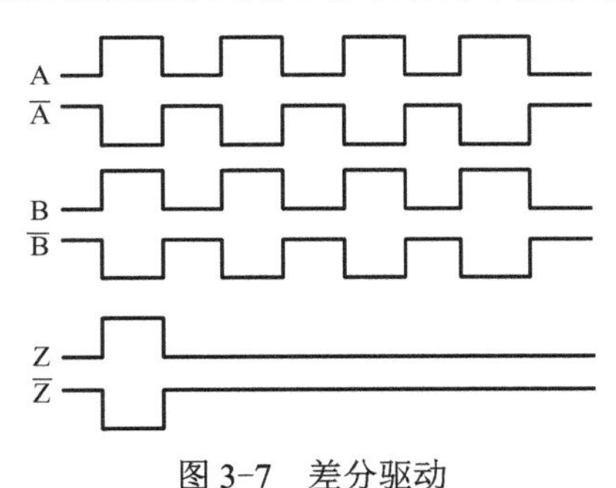

图 3-7　差分驱动

与单端输出相比，差分线驱动的优点是抗干扰能力强，能有效抑制电磁干扰，逻辑值受信号幅值变化影响小，传输距离长（10 m）。

由于差分信号的两根线都必须发送脉冲，因此差分信号是一种双端输出信号。与单端输出信号相比，差分信号需要两个脉冲输出口，故在 PLC 的基本单元上很少采用差分信号输出方式。

差分信号有两种输出方式，分别为脉冲+方向控制和正/反向脉冲控制，应用时要注意。

3.1.3　PLC 定位控制系统的组成

采用步进电动机或伺服电动机为执行元件的位置控制系统方框图，如图 3-8 所示。

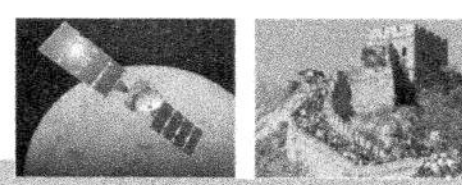

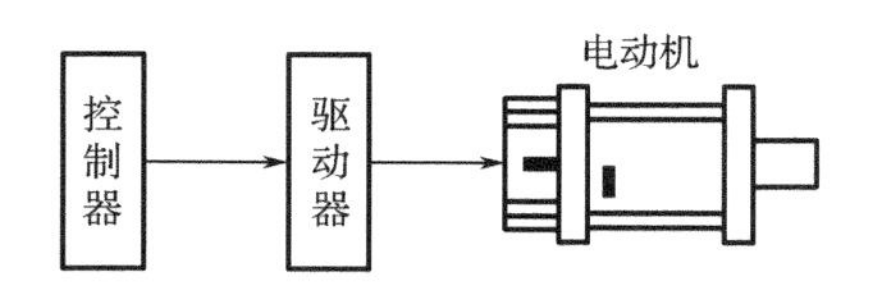

图 3-8 位置控制系统方框图

控制器为发出位置控制指令的装置，其主要作用是通过编程下达控制指令，使得步进电动机或伺服电动机按控制要求完成位移和定位。控制器可以是单片机、控制机、PLC 和定位模块等。驱动器是把控制器送来的信号进行功率放大，用于驱动电动机运转，根据控制命令和反馈信号对电动机进行连续控制。可以说，驱动器是集功率放大和位置控制为一体的智能装置。

使用 PLC 作为位置控制系统的控制器已成为当前应用的趋势。目前，PLC 都能提供一轴或多轴的高速脉冲输出及高速硬件计数器，多数 PLC 还设计有多种脉冲输出指令和定位指令，使定位控制的程序设计十分简易和方便，与驱动器的硬件连接也十分简单。PLC 可以通过数字 I/O 方式、模拟量输出方式、通信方式和高速脉冲输出方式控制步进或伺服驱动器，其中通过高速脉冲输出进行位置控制是目前比较常用的方式，PLC 的脉冲输出指令和定位控制指令都是针对这种方法设置和应用的。输出高速脉冲进行位置控制又有开环控制（步进电动机和驱动器）、半闭环控制（伺服电动机和驱动器）和全闭环控制（伺服电动机、驱动器外加位移检测器）三种控制结构。详细的控制系统在本章后续内容中将予以介绍。本书中定位控制系统的控制器在没有特别说明的情况下，指的均是 PLC。

3.2 步进电动机的工作原理与功能

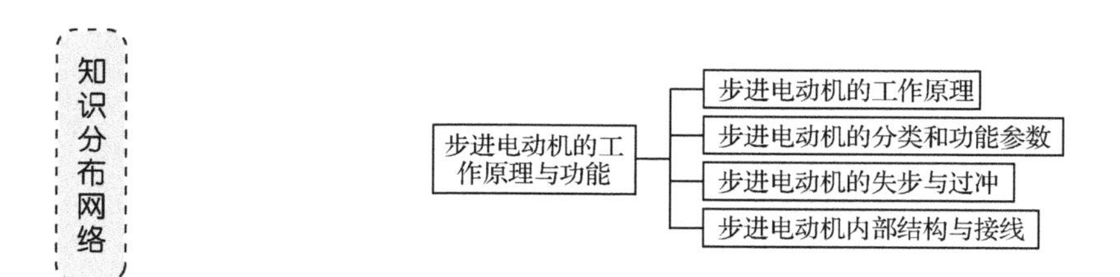

3.2.1 步进电动机典型结构及工作原理

步进电动机是将电脉冲信号转换为相应的角位移或直线位移的一种特殊执行电动机。每输入一个电脉冲信号，电动机就转动一个角度。步进电动机作为执行元件，是机电一体化的关键产品之一，广泛应用在各种家电产品中，例如打印机、磁盘驱动器、玩具、雨刷、震动寻呼机、机械手臂和录像机等。另外，步进电动机也广泛应用于各种工业自动化系统中。由于通过控制脉冲个数可以很方便地控制步进电动机转过的角位移，且步进电动机的误差不积累，可以达到准确定位的目的。同时可以通过控制频率来很方便地改变步进电动机的转速和加速度，达到任意调速的目的。因此，步进电动机可以广泛地应用于各种开环控制系统中，图 3-9 为常见步进电动机的外形。

1. 典型结构

反应式步进电动机的典型结构如图 3-10 所示。这是一台四相电动机，其中定子铁心由硅钢片叠成，定子上有 8 个磁极（大齿），每个磁极上又有许多小齿；它有 4 套定子绕组，绕在径向相对的两个磁极上的一套绕组为一相。转子也是由硅钢片叠成的铁心构成的，沿圆周有很多小齿，转子上没有绕组。根据工作要求，定子磁极上小齿的齿距和转子上小齿的齿距必须相等，而且对转子的齿数有一定的限制。图 3-10 中转子的齿数为 50 个，定子每个磁极上的小齿数为 5 个。

图 3-9　步进电动机的外观

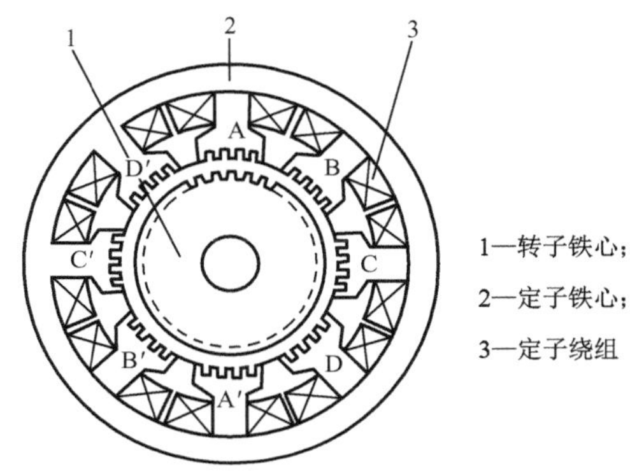

图 3-10　反应式步进电动机典型结构

2. 三相反应式步进电动机运动分析

下面以一台最简单的三相反应式步进电动机为例，介绍步进电动机的工作原理。

图 3-11 是一台最简单的三相反应式步进电动机（三相单三拍）示意图。定子铁心为凸极式，定子内圆周均匀分布着 6 个磁极（大齿），磁极表面不带小齿，磁极上有励磁绕组，每两个径向相对的磁极上绕有一相控制绕组，共有三相，分别标记为 A、B 和 C；转子上有 4 个齿，分别标记为 1、2、3 和 4，其齿宽等于定子的极靴宽，转子两个齿中心线间所跨过的圆周角即齿距角为 90°。

当 A 相控制绕组通电，其余两相均不通电，电动机内建立以定子 A 相极为轴线的磁场。由于磁通具有使磁阻路径最小的特点，使转子齿 1、3 的轴线与定子 A 相极轴线对齐，如图 3-11（a）所示。若 A 相控制绕组断电、B 相控制绕组通电时，转子在反应转矩的作用下，逆时针转过 30°，使转子齿 2、4 的轴线与定子 B 相极轴线对齐，即转子走了一步，如图 3-11（b）所示。若断开 B 相，使 C 相控制绕组通电，转子逆时针方向又转过 30°，使转子齿 1、3 的轴线与定子 C 相极轴线对齐，如图 3-11（c）所示。如此按 A—B—C—A 的顺序轮流通电，转子就会一步一步地按逆时针方向转动。其转速取决于各相控制绕组通电与断电的频率，旋转方向取决于控制绕组轮流通电的顺序。若按 A—C—B—A 的顺序通电，则电动机按顺时针方向转动。

在这种工作方式下，三个绕组依次通电一次为一个循环周期，一个循环周期包括三个工作脉冲，所以称为三相单三拍工作方式。“三相”是指三相步进电动机；“单三拍”是指每次只有一相控制绕组通电；控制绕组每改变一次通电状态称为一拍，“三拍”是指改变三次通电状态为一个循环，第四次换接重复第一次的情况。把每一拍转子转过的角度称为步距角。三相单三拍运行时，步距角为 30°。显然，这个角度太大，不能付诸实用。

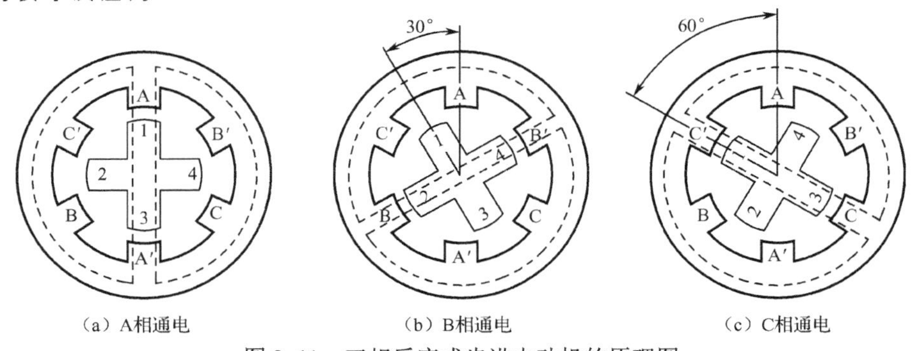

图 3-11　三相反应式步进电动机的原理图

如果把控制绕组的通电方式改为 A→AB→B→BC→C→CA→A，即一相通电、接着二相通电间隔地轮流进行，完成一个循环需要经过六次改变通电状态，称为三相单、双六拍通电方式。这种方式可以获得更精确的控制特性。当 A、B 两相绕组同时通电时，转子齿的位置应同时考虑到两对定子极的作用，只有 A 相极和 B 相极对转子齿所产生的磁拉力相平衡的中间位置，才是转子的平衡位置。这样，单、双六拍通电方式下转子平衡位置数量增加了一倍，步距角为 15° 。

与单三拍相比，六拍驱动方式的步进角更小，更适用于需要精确定位的控制系统中。

3. 四相步进电动机运行分析

以上讨论的是一台最简单的三相反应式步进电动机的工作原理，在实际应用中，为了满足更高的精度要求，大多采用更多相和定、转子带有很多小齿的结构，如图 3-12 所示，定子有 8 个极，相对两极的绕组串联成一相，构成四相；转子 6 个齿，齿宽等于定子极靴的宽度。下面分析四相反应式步进电动机的工作原理。

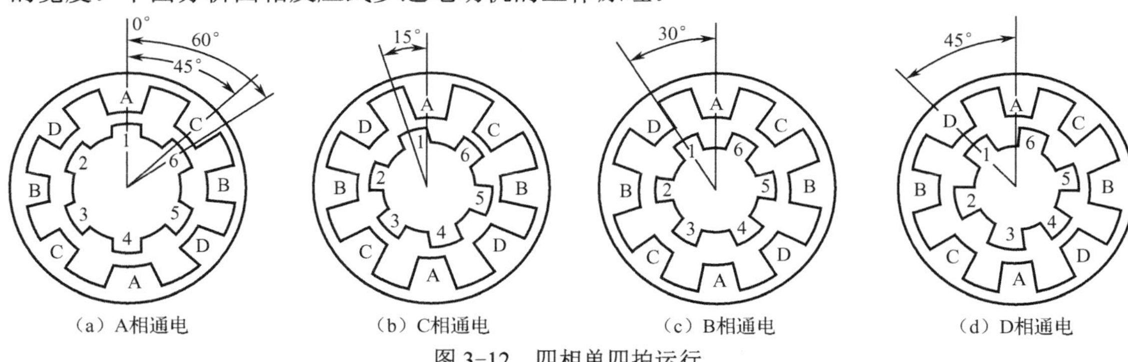

图 3-12　四相单四拍运行

四相反应式步进电动机，四相单四拍的通电方式为 A→C→B→D→…。A 相绕组通电时，在磁阻转矩作用下，转子齿 1 和 4 的轴线与定子 A 极轴线对齐；断开 A 相接通 C 相，转子齿 3 和 6 的轴线与 C 极轴线对齐，转子逆时针方向转过 15° ；断开 C 相接通 B 相，转子又转过 15° ；断开 B 相接通 D 相，转子再转过 15° …。经过 A→C→B→D→A 一个通电循环转子转过 60° ，为一个齿距角。

4. 实用反应式步进电动机

如何减小步距角？增加转子齿数，同时在定子极面上开槽，定、转子的齿形要相同。

分析表明，这样结构的步进电动机，其步距角可以做得很小。一般地说，实际的步进电动机产品，都采用这种方法实现步距角的细分，以做得很小。如图 3-13 所示，转子上共有 50 个齿，齿距角为：

$$\theta_t = \frac{360^\circ}{Z_r} = \frac{360^\circ}{50} = 7.2^\circ$$

通电方式为 A→C→B→D→…。A 相绕组通电，转子齿轴线和定子磁极 A 上的齿轴线对齐；断开 A 相接通 C 相，在磁阻转矩作用下，转子顺时针方向转过四分之一齿距角（1.8°），使转子齿轴线和定子磁极 C 下的齿轴线对齐…。每换接一次绕组，转子就转过 1/4 齿距角。四步完成一个循环，转子转过 7.2°。

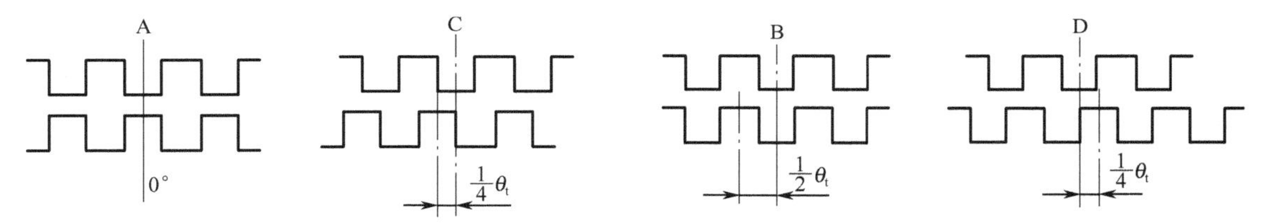

图 3-13　四相单四拍运行 A 相通电时的定、转子齿相对位置

用同样的分析方法得到通电方式为 A→AC→C→CB→B→BD→D→DA→…。每换接一次绕组，转子就转过 1/8 齿距角。四相八拍运行时的步距角是四相四拍时的一半。

除了步距角外，步进电动机还有保持转矩、阻尼转矩等技术参数，这些参数的物理意义请参阅有关步进电动机的产品资料等。

3.2.2　步进电动机的分类

按工作原理分为：反应式、永磁式、混合式；按励磁相数分为：二、三、四、五、六、八相等。

永磁式步进电动机一般为两相，转矩和体积较小，步距角一般为 7.5°或 15°。

反应式步进电动机一般为三相，可实现大转矩输出，步距角一般为 1.5°，但噪声和振动都很大。

混合式步进电动机是指混合了永磁式和反应式电动机的优点。它又分为两相、三相和五相：两相步距角一般为 1.8°，而五相步距角一般为 0.72°，混合式步进电动机随着相数（通电绕组数）的增加，步距角减小，精度提高，这种步进电动机的应用最为广泛。

3.2.3　步进电动机的主要功能参数

1. 相数

产生不同对极 N、S 磁场的激磁线圈对数，常用 m 表示。

2. 拍数

完成一个磁场周期性变化所需脉冲数或导电状态，用 n 表示，或指电动机转过一个齿距角所需脉冲数，以四相电动机为例，有四相四拍运行方式即 AB-BC-CD-DA-AB，四相八拍运行方式即 A-AB-B-BC-C-CD-D-DA-A。

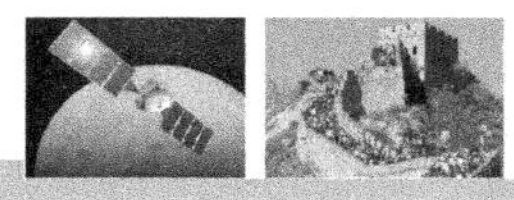

3. **步距角**

每输入一个脉冲电信号转子转过的角度称为步距角，用符号θ_s表示。

步距角为：

$$\theta_s = \frac{\theta_t}{N} = \frac{360^\circ}{NZ_r}$$

其中，N为运行拍数，Z_r为转子齿数。

步距角与拍数N及转子齿数Z_r有关，减小步距角，可提高控制精度。

以常规二、四相，转子齿数为50齿的电动机为例，四拍运行时步距角为θ_s=360°/（50*4）= 1.8°（俗称整步），八拍运行时步距角为θ_s=360°/（50*8）=0.9°（俗称半步）。

4. **转速**

输入一个脉冲，转子转过整个圆周角的$\frac{1}{Z_r N}$，即转过$\frac{1}{Z_r N}$周，所以转速为：

$$n = \frac{60f}{Z_r N}$$

其中，$60f$——每分钟的脉冲数；

$Z_r N$——转子转一周所需的步数；

f——控制脉冲的频率，即每秒输入的脉冲数。

反应式步进电动机的转速取决于脉冲频率、转子齿数和拍数，与电源电压、负载、温度等因素无关。改变脉冲频率可以改变转速，故可进行无级调速。

步进电动机的转速还可用步距角表示：

$$n = \frac{60f}{Z_r N} = \frac{60f}{Z_r N}\frac{360^\circ}{360^\circ} = \frac{f\theta_s}{6^\circ}\ \mathrm{r/min}$$

5. **步进电动机具有自锁能力**

当控制电脉冲停止输入，而让最后一个脉冲控制的绕组继续通入直流电时，则电动机转子可以保持在固定的位置上，即停在最后一个脉冲控制的角位移的终点位置上。这样，步进电动机可以实现停转时转子定位。

6. **定位转矩**

电动机在不通电状态下，电动机转子自身的锁定力矩称为定位转矩（由磁场齿形的谐波以及机械误差造成的）。

7. **静转矩**

电动机在额定静态电作用下，电动机不作旋转运动时，电动机转轴的锁定力矩称为静转矩。此力矩是衡量电动机体积（几何尺寸）的标准，与驱动电压及驱动电源等无关。

3.2.4 步进电动机运行中失步和过冲的问题

控制步进电动机运行时，应注意考虑在防止步进电动机运行中失步和过冲的问题。

当步进电动机以开环方式进行位置控制时，负载位置对控制回路没有反馈，步进电动机就必须正确响应每次励磁变化，如果励磁频率选择不当，则步进电动机就不能移动到新

的位置，即发生失步或过冲现象。失步时，转子前进的步数小于脉冲数，没有运动到指定位置；过冲时，转子前进的步数多于脉冲数，运动超过了指定的位置。失步严重时，将使转子停留在一个位置上或围绕一个位置振动。因此，在步进电动机开环控制系统中，如何防止失步和过冲是开环控制系统能否正常运行的关键。

为了克服步进电动机的失步和过冲现象，一般应该在启动、停止时适当地加/减速控制，通过一个加速和减速过程，以较低的速度启动而后逐渐加速到某一速度运行，再逐渐减速直至停止，可以减少甚至完全消除失步和过冲现象。

如：使机械手返回原点的操作，常常会出现越步情况。当机械手装置回到原点时，原点开关动作，使指令输入 OFF。但如果到达原点前速度过高，惯性转矩将大于步进电动机的保持转矩而使步进电动机越步。因此回原点的操作应确保足够低速为宜；当步进电动机驱动机械手装配高速运行时紧急停止，出现越步的情况不可避免，因此急停复位后应采取先低速返回原点重新校准，再恢复原有操作的方法。

注意：所谓保持转矩是指电动机各相绕组通额定电流，且处于静态锁定状态时，电动机所能输出的最大转距，它是步进电动机最主要的参数之一。

由于电动机绕组本身是感性负载，输入频率越高，励磁电流就越小。频率高，磁通量变化加剧，涡流损失加大。因此，输入频率增高，输出转矩降低。最高工作频率的输出转矩只能达到低频转矩的 40%～50%。进行高速定位控制时，如果指定的频率过高，会出现丢步现象。

此外，如果机械部件调整不当，会使机械负载增大。步进电动机不能过负载运行，哪怕是瞬间，都会造成失步，严重时停转或不规则地原地反复振动。

3.2.5　步进电动机内部构造与接线

使用步进电动机，一是要注意正确安装，二是正确接线。

安装步进电动机，必须严格按照产品说明书上的要求进行。步进电动机是一种精密装置，安装时注意不要敲打它的轴端，更千万不要拆卸电动机。

按照常理来说，步进电动机接线要根据线的颜色来区分接线，但是不同公司生产的步进电动机，线的颜色不一样。特别是国外的步进电动机。步进电动机的内部构造如图 3-14 所示。

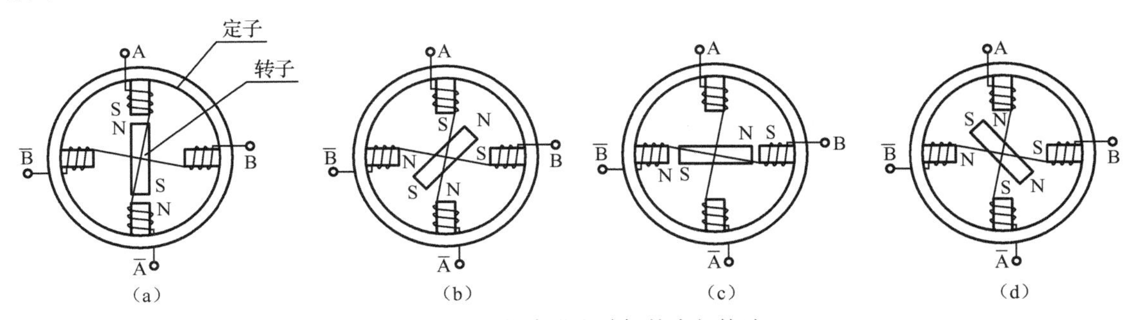

图 3-14　两相步进电动机的内部构造

通过图 3-14 可知，A 和 $\overline{A}$ 是联通的，B 和 $\overline{B}$ 是联通的。那么，A 和 $\overline{A}$ 是一组（a），B 和 $\overline{B}$ 是一组（b）。

不管是两相四相、四相五线、四相六线的步进电动机，内部构造都是如此。至于究竟是四线、五线，还是六线，就要看 A 和 $\bar{A}$ 之间，B 和 $\bar{B}$ 之间有没有公共端 com 抽线。如果（a）组和（b）组各自有一个 com 端，则该步进电动机是六线，如果（a）和（b）组的公共端连在一起，则是 5 线的。所以，要弄清步进电动机如何接线，只需把（a）组和（b）组分开，用万用表测试就能测出来。

四线：由于四线没有 com 公共抽线，同时（a）和（b）组是绝对绝缘的、不连通的，所以，用万用表测试不连通的是一组。

五线：由于五线中，（a）和（b）组的公共端是连接在一起的。用万用表测试，当发现有一根线和其他几根线的电阻是相当的，那么，这根线就是公共 com 端。对于驱动五线步进电动机，公共 com 端不连接也是可以作为正常驱动步进电动机用的。

六线：（a）和（b）组的公共抽线 com 端是不连通的。同样，用万用表测电阻，发现其中一根线和其他两根线电阻是一样的，那么这根线是 com 端，另 2 根线就属于一组。对于驱动四相六线步进电动机，两根公共 com 端不连接也可以正常驱动该步进电动机。

不同的步进电动机的接线有所不同，42-H250E11/CL 的连接线图如图 3-15 所示，两相绕组，四根引出线，A、B 相互换就能改变步进电动机的转动方向。

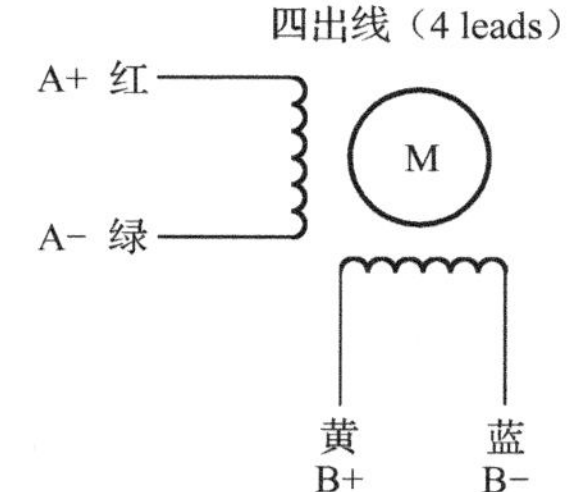

图 3-15　42-H250E11/CL 的连接线

3.3　步进驱动器的功能与使用

知识分布网络

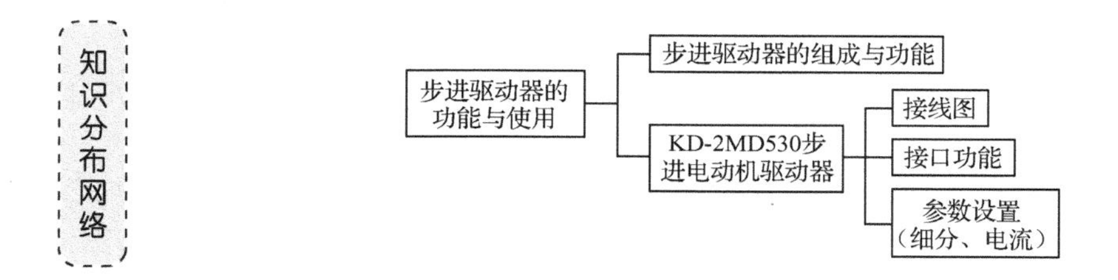

3.3.1　步进驱动器的组成与功能

当用步进电动机进行位置控制时，步进电动机不能直接连接到交直流电源上，而是通过步进驱动器与控制设备（本书中指 PLC）相连接，如图 3-16 所示。由于步进电动机没有反馈元件，因此该控制是一个开环控制系统。

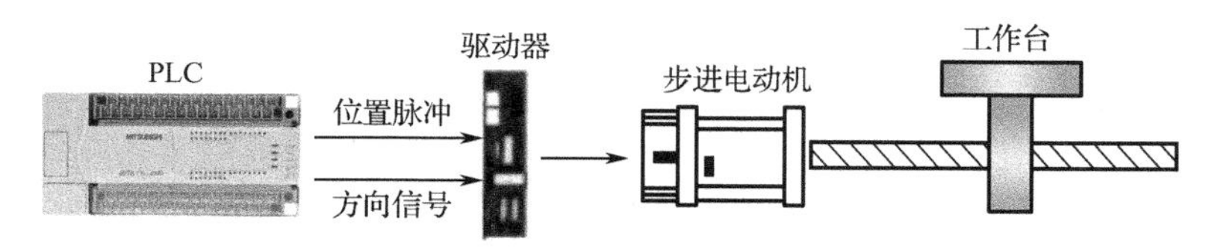

图 3-16　步进电动机控制系统

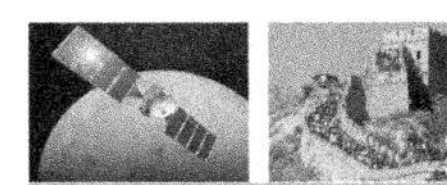

步进电动机需要专门的驱动装置（驱动器）供电，驱动器和步进电动机是一个有机的整体，步进电动机的运行性能是电动机及其驱动器二者配合所反映的综合效果。

步进电动机驱动器的功能是接收来自控制器（PLC）的一定数量和频率的脉冲信号以及电动机旋转方向的信号，为步进电动机输出三相功率脉冲信号。

步进电动机驱动器的组成包括脉冲分配器和脉冲放大器两部分，主要解决向步进电动机的各相绕组分配输出脉冲和功率放大两个问题。

脉冲分配器是一个数字逻辑单元，它接收来自控制器的脉冲信号和转向信号，把脉冲信号按一定的逻辑关系分配到每一相脉冲放大器上，使步进电动机按选定的运行方式工作。由于步进电动机各相绕组是按一定的通电顺序并不断循环来实现步进功能的，因此脉冲分配器也称为环形分配器，其工作过程如图 3-17 所示。实现这种分配功能的方法有多种，例如，可以由双稳态触发器和门电路组成，也可由可编程逻辑器件组成。

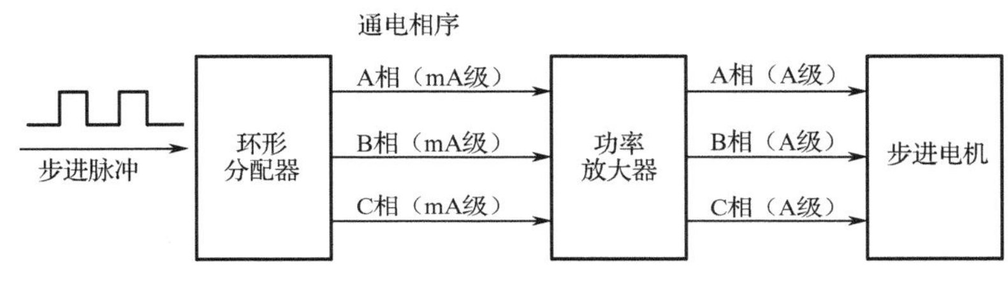

图 3-17　脉冲控制方框图

“环形分配器”按给定规律分配输入脉冲。对于三相步进电动机，环形分配器是一路输入，三路输出。三相单三拍运行时，第一个电脉冲分给 A 相；第二个电脉冲分给 B 相；第三个电脉冲分给 C 相，完成一个循环。改变通电顺序，可以控制电动机转向。

脉冲放大器是进行脉冲功率放大。因为从脉冲分配器能够输出的电流很小（毫安级），而步进电动机工作时需要的电流较大，因此需要进行功率放大。此外，输出的脉冲波形、幅度、波形前沿陡度等因素对步进电动机运行性能有重要的影响。

细分驱动方式不仅可以减小步进电动机的步距角，提高分辨率，而且可以减少或消除低频振动，使电动机运行更加平稳均匀。

3.3.2　步进电动机驱动器的使用

1. 外形及驱动器端口

KD-2MD530 步进电动机驱动器，主要用于驱动 42、57 型两相混合式步进电动机。其微步细分有 15 种，最大步数为 26 500 Pulse/rev；其工作峰值电流范围为 1.0～4.2 A，输出电流共有 8 挡，电流的分辨率约为 0.45 A；具有自动半流、过压和过流保护等功能。本驱动器的工作电源为直流供电，建议工作电压范围为 DC 24～48 V，建议典型工作电压为 DC 36 V。KD-2MD530 步进电动机驱动器的外形及其端口位置如图 3-18 所示。

图 3-18　KD-2MD530 外观及端口图

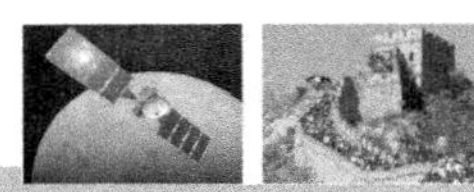

表 3-1　驱动器端口名称及功能说明

驱动器功能	操作说明
微步细分数设定	由 SW5～SW8 四个拨码开关来设定驱动器微步细分数，其共有 15 挡微步细分。**用户设定微步细分时，应先停止驱动器运行。**具体微步细分数的设定，请参考表 3-3。
输出电流设定	由 SW1～SW3 三个拨码开关来设定驱动器输出电流，其输出电流共有 8 挡。具体输出电流的设定，请表 3-2。
自动半流功能	用户可通过 SW4 来设定驱动器的自动半流功能。OFF 表示静态电流设为动态电流的一半，ON 表示静态电流与动态电流相同。一般用途中应将 SW4 设成 OFF，使得电动机和驱动器的发热减少，可靠性提高。脉冲串停止后约 0.3 s 左右电流自动减 50%（实际值的 55%），发热量理论上减少 65%。
信号接口	PUL+和 PUL-为控制器脉冲信号的正端和负端；DIR+和 DIR-为控制器方向信号的正端和负端；ENA+和 ENA-为控制器使能信号的正端和负端。
电动机接口	A+和 A-为接步进电动机 A 相绕组的正负端；B+和 B-为接步进电动机 B 相绕组的正负端。**当 A、B 两相绕组调换时，可使电动机方向反向。**
电源接口	采用直流电源供电，工作电压范围建议为 DC 24～48 V，电源功率大于 100 W。
指示灯	驱动器有红绿两个指示灯。其中绿灯为电源指示灯，当驱动器上电后绿灯常亮；红灯为故障指示灯，当出现过压、过流故障时，故障灯常亮。故障清除后，红灯灭。当驱动器出现故障时，只有重新上电和重新使用才能清除故障。
安装说明	驱动器的外形尺寸为 118 mm×75.5 mm×35 mm，安装孔距为 112 mm。既可以卧式也可立式安装（建议采用立式安装）。安装时，应使用其紧贴在金属柜上以利于散热。

2. 输入信号连接

当 KD-2MD530 驱动器与 PLC 相连时，首先要了解 PLC 的输出信号电路类型（是集电极开路 NPN 还是 PNP），了解 PLC 的脉冲输出控制类型（脉冲+方向控制，还是正/反方向脉冲），然后才能决定连接方式。下面以驱动器与三菱 FXPLC 的连接为例介绍。

三菱 FX2NPLC 的晶体管输出为 NPN 型集电极开路输出，各个输出的发射极连接在一起组成 COM 端，PLC 的脉冲输出控制类型为脉冲+方向控制，规定高速脉冲输出口为 Y0、Y1，最多可连接两台步进驱动器控制两台步进电动机。三菱 FX2NPLC 与驱动器的连接，如图 3-19 所示。

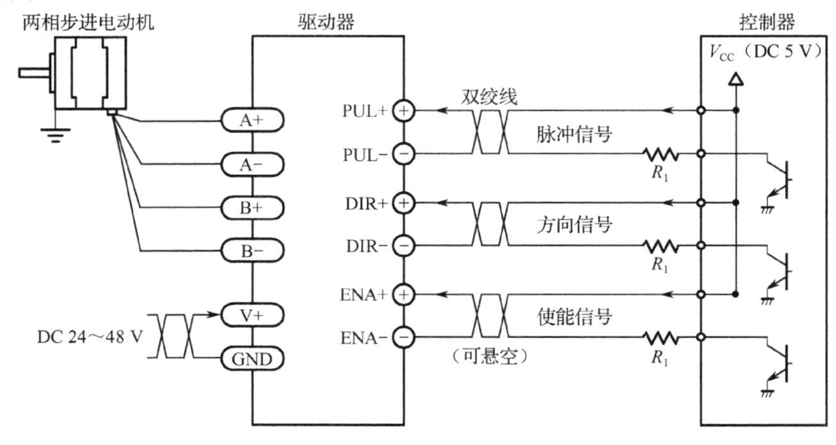

图 3-19　KD-2MD530 的典型接线图

图 3-19 中，控制信号电路的直流电源，可以是外置电源，也可以是 PLC 内置电源。V_{CC}为 5 V，无需接电阻，即 R_1=0；当高于 5 V，用 PLC 或单片机控制时，如 V_{CC}=12 V，需要串接 R_1=1 kΩ限流电阻；V_{CC}=24 V 时，需要串接 R_1=2 kΩ限流电阻。

步进电动机通电后，如果没有脉冲信号输入，定子不运转，其转子处于锁定状态，用手不能转动。（在完成本书任务时系统中只使用了脉冲信号和方向信号，其他信号未被使用）

3. 微动开关设定

KD-2MD530 驱动器采用八位拨码开关设定细分精度、动态电流、半流/全流，各拨码开关的功能如下：

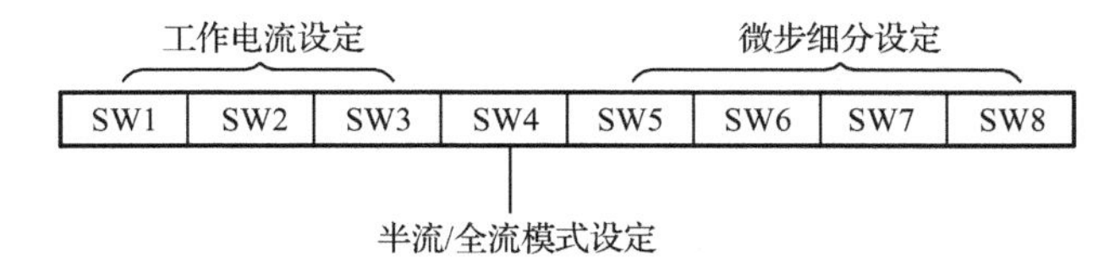

1）工作电流设定 SW1～SW3

工作电流指步进电动机额定电流，其设定值与微动开关 SW1～SW3 的 ON/OFF 位置有关，具体设定见表 3-2。驱动器的工作电流必须等于或小于步进电动机的额定电流。

表 3-2　工作电流设定

输出峰值电流	输出均值电流	SW1	SW2	SW3
1.00 A	0.71 A	ON	ON	ON
1.46 A	1.04 A	OFF	ON	ON
1.91 A	1.36 A	ON	OFF	ON
2.27 A	1.69 A	OFF	OFF	ON
2.84 A	2.03 A	ON	ON	OFF
3.31 A	2.36 A	OFF	ON	OFF
3.76 A	2.69 A	ON	OFF	OFF
4.20 A	3.00 A	OFF	OFF	OFF

2）微步细分设定 SW5～SW8

微步细分设定与微动开关 SW5～SW8 的 ON/OFF 位置关系，见表 3-3 所示。

表 3-3　微步细分设定

步数/转	SW5	SW6	SW7	SW8
400	OFF	ON	ON	ON
800	ON	OFF	ON	ON
1 600	OFF	OFF	ON	ON
3 200	ON	ON	OFF	ON
6 400	OFF	ON	OFF	ON

续表

步数/转	SW5	SW6	SW7	SW8
12 800	ON	OFF	OFF	ON
25 600	OFF	OFF	OFF	ON
1 000	ON	ON	ON	OFF
2 000	OFF	ON	ON	OFF
4 000	ON	OFF	ON	OFF
5 000	OFF	OFF	ON	OFF
8 000	ON	ON	OFF	OFF
10 000	OFF	ON	OFF	OFF
20 000	ON	OFF	OFF	OFF
25 000	OFF	OFF	OFF	OFF

3.4 数据寄存器与功能指令

知识分布网络

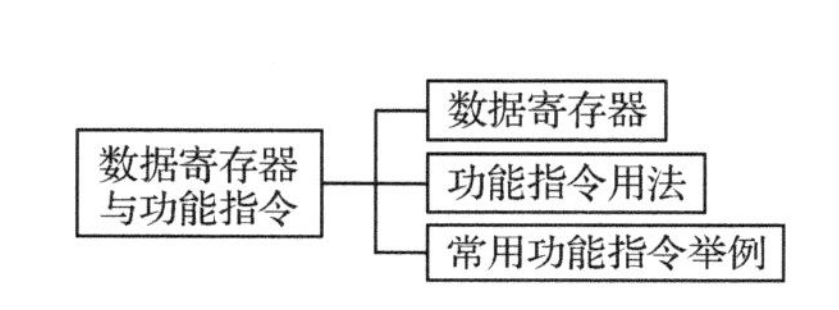

在 PLC 技术应用课程中，我们学习的基本指令和步进梯形指令主要用于逻辑处理，现代工业控制在许多场合需要进行数据处理，因而 PLC 制造商逐步在 PLC 中引入了功能指令，主要用于数据的传送、运算、变换及程序控制等功能，这使得 PLC 成了真正意义上的工业计算机。功能指令也称为应用指令，FX2N 系列的功能指令多达 100 多条。依据功能不同可以分为程序流程控制、数据传送和比较、四则运算与逻辑运算、循环与移位、数据处理、高速处理、方便指令、外部 I/O 设备、位置控制、触点比较等等。对于具体的控制对象，选择合适的功能指令，将使编程更加方便和快捷。限于篇幅，此处只介绍本书任务中所涉及到的功能指令，其余指令的使用可参阅相关的编程手册。

3.4.1 数据寄存器（D）

PLC 在进行逻辑控制、模拟量检测与控制、位置控制以及输入/输出处理时，需要许多数据寄存器来存储各种数据和参数。FX2N 系列 PLC 数据寄存器编号为 D0～D8255，每个数据寄存器都是 16 位，可以存储 16 位二进制数或一个字，可用相邻的两个数据寄存器存放 32 位数据（双字），在 D0 和 D1 组成的双字中，D0 存放低 16 位，D1 存放高 16 位，字或双字的最高位都为符号位。

数据寄存器在 PLC 程序设计中可以作为定时器、计数器的设定值，也可以作为数据存储、运算等。

根据功能及用途不同，数据寄存器可分为以下几种：

1. 通用数据寄存器

通用数据寄存器编号为 D0～D199，该类数据寄存器不具有断电保持功能，当 PLC 停止运行时，数据全部清零；但其可以通过特殊辅助继电器 M8033 来实现断电保持，当 M8033 为“1”时，D0～D199 在 PLC 停止运行时数据不会丢失。

2. 断电保持数据寄存器

断电保持数据寄存器编号为 D200～D7999，其中 D200～D511 只要不被改写，数据不会丢失（无论电源接通与否或 PLC 是否运行），但 D490～D509 仅供通信使用；D512～D7999 的断电保持功能不能用软件改变，但可以通过指令清除它们的数据。

3. 特殊数据寄存器

特殊数据寄存器编号为 D8000～D8255。这类数据寄存器用于监控 PLC 的运行状态，如 D8000 存放监视定时器（WDT）的时间，未定义的特殊数据寄存器，用户不能使用。

3.4.2　功能指令的表示方法

一条基本逻辑指令只完成一个特定的操作，而一条功能指令却能完成一系列的操作，相当于执行了一个子程序，所以功能指令的功能更加强大，使编程更加精练。基本指令和其梯形图符号之间是互相对应的；而功能指令采用梯形图和助记符相结合的形式，意在表达该指令要做什么。

1. 助记符与操作数

应用指令用助记符（英文名称或缩写）表示，有些应用指令仅有指令段（助记符），但更多的指令有操作数。下面是指令中操作数符号的表示方法及解释。

[S]：表示数据源。内容不随指令执行而变化的操作数称为数据源。在可变址修改软元件编号的情况下，数据源用加上“.”符号的[S.]表示。数据源的数量多时，以[S1.]、[S2.]等表示。

[D.]：表示目标操作数。内容随指令执行而改变的操作数被称作目标。在可变址修饰时，目标操作数用加上“.”符号的[D.]表示。目标操作数的数量多时，以[D1.]、[D2.]等表示。

[n.]、[m.]：以[m.]或[n.]表示既不作数据源，也不作目标的操作数。当这样的操作数数量很多时，以[m1.]、[m2.]、[n1.]、[n2.]等表示。

与基本指令不同，FX2N 系列 PLC 的应用指令用编号 FNC00～FNC246 表示，采用计算机通用的助记符（英文名称或缩写）表示，例如，FNC45 的助记符是 MEAN（平均）。应用指令的表示格式，如图 3-20 所示。

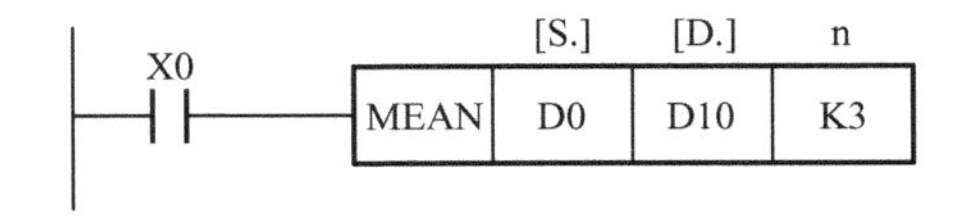

图 3-20　应用指令的表示格式

2. 功能指令的数据长度

功能指令能够处理 16 位或 32 位的数据，功能指令处理 32 位数据时需要加指令前缀符

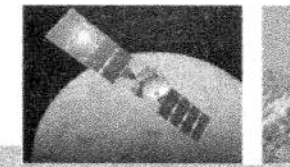

号（D），32 位指令用来处理 32 位数据，处理 32 位数据时，建议使用首地址为偶数的操作数。图 3-21 为一条 32 位 MOV 指令，而图 3-22 则为一条错误的 32 位 MOV 指令。

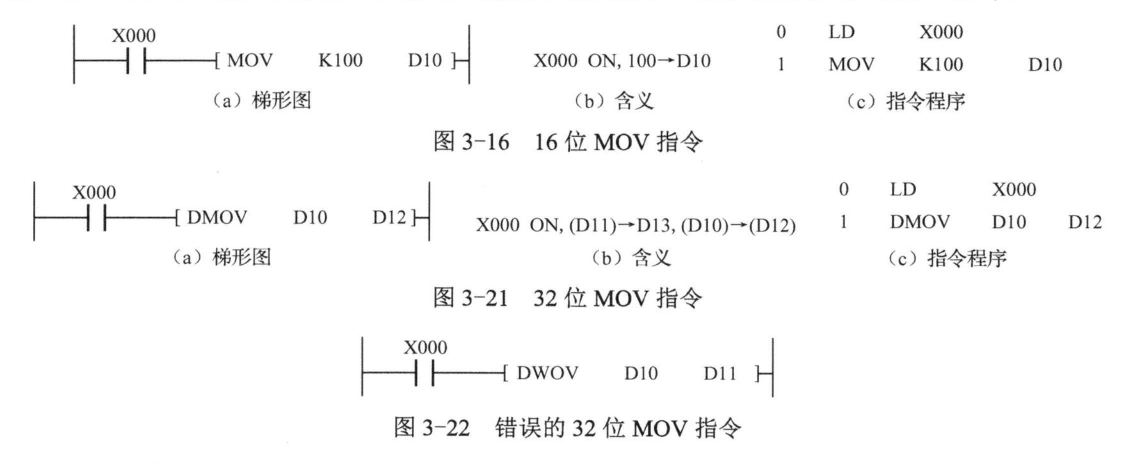

图 3-16　16 位 MOV 指令

图 3-21　32 位 MOV 指令

图 3-22　错误的 32 位 MOV 指令

3. 功能指令的执行方式

功能指令有连续执行和脉冲执行两种执行形式。

1）连续执行方式

在默认情况下，功能指令的执行方式为连续执行方式，如图 3-23 所示。PLC 是以循环扫描方式工作的，如果执行条件 X000 接通，MOV 指令在每个扫描周期中都要被重复执行一次，这种情况对大多数指令都是允许的。

2）脉冲执行方式

对于某些功能指令，如 INC 和 DEC 等，用连续执行方式在使用中可能会带来问题。如图 3-24 所示的一条 INC 指令，是对目标组件（D10）进行加 1 操作的。假设该指令以连续方式工作的话，那么只要 X000 是接通的，则每个扫描周期都会对目标组件加 1，而这在许多实际的应用控制中是不允许的。为了解决这类问题，设置了指令的脉冲执行方式，并在指令助记符的后面加后缀符号“P”来表示此方式，在执行条件满足时仅执行一个扫描周期。

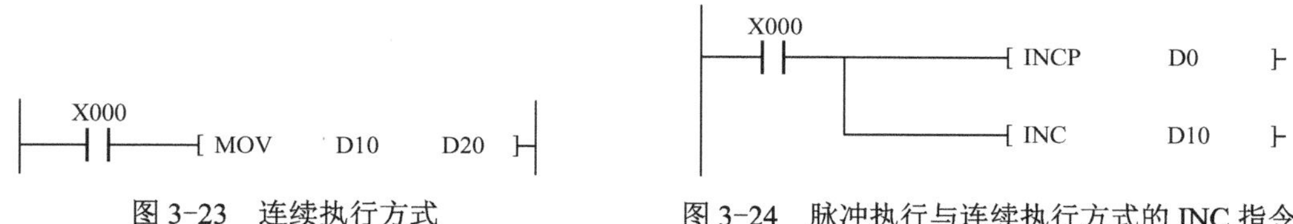

图 3-23　连续执行方式　　图 3-24　脉冲执行与连续执行方式的 INC 指令

上述程序可以通过软件进行仿真，观察 D0 和 D10 的数值，理解连续执行和脉冲执行方式的区别。（注意：“P”和“D”可以同时使用）

4. 功能指令中的位组件

只处理 ON/OFF 状态的软元件称为位元件，如 X、Y、M、S 等；而处理数值的软元件则称为字元件，如 T、C、D 等，一个字元件由 16 位二进制数组成。

对位元件组合使用也可以处理数值，位元件每 4 位一组组合成一个单元，通常的表示方法是 Kn 加上首元件号组成，n 为单元数。例如，K2X0 表示由 X0～X7 组成的位元件

组，这是一个 8 位数据，X0 为最低位。16 位数据时，n=1～4；32 位数据时，n=1～8。

当一个 16 位的数据传送到 K1M0、K2M0、K3M0 时，只能传送低位数据，较高位数据不传送，32 位数据传送时也一样。在作 16 位数据操作时，参与操作的位元件不足 16 位时，高位（不足部分）均作 0 处理，这就意味着只能处理正数（符号位为 0），32 位数据操作也一样。

被组合的位元件的首元件号可以是任意的，但为避免混乱，建议采用编号以 0 为结尾的元件，如 X0、Y10、M20 等。

3.4.3 常用的功能指令用法举例

1. 数据传送指令

传送指令 MOV（Move）的功能编号为 FNC12，该指令的功能是将源操作数[S.]的内容传送到目标操作数[D.]中。传送指令的使用示例如图 3-25 所示。

使用传送指令的注意事项：

（1）源操作数可以取所有数据格式，而目标操作数可取 KnY、KnM、KnS、T、C、D、V、Z。

（2）MOV 指令可以进行（D）和（P）操作。

（3）如果[S]为十进制常数，执行该指令时自动转换成二进制数后进行数据传送。

（4）当 X0 断开时，不执行 MOV 指令，数据保持不变。

数据块传送指令如图 3-26 所示。

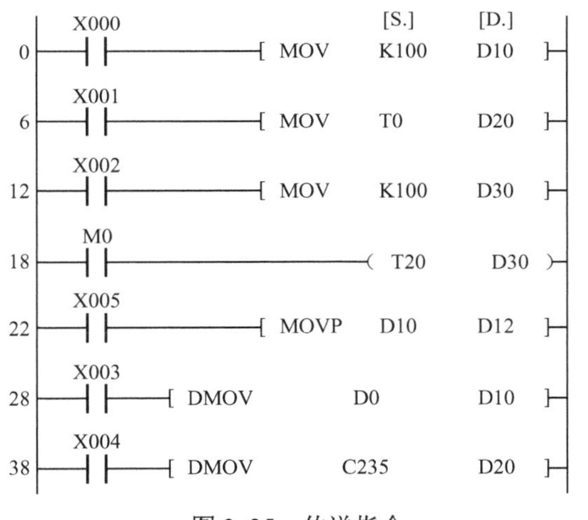

图 3-25 传送指令

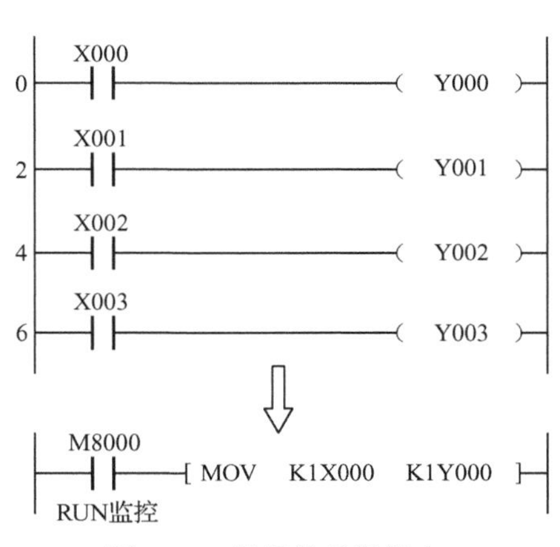

图 3-26 数据块传送指令

2. 比较指令

1）触点型比较指令

触点型比较指令相当于一个触点，执行时比较源操作数[S1.]和[S2.]，满足比较条件则触点闭合，源操作数可以取所有的数据类型。以 LD 开始的触点型比较指令接在左侧母线上，以 AND 开始的触点型比较指令与别的触点或电路串联，以 OR 开始的触点型比较指令与别的触点或电路并联。触点型比较指令的用法示例，见图 3-27 和图 3-28 所示。

图 3-27 中当 X000 为 ON，T0 的当前值大于等于 20 时，Y0 被驱动。

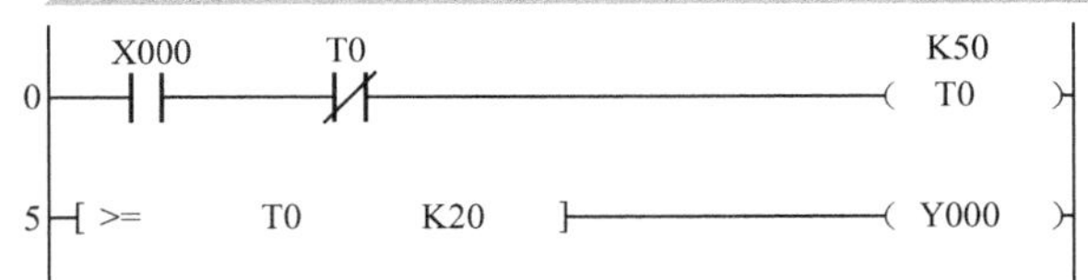

图 3-27　LD 触点型比较指令

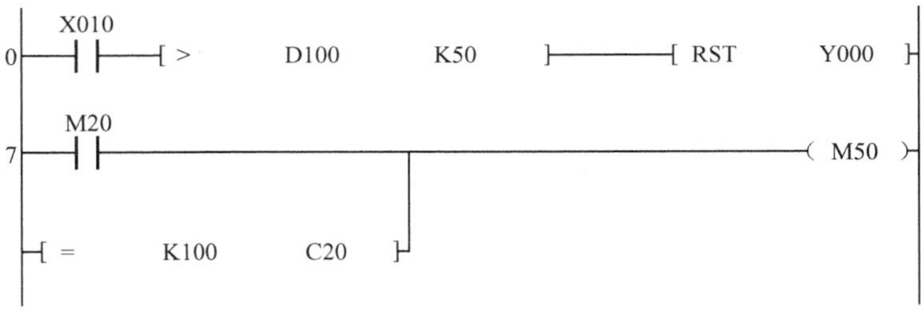

图 3-28　触点型比较指令

图 3-28 中，X010 为 ON，并且 D100 中的值大于 50 时，Y0 复位。M20 为 ON 或 C20 的当前值等于 100 时，M50 的线圈通电。

2）比较指令 CMP

比较指令 CMP（Compare）是将源操作数[S1.]和[S2.]的数据进行比较，将比较的结果送到目标操作数[D.]中，并且占用 3 个连续单元。比较指令的简单使用示例如图 3-29 所示。

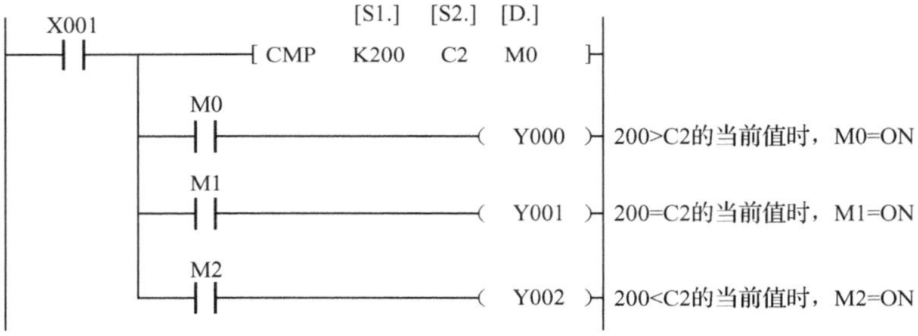

图 3-29　比较指令 CMP 的使用

3）区间比较指令

区间比较指令 ZCP（Zone Compare）是将一个源操作数[S.]与两个源操作数[S1.]和[S2.]中的数值进行比较，然后将比较结果传送到目标操作数[D.]为首地址的 3 个连续的软件元件中。区间比较指令的简单使用示例如图 3-30 所示。

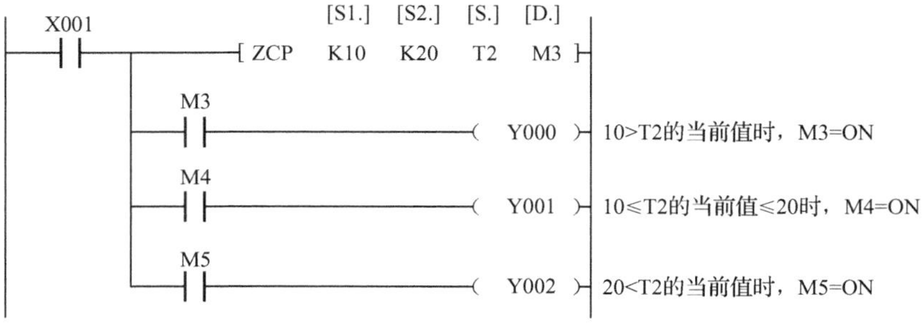

图 3-30　区间比较指令的使用

使用区间比较指令的注意事项：

[S1.]中的数据不能大于[S2.]中的数据，如果[S1.]大于[S2.]，则[S2.]被看作与[S1.]一样大；

源操作数可以取所有数据格式，而目标操作数仅可取 Y、M、S。

3. 区间复位指令 ZRST

区间复位指令 ZRST（Zone Reset）是将[D1.]～[D2.]之间的指定元件号范围内的同类元件成批复位。区间复位指令的使用如图 3-31 所示。

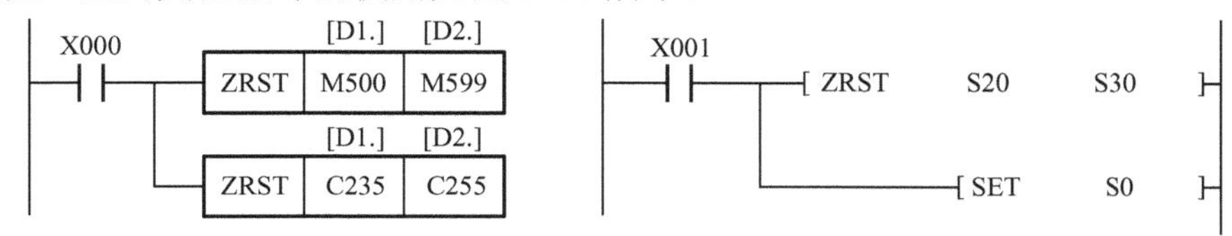

图 3-31　区间复位指令的使用

区间复位指令的使用注意事项：

[D1.]与[D2.]必须指定相同的组件区域；[D1.]的元件号应小于[D2.]的元件号；目标操作数可取 Y、M、S、T、C 和 D；ZRST（P）只有 16 位操作数，占 5 个程序步。

ZRST 用于顺序控制程序中紧急停止功能的实现，可以大大简化梯形图程序。

4. 加 1 指令和减 1 指令

加 1 指令 INC（Increment，FNC24）和减 1 指令 DEC（Decrement，FNC25）用于将指定元件中的数值加 1 和减 1。加 1 指令和减 1 指令的结果不影响零标志位、借位标志和进位标志。

（1）加 1 指令的使用示例如图 3-32 所示。

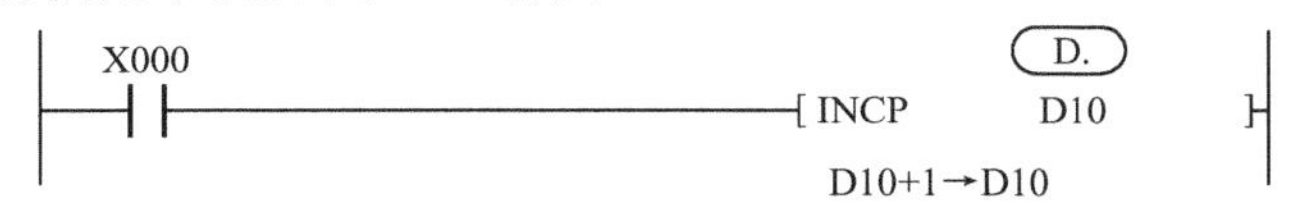

图 3-32　INC 指令使用

图 3-32 中 X000 每 ON 一次，[D.]所指定元件的内容就加 1，如果是连续执行的指令，则每个扫描周期都将执行加 1 运算，所以使用时应当注意。

（2）减 1 指令的使用示例如图 3-33 所示。

X000 每 ON 一次，[D.]所指定元件的内容就减 1，如果是连续执行的指令，则每个扫描周期都将执行减 1 运算。

图 3-33　减 1 指令的使用

5. 交替输出指令

交替输出指令 ALT（Alternate）的功能编号为 FNC66，该指令相当于一个二分频电路或由一个按钮控制负载启动和停止的电路。交替输出指令的使用示例，如图 3-34 所示。

使用交替输出指令的注意事项：

若该指令使用连续执行方式时，每个扫描周期都反向动作（状态翻转）；目标操作数[D.]

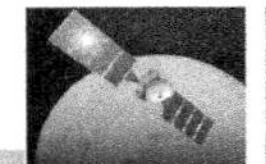
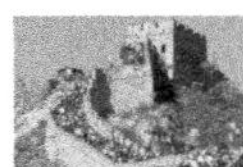

可取 Y、M 和 S；ALT（P）为 16 位运算指令，占 3 个程序步。

6. 七段译码指令 SEGD

将源操作数指定元件的低 4 位的十六进制数（0～F）译码后，送给七段显示器进行显示，译码信号存于目标操作数指定的元件中，输出时要占用 7 个输出点。

SEGD 指令的使用说明如图 3-35 所示。

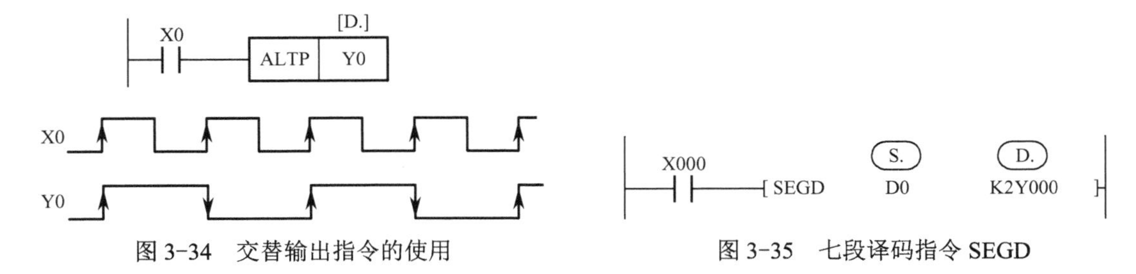

图 3-34　交替输出指令的使用　　图 3-35　七段译码指令 SEGD

其他功能指令的用法参见 PLC 编程手册。

3.5　脉冲输出指令与定位控制指令

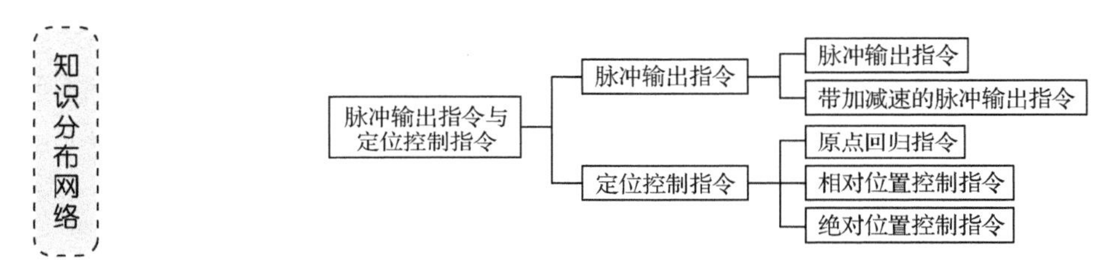

3.5.1　脉冲输出指令 PLSY

PLSY 指令用于产生指定数量和频率的脉冲。

1. 指令格式

PLSY 指令的格式如图 3-36 所示。

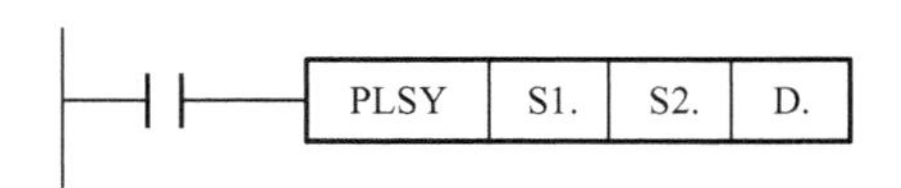

图 3-36　PLSY 指令格式

操作数内容与取值如下：

操作数	内容与取值
S1.	输出脉冲频率或其存储地址
S2.	输出脉冲个数或其存储地址
D.	指定脉冲串输出端口，仅限 Y0 或 Y1（FX2NPLC 晶体管输出型）

程序解读：当驱动条件成立时，从输出口 D 输出一个频率为 S1，脉冲个数为 S2，占空比为 50%的脉冲串。

2. 指令应用

1）关于输出频率 S1 和输出脉冲个数 S2

[S1.]用来指定脉冲频率：FX2NPLC 为 2～20 kHz，必须选择晶体管输出型的 PLC，才

能产生高速脉冲输出频率。

[S2.]用来指定产生的脉冲个数，16 位指令的脉冲数范围为 1～32 767，32 位指令的脉冲数范围为 1～2 147 483 647。

[S1.] 和 [S2.] 中的数据在指令执行过程中可以改变，但 [S2.] 中的数据改变在指令执行完成前不起作用，而输出频率 S1 则不同，其在执行过程中，随 S1 的改变而马上改变。

PLSY 指令是一个既能输出频率，又能输出脉冲个数的指令，因此可以用做定位控制，但必须配合旋转方向输出一起进行。

2）脉冲输出停止方式

进行指令驱动后，采用中断方式输出脉冲串，因此，不受扫描周期影响。在指定脉冲数输出完后，指令执行完成标志 M8029 置 1。如果在执行过程中，指令驱动条件断开，脉冲串输出立即停止（但 M8029 不置 1），再次进行指令驱动后，又从最初开始输出脉冲串。

在脉冲执行过程中，当驱动条件不能断开、而又希望脉冲输出停止时，则可以利用特殊继电器 M8145（对应 Y0）和 M8146（对应 Y1）来立即停止输出，见表 3-4。

表 3-4　相关特殊辅助继电器

编　号	内 容 含 义
M8145	Y0 脉冲输出停止（立即停止）
M8146	Y1 脉冲输出停止（立即停止）
M8147	Y0 脉冲输出中监控（BUSY/READY）
M8148	Y1 脉冲输出中监控（BUSY/READY）
M8029	指令执行完成标志位，执行完毕 ON

3）相关特殊软元件

脉冲输出指令执行时，涉及到一些特殊继电器 M 和数据寄存器 D，它们的含义和功能见表 3-4 和表 3-5。

表 3-5　相关特殊数据寄存器

编　号	位数	出厂值	内 容 含 义
D8140（低位）	32	0	Y0 输出位置当前值，应用脉冲指令 PLSY、PLSR 时，对脉冲输出当前值进行累加
D8141（高位）			
D8142（低位）	32	0	Y1 输出位置当前值，应用脉冲指令 PLSY、PLSR 时，对脉冲输出当前值进行累加
D8143（高位）			
D8136（低位）	32	0	Y0、Y1 输出脉冲合计数的累计值
D8137（高位）			

各个数据寄存器中的内容，可以利用“（D）MOV K0 D81□□”指令进行清除。

4）连续脉冲串的输出

把指令中脉冲个数设置为 K0，则指令的功能变为输出无数个脉冲串，如图 3-37 所示。

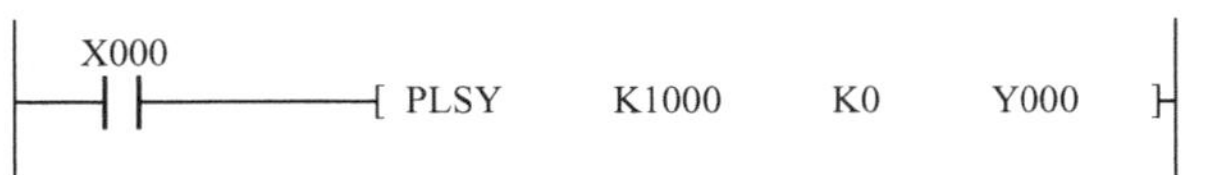

图 3-37　输出连续脉冲 PLSY 指令格式

如果停止脉冲输出，只要断开驱动条件或驱动 M8145（Y0 口）M8146（Y1 口）即可。

注意： 脉冲输出指令 PLSY 是不带加减速控制的脉冲输出。当驱动条件成立时，在很短时间内脉冲频率上升到指定频率。如果指定频率大于系统的极限启动频率，则会发生步进电动机失步和过冲现象。为此，三菱 FX 系列 PLC 又开发了带加减速的脉冲输出指令 PLSR。

3.5.2　带加减速的脉冲输出指令 PLSR

1. 指令格式

PLSR 指令的格式，如图 3-38 所示。

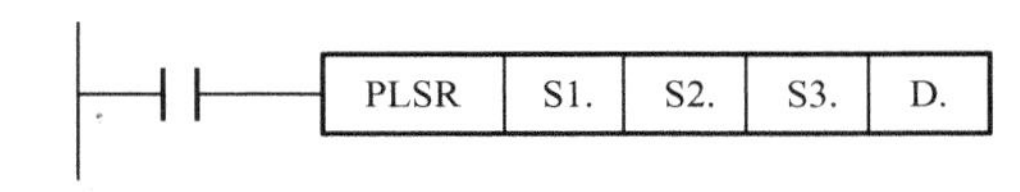

图 3-38　PLSR 指令格式

操作数内容与取值如下：

操作数	内容与取值
S1.	输出脉冲最高频率或其存储地址
S2.	输出脉冲个数或其存储地址
S3.	加减速时间或其存储地址
D.	指定脉冲串输出端口，仅限 Y0 或 Y1（FX2NPLC 晶体管输出型）

程序解读：当驱动条件成立时，从输出口 D 输出一个最高频率为 S1，脉冲个数为 S2，加减速时间为 S3，占空比为 50%的脉冲串。

2. 指令应用

1）关于输出频率 S1 和输出脉冲个数 S2

[S1.]用来指定脉冲最高频率：FX2NPLC 为 2～20 kHz，频率设定必须是 10 的整数倍。必须选择晶体管输出型的 PLC。

[S2.]用来指定产生的脉冲个数，16 位指令的脉冲数范围为 110～32 767，32 位指令的脉冲数范围为 110～2 147 483 647。当设定值不满 110 时，脉冲不能正常输出。所以 PLSR 指令不存在输出无数个脉冲串的设定，应用时必须注意。

2）脉冲输出方式

PLSR 指令与 PLSY 指令的区别：PLSR 指令在脉冲输出的开始及结束阶段，可以实现加速和减速过程，加速时间和减速时间一样，由 S3 指定。S3 的上限值不能超过 5 000 ms，下限值应大于 PLC 扫描周期最大值（D8012）的 10 倍，且 S3 的具体设定范围由下式决定：

$$5\times\frac{90\,000}{S1}\leqslant S3\leqslant\frac{S2}{S1}\times 818$$

FX2N 系列 PLC 的 PLSR 指令按照[S1.]指定的最高频率分 10 级加速，达到[S2.]指定个数的输出脉冲时，再以最高频率分 10 级减速，如图 3-39 所示。

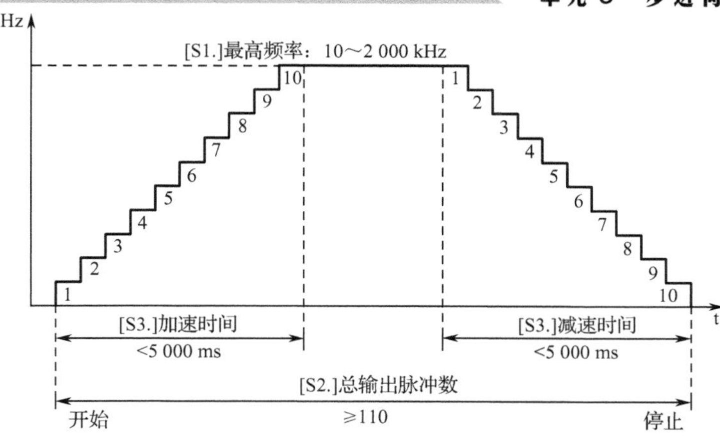

图 3-39　PLSR 指令输出脉冲的加减过程

PLSR 指令的其他应用说明：相关软元件，必须使用晶体管输出型 PLC 等均与 PLSY 相同，这里不再赘述。

3.5.3　定位控制指令

本节介绍的定位控制指令只能用于 FX1S、FX1N 和 FX3U 系列 PLC，对于 FX2N 系列 PLC 并不适用。应用定位控制指令的 PLC 必须是晶体管输出型。

1. 原点回归指令 FNC156（ZRN）

当可编程控制器断电时控制指令的功能会消失，因此上电时和初始运行时，必须执行原点回归指令，将机械动作的原点位置的数据事先写入。原点回归指令的格式如图 3-40 所示。

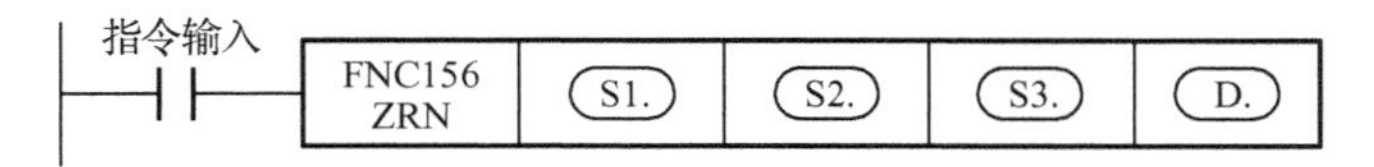

图 3-40　ZRN 指令格式

1）原点回归指令格式说明

(S1.)：原点回归速度，指定原点回归开始的速度。

[16 位指令]：10～32 767（Hz）；

[32 位指令]：10～100（kHz）。

(S2.)：爬行速度，指定近点信号（DOG）变为 ON 后的低速部分的速度。

(S3.)：近点信号，指定近点信号输入。

当指令输入继电器（X）以外的元件时，由于会受到可编程控制器运算周期的影响，会引起原点位置的偏移增大。

(D.)指定有脉冲输出的 Y 编号（仅限于 Y000 或 Y001）。

2）原点回归动作顺序

原点回归动作按照下述顺序进行。

（1）驱动指令后，以原点回归速度(S1.)开始移动：

① 当在原点回归过程中，指令驱动接点变为OFF状态时，将不减速而停止。

② 指令驱动接点变为 OFF 后，在脉冲输出中监控（Y000：M8147，Y001：M8148）处于ON时，将不接受指令的再次驱动。

（2）当近点信号（DOG）由OFF变为ON时，减速至爬运速度(S2.)。

（3）当近点信号（DOG）由 ON 变为 OFF 时，在停止脉冲输出的同时，向当前值寄存器（Y000：[D8141，D8140]，Y001：[D8143，D8142]）中写入 0。另外，M8140 为（清零信号输出功能）ON 时，同时输出清零信号。随后，当执行完成标志（M8029）动作的同时，脉冲输出中监控变为OFF，详情见图3-41。

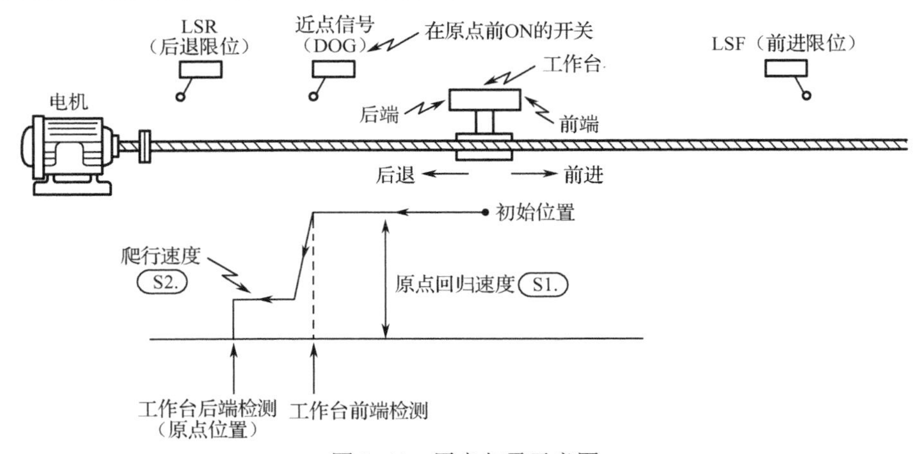

图3-41　原点归零示意图

2. 相对位置控制指令FNC158（DRVI）

以相对驱动方式执行单速位置控制的DRVI指令，指令格式如图3-42所示。

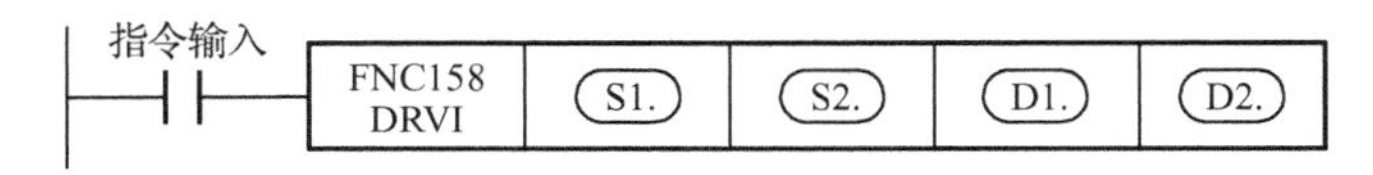

图3-42　DRVI指令格式

指令格式说明如下。

（1）(S1.)指定输出脉冲数（相对指定）：

[16位指令]：−32 768～+32 767；

[32位指令]：−999 999～+999 999。

（2）(S2.)指定输出脉冲频率：

[16位指令]：10～32 767（Hz）；

[32位指令]：10～100（kHz）。

（3）(D1.)指定脉冲输出起始地址：仅能指令Y000、Y001。

（4）(D2.)指定旋转方向信号输出起始地址，根据(S1.)的正负，按照以下方式动作：

[+（正）]→ ON；

[−（负）]→ OFF。

使用相对位置控制指令的注意事项：

（1）输出脉冲数指定(S1.)，以对应下面的当前值寄存器作为相对位置：

向[Y000]输出时→[D8141（高位），D8140（低位）]（使用32位）；

向[Y001]输出时→[D8143（高位），D8142（低位）]（使用32位）。

反转时，当前值寄存器的数值减小。

（2）旋转方向通过输出脉冲数(S1.)的正负符号指令。

（3）在指令执行过程中，即使改变操作数的内容，也无法在当前运行中表现出功能来。只在下一次指令执行时改变后的功能才有效。

（4）若在指令执行过程中，指令驱动的接点变为OFF时，将减速停止。此时执行完成标志M8029不动作。

（5）指令驱动接点变为OFF后，在脉冲输出中标志（Y000：[M8147]，Y001：[M8148]）处于ON时，将不接受指令的再次驱动。

（6）在编程DRVI指令时还要注意各操作数的相互配合。

加减速时的变速级数固定在10级，故一次变速量是最高频率的1/10。因此设定最高频率时应考虑在步进电动机不失步的范围内。

加减速时间至少不小于PLC的扫描时间最大值（D8012值）的10倍，否则加减速各级时间不均等。（更具体的设定要求，请参阅FX1N编程手册）

3. 绝对位置控制指令FNC158（DRVA）

以绝对驱动方式执行单速位置控制的DRVA指令，指令格式如图3-43所示。

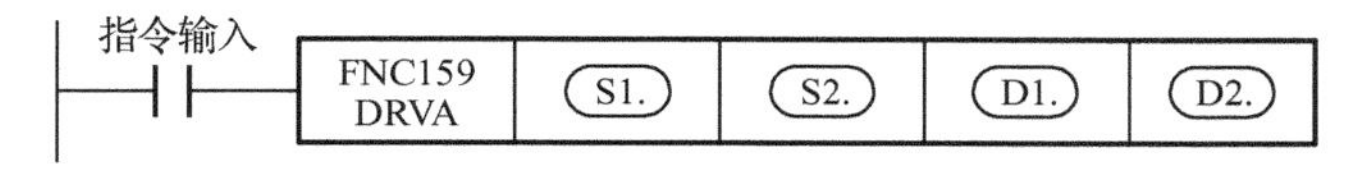

图3-43　DRVA指令格式

指令格式说明如下。

（1）(S1.)指定输出脉冲数（绝对指定）：

[16位指令]：−32 768～+32 767；

[32位指令]：−999 999～+999 999。

（2）(S2.)指定输出脉冲数：

[16位指令]：10～32 767（Hz）；

[32位指令]：10～100（kHz）。

（3）(D1.)指定脉冲输出起始地址，仅能指令Y000、Y001。

（4）(D2.)指定旋转方向信号输出起始地址，根据(S1.)和当前位置的差值，按照以下方式动作：

[+（正）]→ ON；

[−（负）]→ OFF。

使用绝对位置控制指令的注意事项：

（1）目标位置指令(S1.)，以对应下面的当前值寄存器作为绝对位置：

向[Y000]输出时→[D8141（高位），D8140（低位）]（使用32位）；

向[Y001]输出时→[D8143（高位），D8142（低位）]（使用32位）。

反转时，当前值寄存器的数值减小。

（2）旋转方向通过输出脉冲数(S1.)的正负符号指令。

（3）在指令执行过程中，即使改变操作数的内容，也无法在当前运行中表现出功能来。只在下一次指令执行时改变后的功能才有效。

（4）若在指令执行过程中，指令驱动的接点变为 OFF 时，将减速停止。此时执行完成标志 M8029 不动作。

（5）指令驱动接点变为 OFF 后，在脉冲输出中标志（Y000：[M8147]，Y001：[M8148]）处于 ON 时，将不接受指令的再次驱动。

与脉冲输出功能有关的主要特殊内部存储器有：

[D8141，D8140] 输出至 Y000 的脉冲总数；

[D8143，D8142] 输出至 Y001 的脉冲总数；

[D8136，D8137] 输出至 Y000 和 Y001 的脉冲总数；

[M8145] Y000 脉冲输出停止（立即停止）；

[M8146] Y001 脉冲输出停止（立即停止）；

[M8147] Y000 脉冲输出中监控；

[M8148] Y001 脉冲输出中监控。

各个数据寄存器内容可以利用指定“（D）MOV K0 D81□□”进行清除。

实训任务 3-1　步进电动机的正反转点动控制

1. 任务要求

某步进电动机控制系统，按下正转按钮，步进电动机正转，按下反转按钮，步进电动机反转，如图 3-44 所示。电动机速度是 1 r/s（转/秒）。图中 ST1、ST5 为系统极限位置保护开关。已知步进电动机驱动器细分步数为 2 000/转；输出峰值电流为 1.00 A；静态电流设为动态电流的一半。

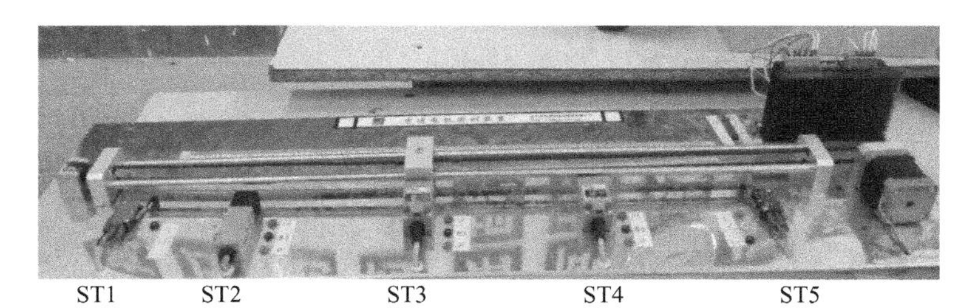

图 3-44　步进电动机实训装置图

2. 任务分析与准备

任务要求完成步进电动机点动正反转控制任务，首先明确该系统需要由行走机构、步进电动机、步进驱动器、指示与主令控制单元及 PLC 主机单元组成，其系统框图如图 3-45 所示。

可以在 XK-PLC6 型工学结合 PLC 实训台上完成步进电动机正反转控制任务，也可以在其他相关设备上完成。

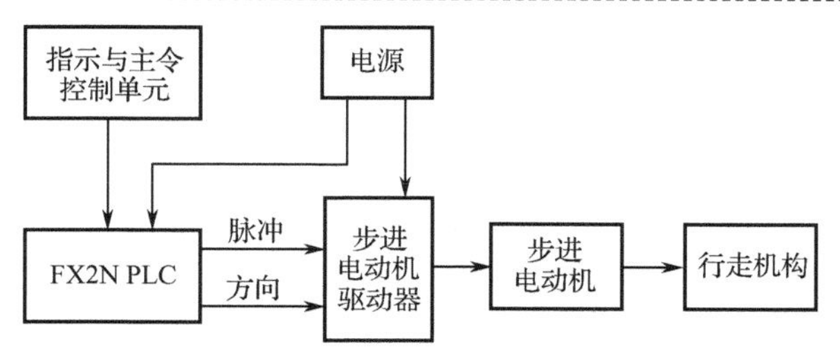

图 3-45 步进电动机点动正反转控制的系统框图

正确合理地选用元器件，是电路安全可靠工作的保证，根据安全可靠的原则，以及国家相关的技术文件，选择元器件见表 3-6。

表 3-6 元器件清单

序号	名 称	型 号	数量	备 注
1	实训装置	XK-PLC6 型工学结合 PLC 实训台	1	
2	步进电动机实训模块		1	
3	步进电动机	42-H250E11/CL	1	
4	步进驱动器	KD-2MD530	1	
5	光电开关			
6	接近开关			
7	霍尔开关			
8	行程开关		2	
9	PLC	FX2N-48MT	1	
10	FX 系列下载线	RS-232	1	
11	导线	香蕉插头线	若干	强电、弱电

3. 任务实施

1）PLC 的 I/O 地址分配

表 3-7 I/O 地址分配表

输 入 信 号			输 出 信 号		
X1	SB1	脉冲信号控制按钮	Y0	PUL-/CP-	脉冲输出点
X2	SB2	方向信号控制开关	Y1	DIR-/CW-	脉冲方向
X3	ST1	左限位开关			
X4	ST5	右限位开关			

也可以自行定义 I/O 地址。

2）设计 PLC、步进驱动器与电动机的接线

根据任务要求，该控制系统由 42-H250E11/CL 步进电动机、KD-2MD530 步进电动机驱动器及 PLC 等组成，接线图如图 3-46 所示。采用脉冲+方向脉冲输出方式。

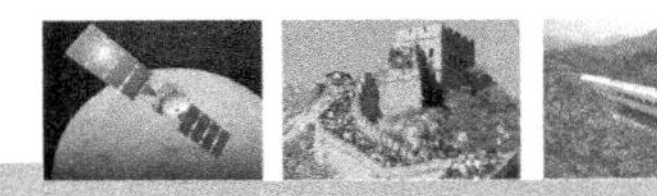

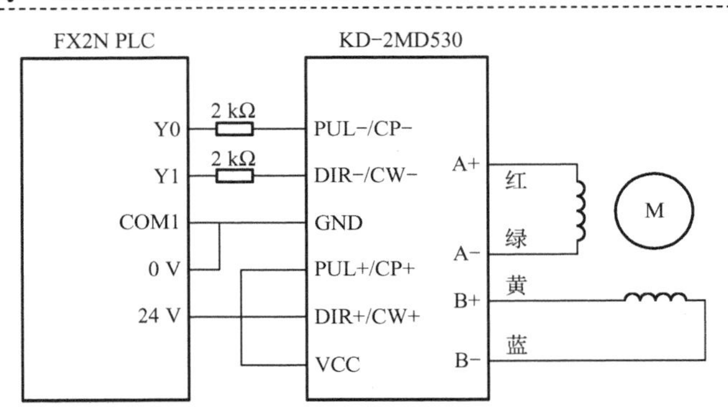

图 3-46　步进驱动器与 PLC 及步进电动机的接线

3）步进驱动器的参数设置

将步进驱动器的电流拨码开关调到输出峰值电流为 1.00 A 位置，SW4 调到静态半流，再将步进驱动器的细分调到 2 000 步/转。

4）电路连接注意事项

在接线之前，必须首先关闭电源，不得带电进行操作！

在通电之前，要仔细检查电路连接的正确性，防止出现短路故障，经指导老师检查无误后，方可接通电源。

5）计算脉冲频率

已知速度是 1 r/s，细分步数是 2 000/r，设脉冲频率为 X 个/s，则：

$$\frac{X\text{ 个/s}}{2\,000\text{ 个/r}}=\frac{1\text{ r}}{\text{s}} \quad => \quad X=2\,000\text{ Hz}$$

因此得到脉冲频率设为 2 000 Hz。

6）自行设计 PLC 程序，并下载到 PLC 中，进行运行调试

4. 实训总结

（1）PLC 中的脉冲频率对步进电动机的运行速度有何影响？改变脉冲频率观察实训现象。

（2）将细分改为 4 000 步/转，如果维持 PLC 程序中的频率不变，电动机的运行速度有何变化？

（3）本任务中如何实现左右极限保护的功能？有哪些控制方案？

（4）本任务中采用什么方法使步进电动机停止运行的？还能采用哪些方法？

（5）步进驱动器的工作电源来自哪里？

实训任务 3-2　步进电动机的定位控制

1. 任务要求

步进电动机的定位控制如图 3-47 所示，滑块起始点在 ST2 处。控制要求：

（1）按下启动按钮，滑块先由 ST2 向右运行至 ST3 处，此过程速度为 120 r/min；

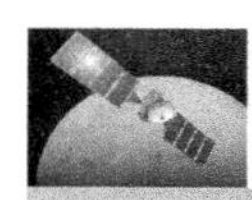

（2）滑块到达 ST3 后，停 3 s，然后由 ST3 向右移动到 ST4 处，此过程速度为 90 r/min；

（3）滑块达到 ST4 后，停 2 s，然后由 ST4 向左移动到 ST2，此过程速度为 60 r/min。

（4）在滑块运行过程中按下停止按钮，步进电动机立即停转，滑块立即停止运动。

已知步进电动机驱动器细分步数为 2 000/转，输出峰值电流为 1.00 A，静态电流设为动态电流的一半。

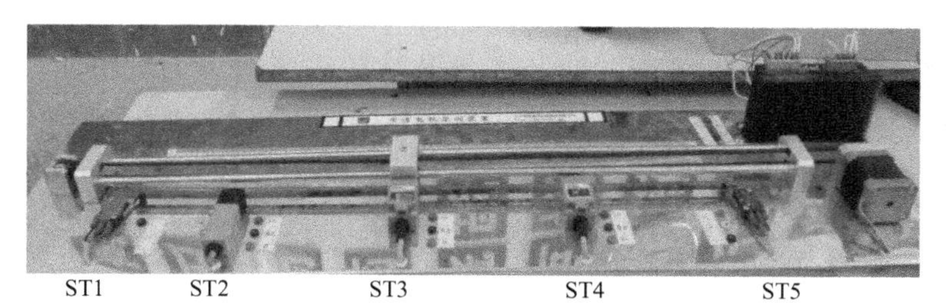

图 3-47　步进电动机的定位控制

2. 任务分析与准备

分析任务，明确系统组成，并自行画出系统框图。

可以在 XK-PLC6 型工学结合 PLC 实训台上完成电动机调速任务，也可以在其他相关设备上完成，所需元器件见表 3-8。

表 3-8　元器件清单

序号	名　称	型　号	数量	备　注
1	实训装置	XK-PLC6 型工学结合 PLC 实训台	1	
2	步进电动机实训装置	步进电动机（型号：42-H250E11/CL）、步进驱动器（型号：KD-2MD530）	1	
3	PLC	FX2N-48MT	1	
4	FX 系列下载线	RS-232	1	
5	导线	香蕉插头线	若干	强电、弱电

3. 任务实施

1）PLC 的 I/O 地址分配

按照任务要求，对 PLC 的 I/O 地址进行分配，并填写地址到分配表 3-9 中。

表 3-9　I/O 地址分配表

输入信号			输出信号		

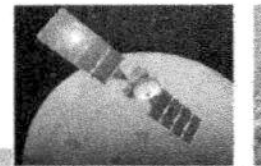

2）设计 PLC、步进驱动器与电动机的接线图，并进行电路连接

根据任务要求，设计 42-H250E11/CL 步进电动机和 KD-2MD530 步进电动机驱动器与 PLC 的接线图，并进行电路连接。采用脉冲+方向脉冲输出方式。

3）步进驱动器的参数设置

将步进驱动器的电流拨码开关调到输出峰值电流为 1.00 A 位置，SW4 调到静态半流，再将步进驱动器的细分步数调到 2 000 /转。

4）计算脉冲频率

设步进驱动的细分步数为 2 000/r，假设脉冲频率应为 X Hz，实际运行的转速为 N r/min，则有：

$$\frac{X\text{个/s}}{2\,000\text{个/r}}=\frac{N\text{ r/min}}{60} \quad => \quad X=\frac{2\,000*N}{60}\text{ Hz}$$

由上式得到：①当速度是 60 r/min 时，频率应为 2 000 Hz；②当速度是 90 r/min 时，频率应为 3 000 Hz；③当速度是 120 r/min 时，频率应为 4 000 Hz。

5）PLC 程序设计

自行设计 PLC 程序，并下载到 PLC 中，进行运行调试，填写表 3-10。

表 3-10　系统调试结果记录

	ST2～ST3	ST3～ST4	ST4～ST2
PLC 输出的脉冲个数			
测量运行位移			

4. 实训总结

（1）由上述调试结果记录表，计算步进电动机每转一周，滑块运行的位移。

（2）本任务中采用什么方法使步进电动机停止运行的？还能采用哪些方法？

（3）若系统开始运行前，滑块不是出于原点位置 ST2 处，怎么用 PLC 程序让其自动回到原点？

3.6　伺服电动机与伺服驱动器

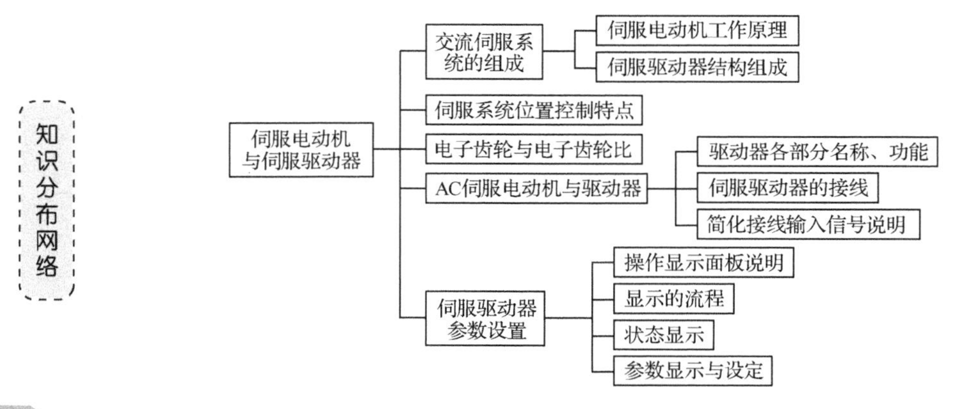

3.6.1 交流伺服系统的组成

现代高性能的伺服系统，大多数采用永磁交流伺服系统，其中包括永磁同步交流伺服电动机和全数字交流永磁同步伺服驱动器两部分。

伺服电动机在伺服控制系统中作为执行元件得到了广泛应用。伺服电动机是将输入的电压信号变换成转轴的角位移或角速度而输出的，改变控制电压可以改变伺服电动机的转向和转速。伺服电动机内部的转子是永磁铁，驱动器控制的 U/V/W 三相电形成电磁场，转子在此磁场的作用下转动，同时电动机自带的编码器反馈信号给驱动器，驱动器根据反馈值与目标值进行比较，调整转子转动的角度。伺服电动机的精度决定于编码器的精度（线数）。

交流永磁同步伺服驱动器主要由伺服控制单元、功率驱动单元、通信接口单元、伺服电动机及相应的反馈检测器件组成，其中伺服控制单元包括位置控制器、速度控制器、转矩和电流控制器等，结构组成如图 3-48 所示。

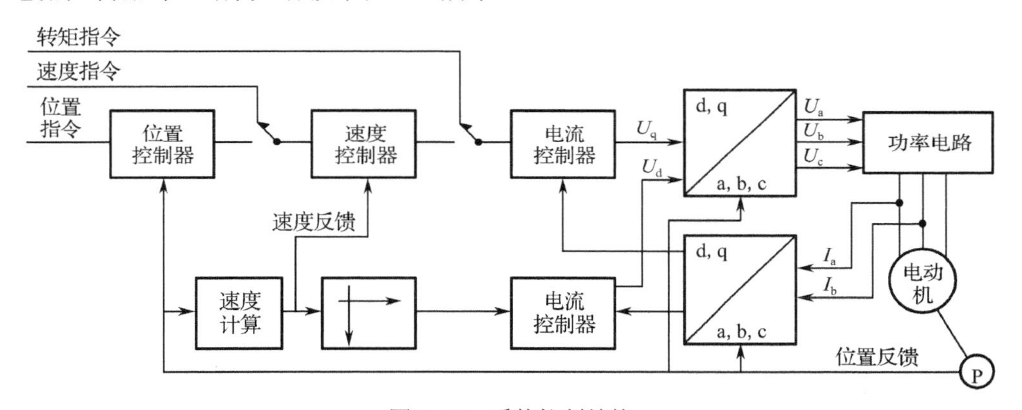

图 3-48 系统控制结构

伺服驱动器均采用数字信号处理器（DSP）作为控制核心，其优点是可以实现比较复杂的控制算法，实现数字化、网络化和智能化。功率器件普遍采用以智能功率模块（IPM）为核心设计的驱动电路，IPM 内部集成了驱动电路，同时具有过电压、过电流、过热、欠压等故障检测保护电路，在主回路中还加入软启动电路，以减小启动过程对驱动器的冲击。

功率驱动单元首先通过整流电路对输入的三相电或者市电进行整流，得到相应的直流电。再通过三相正弦 PWM 电压型逆变器变频来驱动三相永磁式同步交流伺服电动机。

逆变部分（DC-AC）采用功率器件集成驱动电路，为保护电路和功率开关于一体的智能功率模块（IPM），主要拓扑结构采用了三相桥式电路，原理图如图 3-49 所示。利用脉宽调制技术，即 PWM（Pulse Width Modulation），通过改变功率晶体管交替导通的时间来改变逆变器输出波形的频率，改变每半周期内晶体管的通断时间比，也就是说通过改变脉冲宽度来改变逆变器输出电压幅值的大小以达到调节功率的目的。

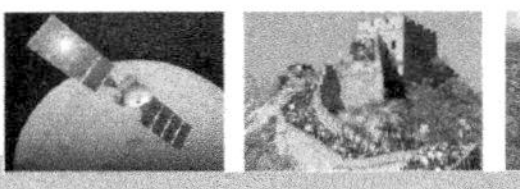

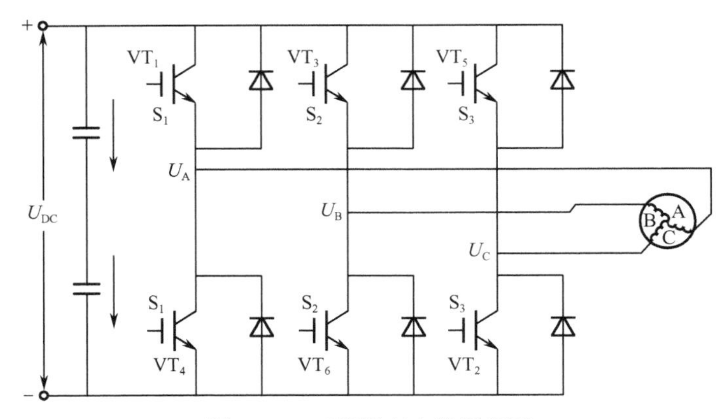

图 3-49　三相逆变电路原理图

3.6.2　交流伺服系统位置控制的特点

结合图 3-48 和图 3-49，交流伺服系统有如下两个特点：

（1）伺服驱动器输出到伺服电动机的三相电压波形基本上是正弦波（高次谐波已被绕组电感滤除），而不是像步进电动机那样是三相脉冲序列，即使从位置控制器输入的是脉冲信号。

（2）伺服系统用作定位控制时，位置指令输入到位置控制器，速度控制器输入端前面的电子开关切换到位置控制器输出端，同样，电流控制器输入端前面的电子开关切换到速度控制器输出端。因此，位置控制模式下的伺服系统是一个三闭环控制系统，两个内环分别是电流环和速度环。

由自动控制理论可知，这样的系统结构提高了系统的快速性、稳定性和抗干扰能力。在足够高的开环增益下，系统的稳态误差接近于零。这就是说，在稳态时，伺服电动机以指令脉冲和反馈脉冲近似相等时的速度运行。反之，在达到稳态前，系统将在偏差信号作用下驱动电动机加速或减速。若指令脉冲突然消失（例如紧急停车时，PLC 立即停止向伺服驱动器发出驱动脉冲），伺服电动机仍会运行到反馈脉冲数等于指令脉冲消失前的脉冲数才停止。

3.6.3　电子齿轮与电子齿轮比的概念

在定位控制中，电子齿轮是一个十分重要的概念，电子齿轮比是一个很重要的设置参数，初学者都必须掌握它。

电子齿轮是由机械齿轮传动启发而设计的，在机械传动中，如果转速过大或过小，可以通过各种变速机构进行速度变换。其中齿轮传动是最常用的变速机构。两个齿数不同的齿轮组成齿轮传动，其传动比为两个齿轮的齿数比。机械齿轮可以进行速度变换，这种变换原理应用到伺服驱动器上就变成电子齿轮比。

电子齿轮是在伺服驱动器上设置的一对参数。在没有电子齿轮时，控制器 PLC 输出的脉冲数通过伺服驱动器完全传送给伺服电动机，即伺服电动机所接收到的脉冲数等于 PLC 输出的脉冲数，而电子齿轮就是在控制器 PLC 和电动机之间的一对软齿轮，如图 3-50 所示。从图中可以得到：

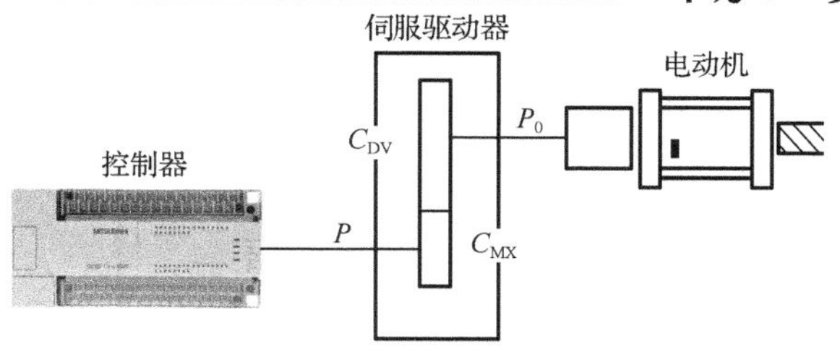

图 3-50　电子齿轮作用示意图

$$P \cdot C_{MX} = P_0 \cdot C_{DV}$$

$$P_0 = \frac{C_{MX}}{C_{DV}} \cdot P$$

C_{MX} 为电子齿轮分子，C_{DV} 为电子齿轮分母，C_{MX}/C_{DV} 为电子齿轮比，P 为控制器 PLC 输出的脉冲数，P_0 为伺服电动机接收到的脉冲数。调节电子齿轮比（即设置不同的分母、分子值）就可以在控制器 PLC 输出相同的脉冲数 P 时得到不同的电动机接收脉冲数 P_0。不管什么品牌的伺服驱动器都必须有电子齿轮比参数设置。

在位置控制模式下，等效的单闭环系统方框图，如图 3-51 所示。

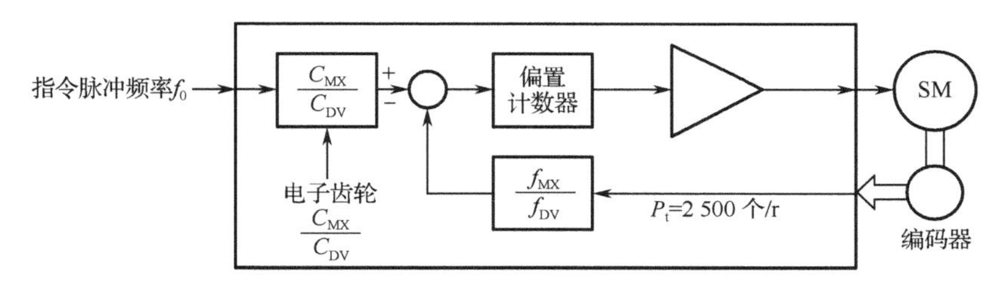

图 3-51　等效的单闭环位置控制系统方框图

在图 3-51 中，指令脉冲信号和电动机编码器反馈脉冲信号进入驱动器后，均通过电子齿轮变换才进行偏差计算。电子齿轮实际是一个分-倍频器，合理搭配它们的分-倍频值，可以灵活地设置指令脉冲的行程（脉冲当量）。

3.6.4　伺服电动机与伺服驱动器的功能与接线

1. 型号与基本参数

（1）HF-KN 系列伺服电动机的型号构成和基本参数：

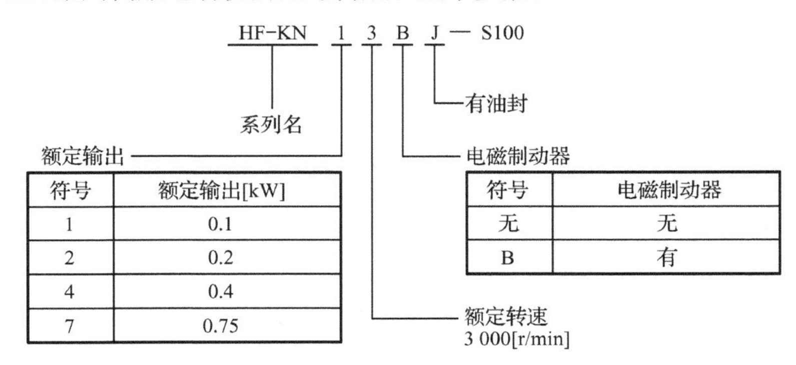

符号	额定输出[kW]
1	0.1
2	0.2
4	0.4
7	0.75

符号	电磁制动器
无	无
B	有

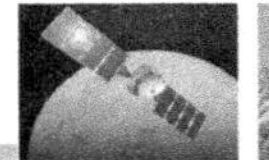

HF-KN13J-S100 的基本参数：输入 3 AC　97 V　0.8 A；
额定转速：3 000 r/min；
额定输出：100 W。

（2）MR-JE-10A 伺服驱动器的型号构成和基本参数：

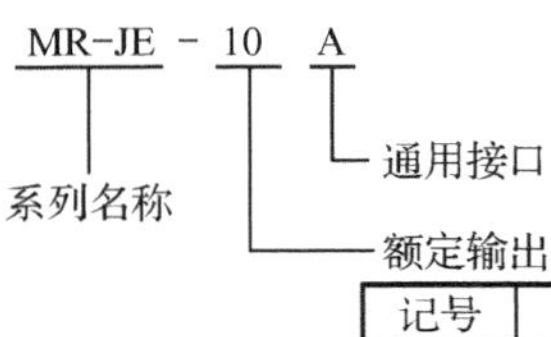

记号	[kW]
10	0.1
20	0.2
40	0.4
70	0.75
100	1
200	2
300	3

MR-JE-10A 伺服驱动器的基本参数：功率：100 W；
输入：单相 AC 200～240 V　0.9 A/1.5 A　50/60 Hz；
输出：3PH　170 V　0～360 Hz　1.1 A。

2. 驱动器各部分的名称与功能

三菱通用 AC 伺服 MELSERVO-JE 系列是以 MELSERVO-J4 系列为基础，在保持高性能的前提下对功能进行限制的 AC 伺服驱动器。

控制模式有位置控制、速度控制和转矩控制三种。在位置控制模式下最高可以支持 4 M 个/s 的高速脉冲串。还可以选择位置/速度切换控制、速度/转矩切换控制和转矩/位置切换控制。该伺服驱动器不但可以用于机床和普通工业机械的高精度定位和平滑的速度控制，还可以用于线控制和张力控制等，应用范围十分广泛。

MELSERVO-JE 系列的伺服电动机采用拥有 131 072 个/rev（2^{17}）分辨率的增量式编码器，能够进行高精度的定位。

驱动器各部分的名称与功能，如图 3-52 所示。

3. 接线

在不同控制模式下的接线详细内容请参考《MR-JE-_A 伺服驱动器技术资料》。在本书中，伺服动电动机用于定位控制，选用位置控制模式，所使用的漏型输入输出接口和使用集电极开路输入脉冲串输入时的情况。参考本项后进行与外部机器的连接。

1）电源系统信号

电源系统信号说明如表 3-11 所示。

请勿将工频电源直接连接到伺服电动机，否则会造成故障。

2）数字输入接口 DI-1

光耦合器的负极侧为输入端子的输入电路，输入信号通过漏型（集电极开路）的晶体管输出、继电器开关等提供。图 3-54 为漏型输入。

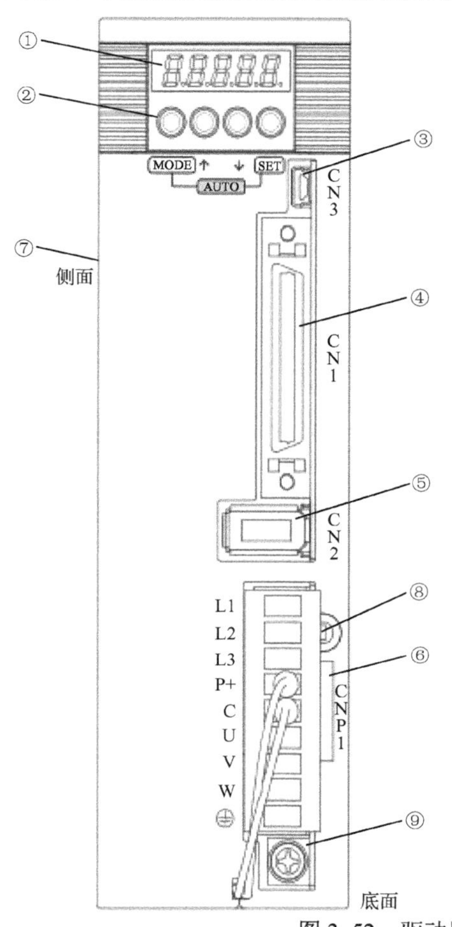

编号	名称·用途
①	显示部 在5位7段的LED中显示伺服的状态以及报警编号。
②	操作部位 可对状态显示、诊断、报警以及参数进行操作。 同时按下“MODE”与“SET”3 s以上，可进入单键调整模式。 可变更模式。 可变更各模式下的显示数据。 可设置数据。 MODE ↑ ↓ SET AUTO 可进入单键调整模式。
③	USB通信用连接器（CN3） 请与计算机连接。
④	输入输出信号用连接器（CN1） 连接数字输入输出信号、模拟输入信号、模拟监视输出信号及RS-422/RS-485通信用控制器。
⑤	编码器连接器（CN2） 连接伺服电动机编码器。
⑥	电源连接器（CNP1） 连接输入电源、内置再生电阻器、再生选件以及伺服电动机。
⑦	铭牌
⑧	充电指示灯 主电路存在电荷时亮灯。亮灯时请勿进行电线的连接和更换等。
⑨	保护接地（PE）端子 接地端子

图 3-52　驱动器各部分的名称与功能

表 3-11　信号说明

名称	连接位置（用途）	内　容
L1·L2·L3	电源	请供给 L1、L2 以及 L3 以下电源。MR-JE-10A 驱动器使用单相 AC 200 V～240 V 电源时，请将电源连接至 L1 和 L3，不要在 L2 上做任何连接。
U·V·W	伺服电动机电源输出	连接伺服电动机电源（U·V·W）。伺服驱动器器的电源输出（U·V·W）与伺服电动机的电源输入（U·V·W）请使用直接接线。接线途中请勿通过电磁接触器，可能会造成异常运行和故障，如图 3-53 所示。
⏚	保护接地（PE）	请连接到伺服电动机的接地端子以及控制柜的保护接地（PE）上。

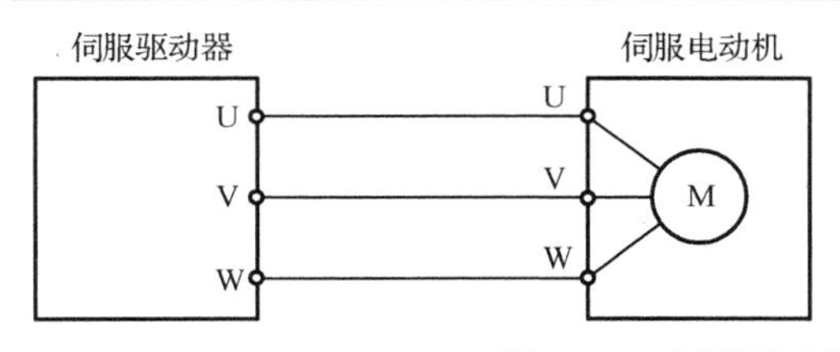

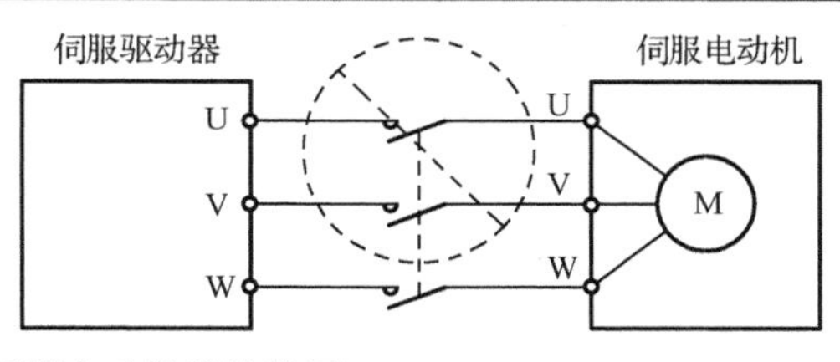

图 3-53　伺服驱动器与伺服电动机的连接图

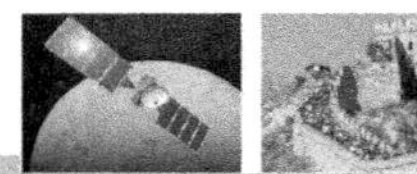

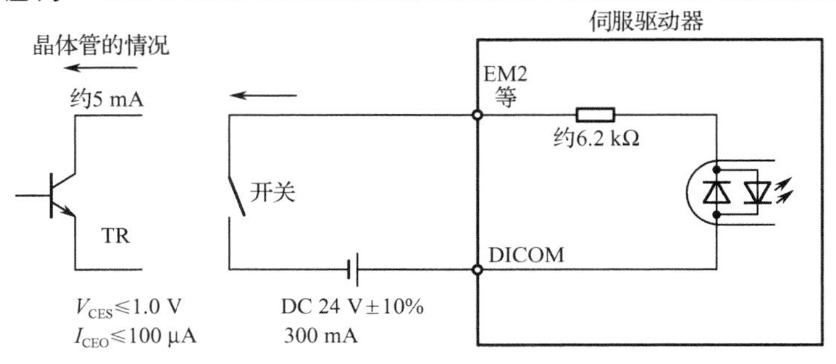

图 3-54　漏型输入

3）数字输出接口 DO-1

对集电极为输出端子的电路，当输出晶体管开启时，电流从外部负载流入集电极端子。

该输出能够驱动指示灯、继电器或者光耦合器。对于感性负载请对二极管（D）进行设置，对于电灯负载请对浪涌电流抑制用电阻（R）进行设置。漏型输出如图 3-55 所示。

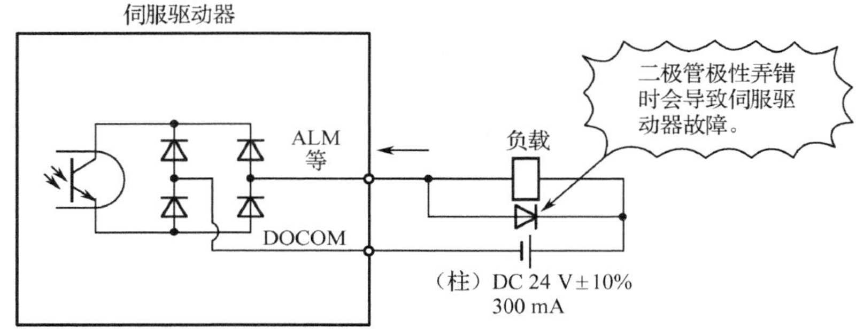

图 3-55　漏型输出

4）脉冲串输入接口 DI-2

通过集电极开路输入方式给与脉冲串信号，如图 3-56 所示。

注：脉冲串输入接口中使用了光耦合器。

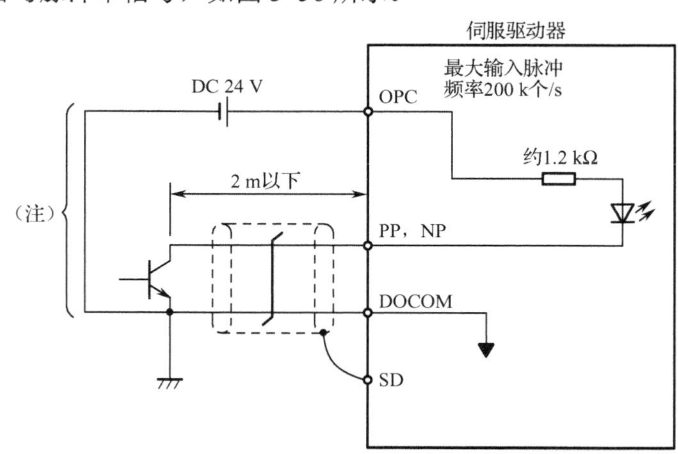

图 3-56　集电极开路输入方式给与脉冲串信号的接线图

在脉冲串信号线上连接电阻时，电流减小，所以电动机不能正常动作。

4. 简化接线输入信号说明

为了驱动伺服电动机，必须做以下最小限度的连接，不连接输出信号：伺服开启（SON）（CN1-15）、强制停止 EM2（CN1-42）、正转行程末端 LSP（CN1-43）和反转行程末端 LSN（CN1-44）、正反转脉冲数 PP（CN1-10）、NP（CN1-35）（或脉冲信号+脉冲方向）6 个必须接的输入信号。

外加伺服驱动器的控制回路电源接线 20（DICOM）与 12（OPC）短接后，接到 DC 24 V 正极，46（DOCOM）接到 0 V。

1）伺服开启（SON）连接器引脚编号（CN1-15）

由于是接通主电路的信号，因此，必须在运行前开启伺服（即 SON 为 ON）。ON 时为伺服锁定状态。

在开启 SON 时，主电路将会通电，变为可以运行的状态（伺服 ON 状态）。关闭后，主电路将被切断，伺服电动机进入自由运行状态。在将[Pr. PD01]设置为“_ _ _ 4”时，可以在内部变更为自动开启（始终开启）。即用参数[Pr. PD01]，强制设为 ON。

2）强制停止 EM2

连接器引脚编号（CN1-42），运行时务必要将 EM2（强制停止 2）保持为 ON 状态。

要点	
● 将[Pr. PA04]设置为“2_ _ _”（初始值）时的情况。	

当关闭 EM2 与公共端开路时，将根据指令对伺服电动机进行减速停止。当从强制停止状态转到 EM2 开启（使公共端之间短路）时，则能够解除强制停止状态。

3）正转行程末端 LSP 和反转行程末端 LSN

连接器引脚编号分别为 CN1-43、CN1-44。

运行时，务必要将 EM2（强制停止 2）、LSP（正转行程末端）以及 LSN（反转为 ON 状态）设为 ON。

运行时，要开启 LSP 以及 LSN。关闭时使用紧急停止并保持锁定状态。

在按照下述方式对[Pr. PD01]进行设置时，可以在内部变更为自动 ON（常闭）。

[Pr.PD01]	状　态	
	LSP	LSN
_4_ _	自动 ON	
_8_ _		自动 ON
_C_ _	自动 ON	自动 ON

当 LSP 或 LSN 变为关闭状态时，则会发生[AL. 99 行程限制警告]，WNG（警告）变为开启。

4）正转脉冲列反转脉冲列 PP（CN1-10）、NP（CN1-35）、PG（CN1-11）、NG（CN1-36）

输入指令脉冲列，当使用集电极开路方式时（最大输入频率 200 k 个/s）：

在 PP 和 DOCOM 之间输入正转脉冲列；

在 NP 和 DOCOM 之间输入反转脉冲列。

使用差动接收器方式时（最大输入频率 4 M 个/s）：

在 PG 和 PP 之间输入正转脉冲列；

在 NG 和 NP 之间输入反转脉冲列。

指令输入脉冲列形式、脉冲列逻辑以及指令输入脉冲列滤波器可以在[Pr. PA13]中进行变更。对 F 系列定位模块的设置为：

信号的方式	指令脉冲的逻辑设定	
	F 系列定位模块（固定）	MR-JE-A 伺服放大器 [Pr. PA13]的设置值
集电极开路输出方式 差动输出方式	负逻辑	负逻辑[_ _ 1 _]

当指令脉冲列为 1 M 个/s～4 M 个/s 时，请将[Pr. PA13] 设置为“_ 0 _ _”。

3.6.5 伺服驱动器的参数设置

1. 操作显示面板说明

MR-JE-_A 伺服驱动器通过显示部分（5 位 7 段 LED）和操作部分（4 个按键），对伺服驱动器的状态、报警、参数进行设置等操作。此外，同时按下“MODE”与“SET”3 s 以上，即跳转至单键式调整模式。操作部分和显示内容如图 3-57 所示。

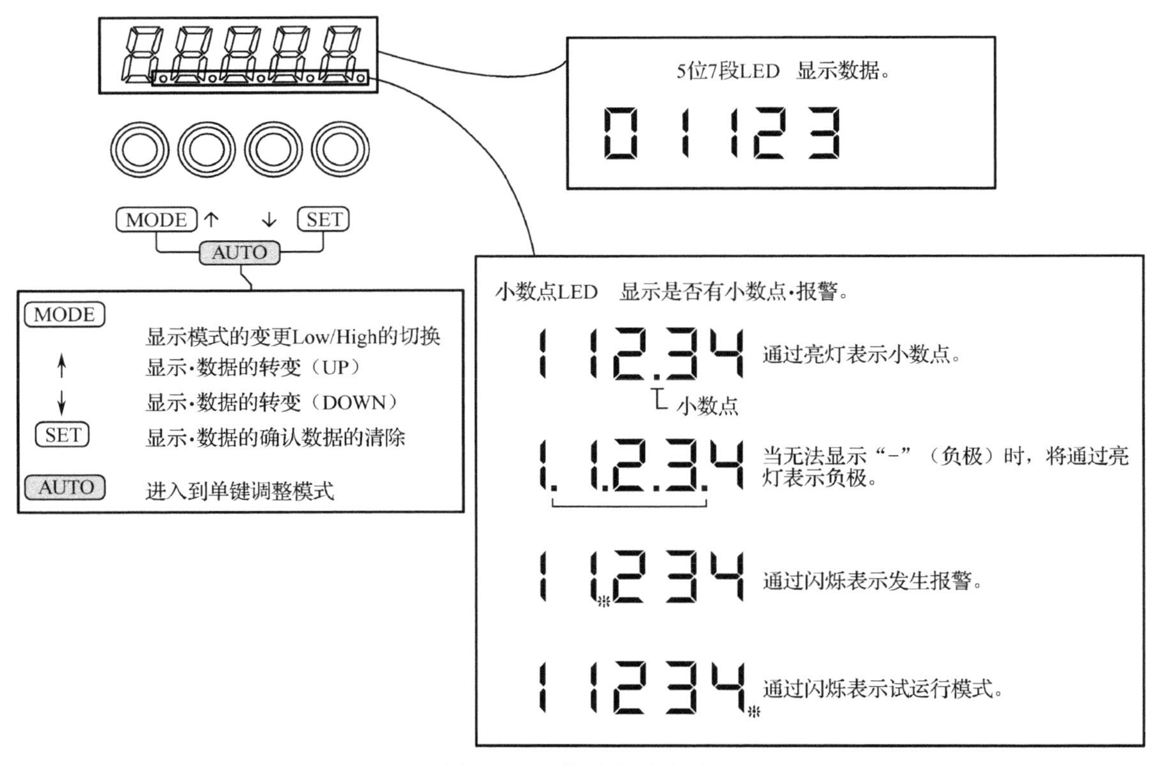

图 3-57 面板各部分名称

2. 显示的流程

按一次“MODE”按钮，移到下一个显示模式。各显示模式的内容，请参考 MR-JE-_A 伺服驱动器技术资料集 4.5.3 项以后的内容。

在对增益・滤波器参数、扩展设置参数以及输入输出设置参数进行引用以及操作时，请在基本设置参数[Pr. PA19 禁止写入参数]中设置为有效。

各种模式的初始画面和模式切换顺序，如图 3-58 所示。

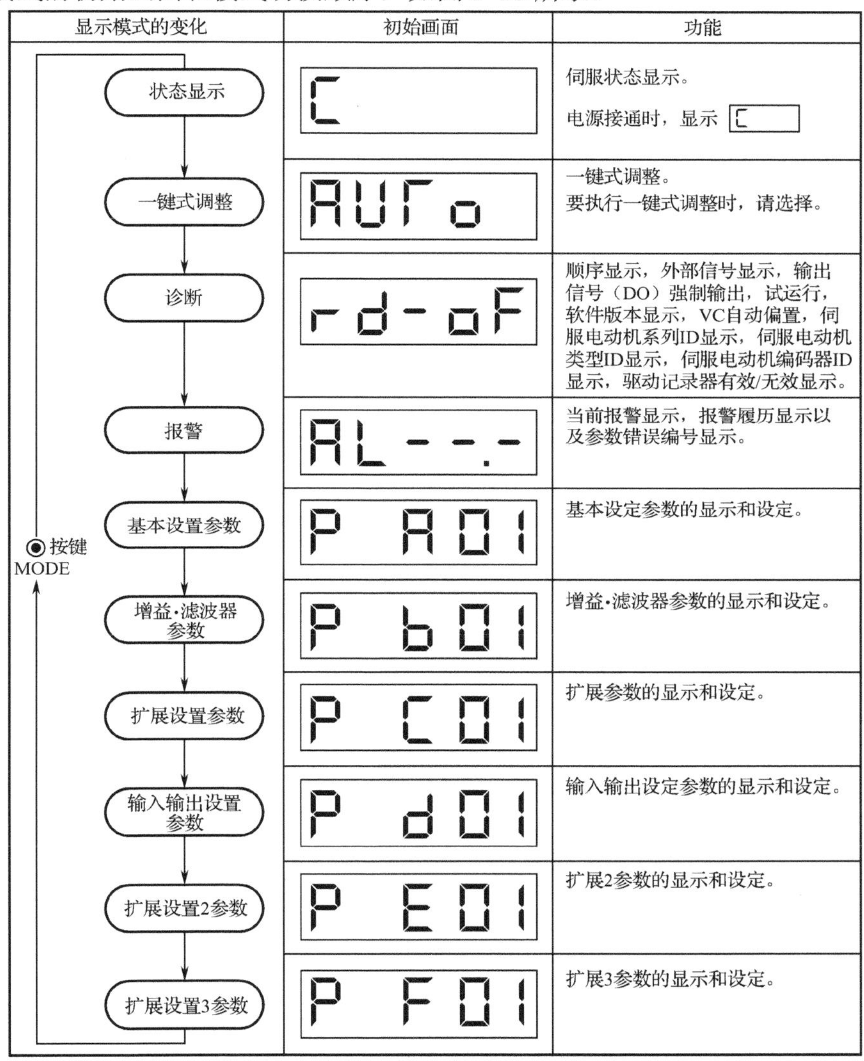

显示模式的变化	初始画面	功能
状态显示	C	伺服状态显示。 电源接通时，显示 C
一键式调整	Auto	一键式调整。 要执行一键式调整时，请选择。
诊断	rd-oF	顺序显示，外部信号显示，输出信号（DO）强制输出，试运行，软件版本显示，VC自动偏置，伺服电动机系列ID显示，伺服电动机类型ID显示，伺服电动机编码器ID显示，驱动记录器有效/无效显示。
报警	AL--.-	当前报警显示，报警履历显示以及参数错误编号显示。
基本设置参数	P A01	基本设定参数的显示和设定。
增益·滤波器参数	P b01	增益·滤波器参数的显示和设定。
扩展设置参数	P C01	扩展参数的显示和设定。
输入输出设置参数	P d01	输入输出设定参数的显示和设定。
扩展设置2参数	P E01	扩展2参数的显示和设定。
扩展设置3参数	P F01	扩展3参数的显示和设定。

图 3-58　显示模式的初始画面和模式切换顺序

3. 状态显示

运行中的伺服驱动器的状态能够显示在 5 位 7 段 LED 显示器上。通过“UP”或“DOWN”按键可以对内容进行变更。显示所选择的符号，在按下“SET”按键后将会显示其数据。但是，仅在接通电源时将在[Pr. PC36]中选择的状态显示符号 2 s 后再显示其数据。

通过“MODE”按钮进入到状态显示模式，再按下“UP”或者“DOWN”按钮后，将

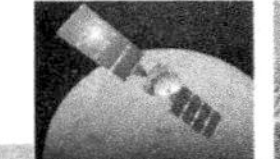

按照顺序进行转换（内容请参考 MR-JE-_A 伺服驱动器技术资料集 4.5.3 状态显示）。

显示示例，如图 3-59 所示。

项目	状态	显示方法 伺服驱动器显示器
伺服电动机转速	以2 500 r/min正转	2500
	以3 000 r/min反转	-3000 反转时用“-”表示。
负载惯量比	7.00倍	7.00
反馈脉冲累积	11 252 pulses	11252
	-12 566 pulses	1.2.5.6.6 亮灯 负数时，2、3、4以及5位的小数点亮灯。

图 3-59　显示示例

4. 参数显示与设定

通过“MODE”按钮进入各参数模式，再按下“UP”或“DOWN”按钮后显示内容将按照顺序进行转换。

1）5 位以下的参数修改方法

通过[Pr. PA01 运行模式]变更为速度控制模式时，接通电源后的操作方法示例如图 3-60 所示。按下“MODE”按钮进入基本设置参数画面。

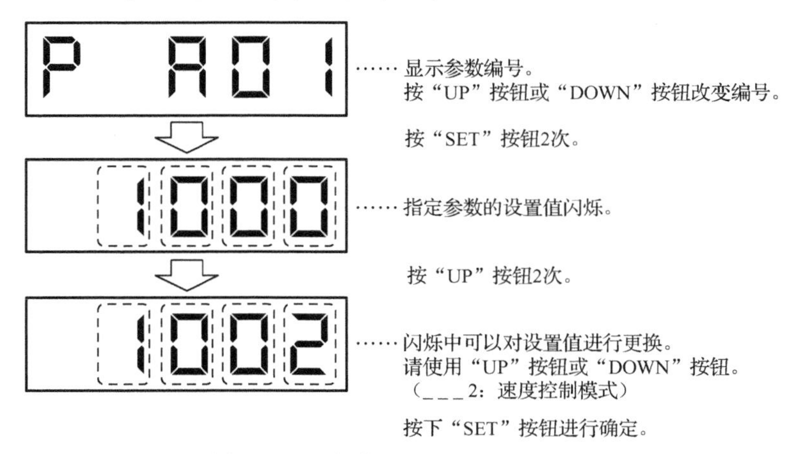

图 3-60　5 位数以下数据的参数修改

更改[Pr. PA01]需要在修改设置值后关闭一次电源，在重新接通电源后，参数更改才会生效。按“UP”或“DOWN”按钮移动到下一个参数。

2）6位及以上的参数修改方法

下面以参数电子齿轮比分子（PA06）为例说明。将[Pr. PA06 电子齿轮分子] 变更为“123456”，则把该设置值分为低 4 位“3456”和高位“12”分别进行操作，操作过程如图 3-61 所示。

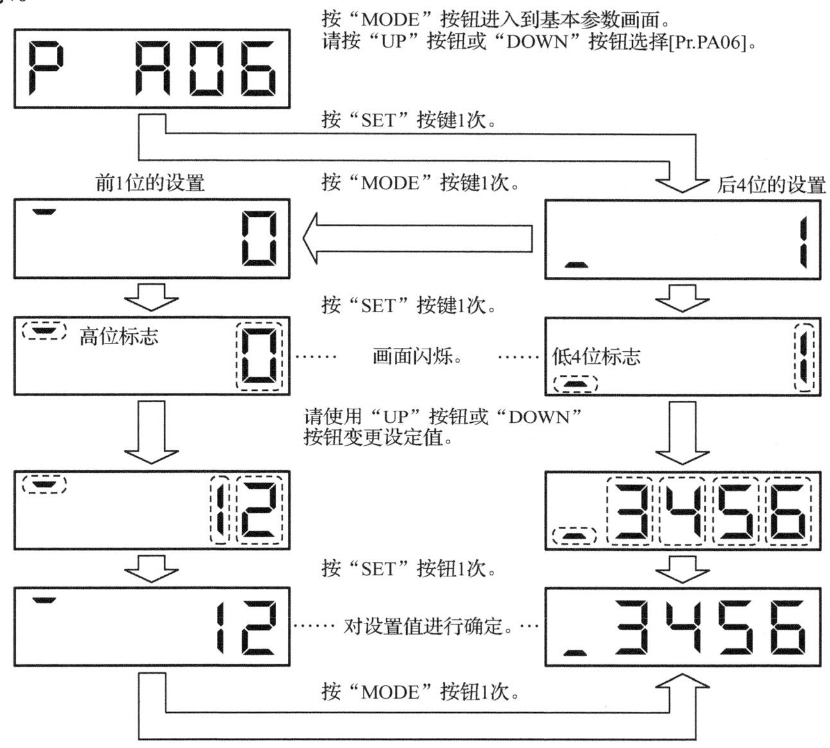

图 3-61　6 位数及以上数据的参数修改步序

实训任务 3-3　伺服电动机的位置控制

1. 任务要求

伺服电动机用于定位控制，选用位置控制模式，按下启动按钮后，使伺服电动机以 1 r/s 速度旋转 2 周自动停止。指令输入脉冲列形式为脉冲串+脉冲方向。伺服驱动器的电子齿轮比为 64 : 1，伺服电动机自带 131 072 个/r 分辨率的增量式编码器。

2. 任务分析与准备

任务要求完成伺服电动机的定位控制，首先明确该系统由交流伺服电动机一台、交流伺服驱动器一个、FX2N-48MT PLC 一台、指示与主令控制单元及 PLC 主机单元组成，其系统框图如图 3-62 所示。

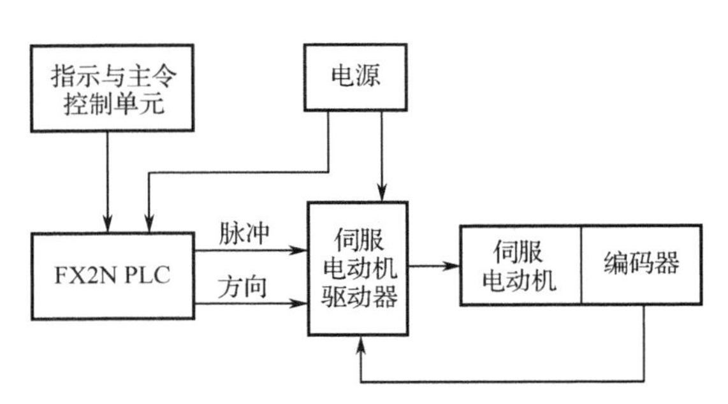

图 3-62 伺服电动机定位控制的系统框图

可以在工学结合 PLC 实训台上完成伺服电动机定位控制任务，也可以在其他相关设备上完成。所需元器件见表 3-12。

表 3-12 元器件清单

序号	名 称	型 号	数量	备 注
1	实训装置	XK-PLC6 型工学结合 PLC 实训台	1	
2	伺服电动机实训装置	伺服电动机（型号：HF-KN13J-S100）、伺服驱动器（型号：MR-JE-10A）	1	
3	PLC	FX2N-48MT	1	
4	FX 系列下载线	RS-232	1	
5	导线	香蕉插头线	若干	强电、弱电

3. 任务实施

1）PLC 的 I/O 地址分配

按照任务要求，对 PLC 的 I/O 地址进行分配，并填写分配地址到表 3-13 中。

表 3-13 I/O 地址分配

输 入 信 号			输 出 信 号		
			Y0	PP/CN1-10	脉冲输出点
			Y1	NP/CN1-35	脉冲方向（假设 Y001 断开正转，接通反转）

2）设计伺服驱动器的接线图

由任务要求，设计伺服驱动器的接线参考图，如图 3-63 所示。采用脉冲+方向指令脉冲形式。

3）电路连接注意事项

在接线之前，必须首先关闭电源，不得带电进行操作！

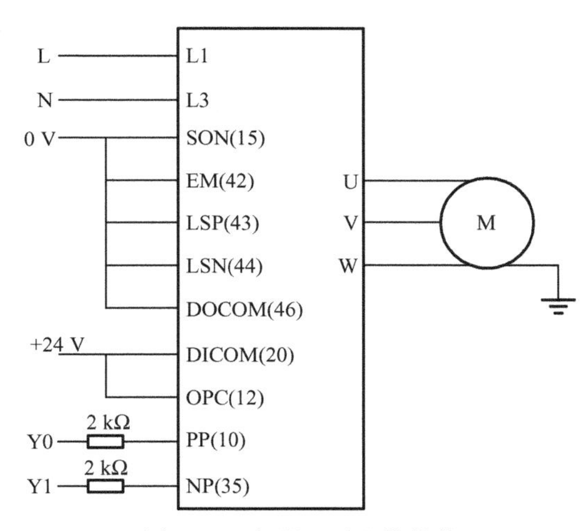

图 3-63　伺服驱动器的接线

4）相关参数计算

已知伺服驱动器的电子齿轮比为 64∶1，编码器的分辨率 131 072 个/r；脉冲输入方式为脉冲串+脉冲方向，采用位置控制模式；确定伺服电动机旋转一周需要脉冲个数，并计算出各运行速度、各运行位移所对应的 PLC 要设定的频率和脉冲个数，并将计算结果填入表格 3-14 中。

表 3-14　伺服驱动器参数计算

伺服电动机旋转一周需要脉冲个数			
		PLC 设定频率（Hz）	PLC 设定脉冲个数
速度	1 r/s		
	2 r/s		
	3 r/s		
位移	1 r		
	2 r		
	3 r		

5）伺服驱动器的参数设置方式操作说明

（1）MR-JE 系列伺服驱动器恢复出厂设置。首先将 PA19 改为 ABCD，断电再上电；然后将隐藏参数 PH17 改为 5012，断电再上电。

（2）参数设置。本任务中，伺服驱动装置工作于位置控制模式，如图 3-64 所示。FX2N-48MT 的 Y000 输出脉冲作为伺服驱动器的位置指令，脉冲的数量决定伺服电动机的旋转位移，脉冲的频率决定了伺服电动机的旋转速度。FX2N-48MT 的 Y001 输出信号作为伺服驱动器的方向指令，电子齿轮比为 64∶1，据上述要求，由于 MR-JE-10A 伺服驱动器电子齿轮选择有电子齿轮比和每转指令输入脉冲数 2 种方式，所以参数设定也有两种方法可供选择。

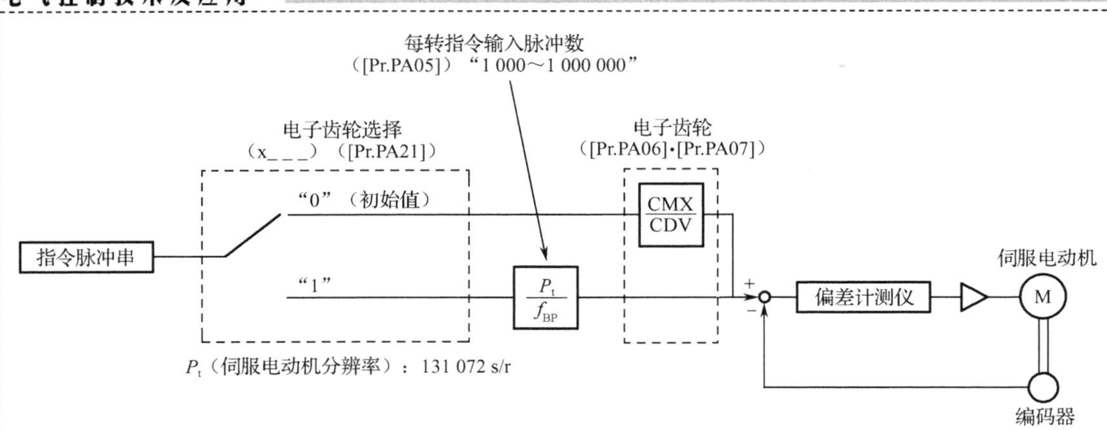

图 3-64 伺服电动机的位置控制

伺服驱动器的参数设置，如表 3-15 和表 3-16 所示。

① 电子齿轮比：

表 3-15 伺服驱动器参数设置

参数编号	参数名称	出厂值	设定值	功能含义
PA01	运行模式	1 000	1 000	位置控制模式
PA06（在[Pr. PA21]的“电子齿轮选择”中选择“电子齿轮（0_ _ _）”时有效）	电子齿轮分子	1	64	电子齿轮的设定范围：$\frac{1}{10}<\frac{C_{MX}}{C_{DV}}<4\,000$ 编码器分辨率（伺服电动机每旋转一周的分辨率）：131 072 个/r
PA07（在[Pr. PA21]的“电子齿轮选择”中选择“电子齿轮（0_ _ _）”时有效）	电子齿轮分母	1	1	
PA13	指令脉冲输入	0100 h	0111 h	脉冲列+方向信号，负逻辑
PA21	功能选择 A-3	0001 h	0001 h	选择电子齿轮比

注：PA13 参见 MR-JE-_A 伺服驱动器技术资料集的第 5 章参数部分。

表 3-16 参数 PA13 功能含义

编号/简称/名称	设定位	功能	初始值[单位]	控制模式		
				P	S	T
PA13 *PLSS 指令脉冲输入形态	_ _ _x	指令输入脉冲串形态选择： 0：正转，反转脉冲串； 1：带符号脉冲串； 2：A 相、B 相脉冲串（伺服驱动器以 4 倍频获取输入脉冲）。	0 h	○		

续表

编号/简称/名称	设定位	功　能	初始值[单位]	控制模式		
				P	S	T
PA13 *PLSS 指令脉冲输入形态	_ _ x _	脉冲串逻辑选择： 0：正逻辑； 1：负逻辑。 （应与从连接的控制器获得的指令脉冲串的逻辑相匹配。关于 Q 系列/L 系列/F 系列的逻辑，请参照该产品资料集中 3.6.1 项的要点）	0 h	○		
	_ x _ _	指令输入脉冲串滤波器选择： 通过选择和指令脉冲频率匹配的滤波器，能够提高耐干扰能力。 0：指令输入脉冲串在 4 M 个/s 以下时； 1：指令输入脉冲串在 1 M 个/s 以下时； 2：指令输入脉冲串在 500 k 个/s 以下时； 3：指令输入脉冲串在 200 k 个/s 以下时。 “1”为对应到 1 M 个/s 为止的指令。如要输入 1 M 个/s 以上、4 M 个/s 以下的指令时，请设定为“0”。 设定与指令脉冲频率值不符的值会导致下列误动作： ● 设定为比实际指令高的值会使抗干扰能力下降； ● 设定为比实际指令低的值会导致位置偏移。	1 h	○		
	x _ _ _	厂商设定用	1 h			
PA21 *A0P3 功能选择 A-3	_ _ _ x	一键式调整功能选择： 0：无效； 1：有效。 当此位为“0”时，不能执行单键调整。	1 h	○	○	
	_ _ x _	厂商设定用	0 h			
	_ x _ _	厂商设定用	0 h			
	x _ _ _	电子齿轮选择： 0：电子齿轮（[Pr. PA06]及[Pr. PA07]）； 1：1 周的指令输入脉冲数（[Pr. PA05]）。	0 h	○		

“1”为对应到 1 M 个/s 为止的指令。如要输入 1 M 个/s 以上、4 M 个/s 以下的指令，请设定为“0”。

设定与指令脉冲频率值不符的值，会导致下列误动作：

● 设定为比实际指令高的值，会使抗干扰能力下降。

● 设定为比实际指令低的值，会导致位置偏移。

② 每转需要的指令脉冲数：

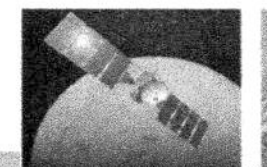

表 3-17 伺服驱动器的参数设置

参数编号	参数名称	出厂值	设定值	功能说明
PA01	运行模式	1 000	1 000	位置控制模式
PA05（当在[Pr. PA21] 的“电子齿轮选择”中选择“1 周的指令输入脉冲数（1 _ _ _）”时，此参数的设置值有效）	f_{BP} 伺服电动机运转一周所需的指令输入脉冲数	10 000	2 048	使伺服电动机旋转 1 周所需要的指令输入脉冲数为 2 048 个 编码器分辨率（伺服电动机每旋转一周的分辨率）为 131 072 个/r
PA13	指令脉冲输入	0100 h	0111 h	脉冲列+方向信号，负逻辑
PA21	功能选择 A-3	0001 h	1001 h	选择一周的指令输入脉冲数

6）PLC 程序设计

自行设计 PLC 程序，并下载到 PLC 中，进行运行调试。

4. 实训总结

（1）本任务中 PLC 设定脉冲频率为 2 048 Hz，试问伺服电动机运转速度为每秒钟多少转？

（2）本任务中伺服电动机转动 2 周，PLC 程序中需要设定的脉冲数是多少？

知识梳理与总结

（1）定位控制是指当控制器发出控制指令后使运动件（如机床工作台）按指定速度完成指定方向上的指定位移。定位控制是运动量控制的一种，又称位置控制、点动控制，在本书中统称为定位控制。

（2）定位控制可以利用限位开关、脉冲计数方式以及伺服控制方式等方式来实现，其中伺服系统是指执行机构严格按照控制命令的要求而动作，即控制命令未发出命令时，执行机构是静止不动的，而控制命令发出后，执行机构按命令执行，当控制命令消失后，执行机构立即停止。在定位控制中，只有当伺服电动机和步进电动机代替普通感应电动机作为执行器后，定位控制的速度和精度才得到很大的提高。

（3）步进电动机是将电脉冲信号转换为相应的角位移或直线位移的一种特殊执行电动机。每输入一个电脉冲信号，电动机就转动一个角度。按工作原理分为：反应式、永磁式、混合式。按励磁相数分为二、三、四、五、六、八相等。要掌握步进电动机的相数、拍数、步距角、转速等相关概念。反应式步进电动机的转速取决于脉冲频率、转子齿数和拍数，与电源电压、负载、温度等因素无关。改变脉冲频率可以改变转速，故可进行无级调速。在使用步进电动机的过程中要避免失步和过冲。一般应该在启动/停止时适当的加/减速控制，通过一个加速或减速过程，以较低的速度启动而后逐渐加速到某一速度运行，再逐渐减速直至停止，可以减少甚至完全消除失步和过冲现象。

（4）熟悉 42-H250E11/CL 步进电动机接线图和步进驱动器的外部接线，完成步进定位

系统的硬件连接。步进电动机驱动器的组成包括脉冲分配器和脉冲放大器两部分，主要解决步进电动机各相绕组的输出脉冲分配和功率放大两个问题。细分驱动方式不仅可以减小步进电动机的步距角，提高分辨率，而且可以减少或消除低频振动，使电动机运行更加平稳均匀。了解步进驱动器拨码开关的功能，设定细分精度、动态电流和半流/全流。

（5）脉冲输出指令 PLSY 指令用于产生指定数量和频率的脉冲。带加减速的脉冲输出指令 PLSR 针对指定的最高频率，进行定加速，在达到所指定的输出脉冲数后，进行定减速。相对位置控制指令 FNC158（DRVI）以相对驱动方式执行单速位置控制。绝对位置控制指令 FNC158（DRVA）以绝对驱动方式执行单速位置控制。

（6）在定位控制中，电子齿轮是一个十分重要的概念，电子齿轮比是一个很重要的设置参数，电子齿轮是在伺服驱动器上设置的一对参数。在没有电子齿轮时，控制器 PLC 输出的脉冲数通过伺服驱动器完全传送给伺服电动机，即伺服电动机所接收到的脉冲数等于 PLC 输出的脉冲数，而电子齿轮就是在控制器 PLC 和电动机之间的一对软齿轮，电子齿轮实际是一个分—倍频器，合理搭配它们的分—倍频值，可以灵活地设置指令脉冲的行程（脉冲当量）。

（7）掌握伺服电动机的外部接线和伺服驱动器外部端子的功能，完成伺服驱动系统的硬件接线，了解伺服驱动器面板各部分功能，设置伺服驱动器的参数。利用脉冲输出指令或者定位控制指令实现 PLC 定位程序控制。

思考与练习 3

1. 选择题

（1）一个字元件由（　　）个存储单元构成。

A. 4　　B. 8　　C. 16　　D. 32

（2）一个双字元件由（　　）个存储单元构成。

A. 8　　B. 16　　C. 32　　D. 64

（3）FX2N 系列 PLC 应用指令主要有连续执行方式和（　　）。

A. 断续执行方式　　B. 脉冲执行方式　　C. 双字节执行方式　　D. 不确定

（4）CMP 指令的特点是（　　）。

A. 比较两个数的大小　　B. 判断两个数是否相等

C. 比较三个数的大小　　D. 比较四个数的大小

（5）ZCP 指令的特点是（　　）。

A. 比较两个数的大小　　B. 判断两个数是否相等

C. 比较三个数的大小　　D. 比较四个数的大小

（8）脉宽调制的指令是（　　）。

A. PLSY　　B. PLSX　　C. PLSR　　D. PWM

（9）脉冲输出的指令是（　　）。

A. PLSY　　B. PLSX　　C. PLSR　　D. PWM

（10）带加减速脉冲输出的指令是（　　）。

A．PLSY　　B．PLSX　　C．PLSR　　D．PWM

（11）步进电动机如果用的是 DC 5 V 的脉冲输入信号，目前 PLC 有 DC 24 V 的脉冲输出，应怎么办？

A．并联一个电阻，2 kΩ，2 W　　B．并联一个电阻，1 kΩ，1 W

C．串联一个电阻，2 kΩ，1 W　　D．串联一个电阻，2 kΩ，2 kW

（12）下面类型的可编程控制器，它的输出电路直接采用了交流电源驱动，可能会烧掉的是（　　）。

A．继电器型

B．晶体管型

C．可控硅型

D．以上皆是

2. 思考题

（1）操作数 K2Y10 表示几组位元件？

（2）分析图 3-64 所示梯形图的结果是什么？

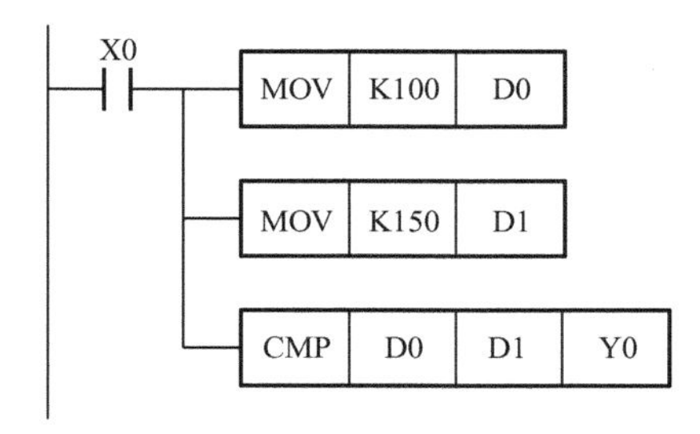

图 3-64　题 3 图

单元 4

PLC 网络控制技术

教学导航

知识目标	1. FX 系列 PLC N:N 网络通信的特性; 2. 并联连接; 3. PLC 与变频器之间的 485 通信
能力目标	1. 能进行 N:N 通信网络的安装、编程与调试; 2. 能进行硬件接线、参数设置与编程，实现 PLC 与变频器之间的 485 通信; 3. 资料的查询能力; 4. 自主学习能力
素质目标	1. 团队协作能力; 2. 组织沟通能力; 3. 严谨认真的学习工作作风
重难点	1. 网络通信的硬件安装、通信参数设置; 2. 网络通信程序设计
单元任务	1. FX 系列 PLC 之间的 N:N 网络通信; 2. PLC 与变频器之间的 485 通信
推荐教学方法	动画教学、任务驱动教学、翻转课堂

4.1 PLC 的通信功能与网络通信

知识分布网络

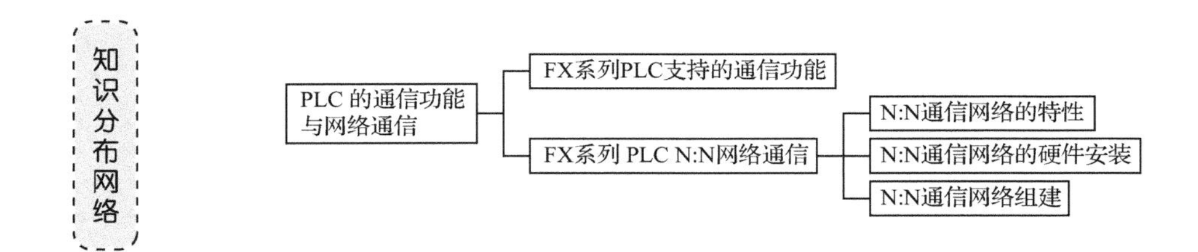

4.1.1 PLC 支持的通信功能

三菱 FX 系列 PLC 支持的通信功能如表 4-1 所示。

表 4-1 FX 系列 PLC 支持的通信功能

通信类型	功能/用途	
CC-Link	功能	● 对于以 MELSEC A、QnA 可编程控制器作为主站的 CC-Link 系统而言，FX 可编程控制器可以作为远程设备站进行连接。 ● 对于以 MELSEC Q 可编程控制器作为主站的 CC-Link 系统而言，FX 可编程控制器可以作为远程设备站、智能设备站进行连接。 ● 可以构筑以 FX 可编程控制器为主站的 CC-Link 系统。
	用途	生产线的分散控制和集中管理，与上位网络之间的信息交换等。
N:N 网络	功能	可以在最多 8 个 FX PLC 之间进行简单的数据连接。
	用途	生产线的分散控制和集中管理等。
并联连接	功能	可以在 2 个 FX PLC 之间进行简单的数据连接。
	用途	生产线的分散控制和集中管理等。
计算机连接	功能	可以将计算机等作为主站，FX 可编程控制器作为从站进行连接。计算机侧的协议对应「计算机连接协议格式 1，格式 4」。
	用途	数据的采集和集中管理等。
变频器通信	功能	可以通过通信控制三菱变频器。
	用途	运行监视、控制值的写入、参数的参考及变更等。
MODBUS 通信	功能	可以和 RS-232C 以及 RS-485 支持 MODBUS 的设备，进行 MODBUS 通信。
	用途	生产线的分散控制和集中管理等。
无协议通信	功能	可以与具备 RS-232C 或者 RS-485 接口的各种设备，以无协议的方式进行数据交换。
	用途	与计算机、条形码阅读器、打印机、各种测量仪表之间的数据交换。
编程通信	功能	除了可编程控制器标准配备的 RS-422 端口以外，还可以增加 RS-232C、RS-422、USB 以及以太网等部件。
	用途	同时连接 2 台人机界面或者编程工具等。
远程维护	功能	可以通过调制解调器用电话线连接远距离的可编程控制器，实现程序的传送和监控等远程访问。
	用途	用于对 FX 可编程控制器的顺控程序进行维护。

4.1.2　PLC N:N 网络通信

1．FX 系列 PLC N:N 通信网络的特性

N:N 网络功能，就是在最多 8 台 FX 可编程控制器之间通过 RS-485 通信连接，建立软元件相互连接的功能。

（1）根据要连接的点数，有 3 种模式可以选择（FX0N、FX1S 可编程控制器除外）。

（2）数据的链接最多在 8 台 FX 可编程控制器之间自动更新。

（3）总延长距离最大可达 500 m（当系统中混有 485BD 时为 50 m 以下）。

N:N 网络的通信协议是固定的。通信方式采用半双工通信，波特率（BPS）固定为 38 400 BPS；数据长度、奇偶校验、停止位、标题字符、终结字符以及校验等也均是固定的。

FX2N 和 FX3U 系列 PLC 的连接模式及连接点数如表 4-2 所示。

表 4-2　PLC 连接模式及连接点数

站　号		模式 0		模式 1		模式 2	
		位软元件（M）	字软元件（D）	位软元件（M）	字软元件（D）	位软元件（M）	字软元件（D）
		0 点	各站 4 点	各站 32 点	各站 4 点	各站 64 点	各站 8 点
主站	站号 0	—	D0～D3	M1000～M1031	D0～D3	M1000～M1063	D0～D7
从站	站号 1	—	D10～D13	M1064～M1095	D10～D13	M1064～M1017	D10～D17
	站号 2	—	D20～D23	M1128～M1159	D20～D23	M1128～M1191	D20～D27
	站号 3	—	D30～D33	M1192～M1223	D30～D33	M1192～M1255	D30～D37
	站号 4	—	D40～D43	M1256～M1287	D40～D43	M1256～M1319	D40～D47
	站号 5	—	D50～D53	M1320～M1351	D50～D53	M1320～M1383	D50～D57
	站号 6	—	D60～D63	M1384～M1415	D60～D63	M1384～M1447	D60～D67
	站号 7	—	D70～D73	M1448～M1479	D70～D73	M1448～M1511	D70～D77

N:N 网络是采用广播方式进行通信的。网络中每一站点都指定一个用特殊辅助继电器和特殊数据寄存器组成的链接存储区，各个站点链接存储区的地址编号都是相同的。各站点向自己站点链接存储区中规定的数据发送区写入数据。网络上任何 1 台 PLC 中发送区的状态会反映到网络中的其他 PLC，因此，数据可供通过 PLC 连接起来的所有 PLC 共享，且所有单元的数据都能同时完成更新。

N:N 网络建立在 RS-485 传输标准上，网络中必须有一台 PLC 为主站，其他 PLC 为从站，网络中站点的总数不超过 8 个。PLC 需要插上对应的 RS-485 通信接口板（如 FX2N PLC 需要 FX2N-485-BD），最大延伸距离 50 m，网络的站点数最多 8 个。图 4-1 所示

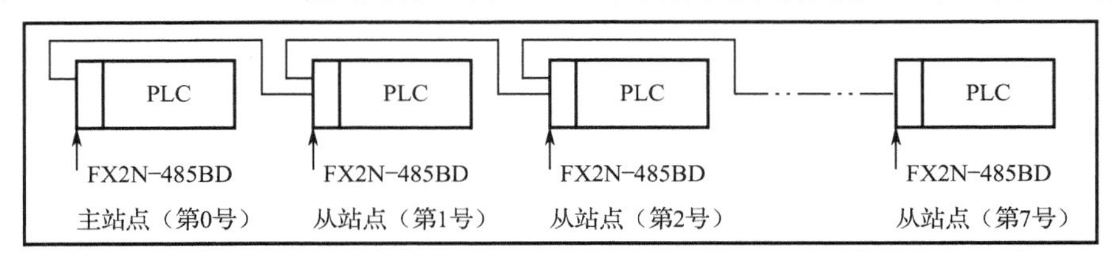

图 4-1　N:N 通信网络框图

是 N:N 通信网络框图。

2. N:N 通信网络的硬件安装

网络安装前，应断开电源。各站 PLC 应插上 485BD 通信板。它的 LED 显示/端子排列如图 4-2 所示。

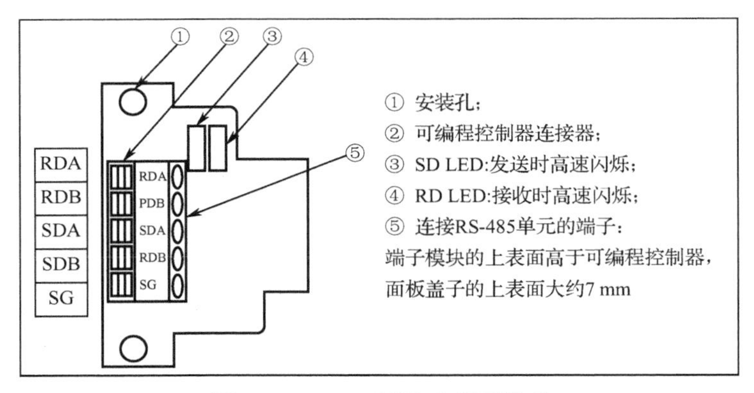

图 4-2　485BD 板显示/端子排列

THJDAL-2 自动线系统的 N:N 连接网络，各站点间用屏蔽双绞线相连，如图 4-3 所示，接线时必须注意终端站要接上 110 Ω的终端电阻（485BD 板附件）。

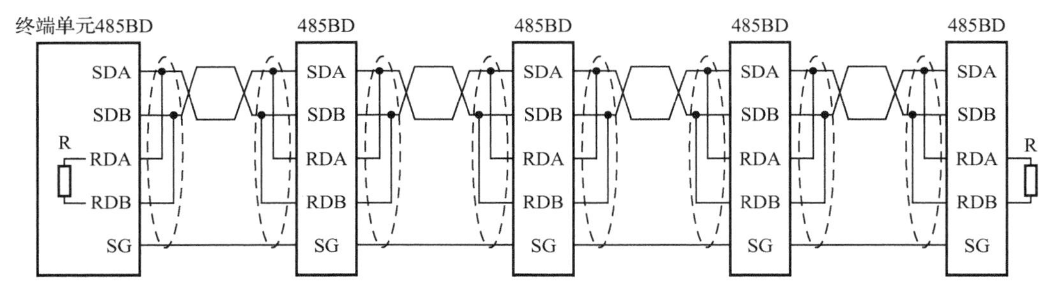

图 4-3　THJDAL-2 型自动线 5 个 PLC 的 N:N 网络连接

进行网络连接时应注意：

（1）在图 4-3 中，R 为终端电阻。在端子 RDA 和 RDB 之间连接终端电阻（110 Ω），将端子 SG 连接到可编程控制器主体的每个端子，而主体用 100 Ω或更小的电阻接地。

（2）屏蔽双绞线的线径应在英制 AWG26～16 范围，否则由于端子可能接触不良，不能确保正常的通信。连线时宜用压接工具把电缆插入端子，如果连接不稳定，则通信会出现错误。

如果网络上各站点 PLC 已完成网络参数的设置，则在完成网络连接后，再接通各 PLC 工作电源，可以看到，各站通信板上的 SD LED 和 RD LED 指示灯两者都出现点亮/熄灭交替的闪烁状态，说明 N:N 网络已经组建成功。

如果 RD LED 指示灯处于点亮/熄灭的闪烁状态，而 SD LED 根本不亮，这时须检查站点编号的设置、传输速率（波特率）和从站的总数目。

3. PLC N:N 通信网络的组建

FX 系列 PLC N:N 通信网络的组建主要是对各站点 PLC 用编程方式设置网络参数实现的。

FX 系列 PLC 规定了与 N:N 网络相关的特殊辅助继电器、存储网络参数和网络状态的特殊数据寄存器。当 PLC 为 FX1N 或 FX2N（C）时，N:N 网络的相关特殊辅助继电器如表 4-3 所示，相关特殊数据寄存器如表 4-4 所示。

表 4-3　特殊辅助继电器

特性	辅助继电器	名　称	描　述	响应类型
通信设定用的位软元件				
R	M8038	N:N 网络参数设置	用来设置 N:N 网络参数	M，L
W/R	M8179	通道的设定	设定要使用的通信口通道（使用 FX 3G，FX 3GC，FX 3U，FX 3UC 时）	
确认通信状态用的位软元件				
R	M8183	主站点的通信错误	当主站点产生通信错误时 ON	L
R	M8184～M8190	从站点的通信错误	当从站点产生通信错误时 ON，但是不能检测出本站（从站）的数据传送是否错误	M，L
R	M8191	数据传送序列	当与其他站点通信时 ON	M，L

注　R：读出专用（在程序中作为触点使用）；W/R：设定/读出使用；M：主站（站号 0）；L：从站（站号 1～7）
M8184～M8190 是从站点的通信错误标志，第 1 从站用 M8184，…第 7 从站用 M8190。

表 4-4　通信设定用的特殊数据寄存器

特性	数据寄存器	名　称	描　述	响应类型
W	D8176	站点号设置	设置它自己的站点号	M，L
W	D8177	从站点总数设置	设置从站点总数	M
W	D8178	刷新范围设置	设置刷新范围模式号	M
W/R	D8179	重试次数设置	设置重试次数	M
W/R	D8180	通信超时设置	设置通信超时	M

在表 4-3 中，特殊辅助继电器 M8038［N:N 网络参数设置继电器（只读）］，用来设置 N:N 网络参数。

对于主站点，用编程方法设置网络参数，就是在程序开始的第 0 步（LD M8038），向特殊数据寄存器 D8176～D8180 写入相应的参数。对于从站点，则更为简单，只需在第 0 步（LD M8038）向 D8176 写入站点号即可。

例如，图 4-4 给出了设置输送站（主站）网络参数的程序。对该程序说明如下：

（1）编程时注意，必须确保把以上程序作为 N:N 网络参数设定程序从第 0 步开始写入，在不属于上述程序的任何指令或设备执行时结束。这个程序段不需要执行，只需把其编入此位置时，它自动变为有效。

（2）特殊数据寄存器 D8178 用作设置刷新范围，刷新范围指的是各站点的链接存储区。对于从站点，此设定不需要。根据网络中信息交换的数据量不同，可选择表 4-2 三种刷新模式。在每种模式下使用的元件，被 N:N 网络所有站点所占用。

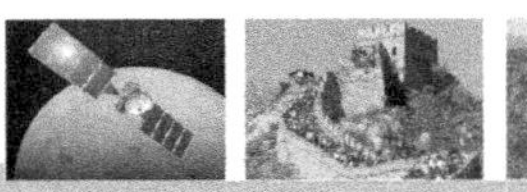

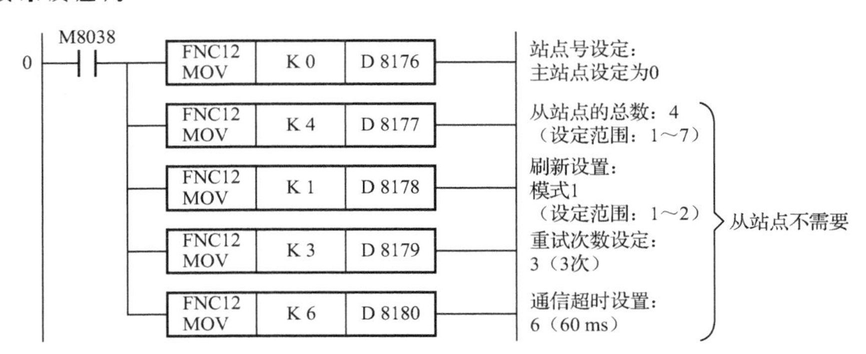

图 4-4　主站点网络参数设置程序

在图 4-4 所示的程序例子里，刷新范围设定为模式 1。这时每一站点占用 32×8 个位软元件、4×8 个字软元件作为链接存储区。在运行中，对于第 0 号站（主站），希望发送到网络的开关量数据应写入位软元件 M1000～M1063 中，而希望发送到网络的数字量数据应写入字软元件 D0～D3 中，……，对其他各站点如此类推。

（3）特殊数据寄存器 D8179 设定重试次数，设定范围为 0～10（默认=3），对于从站点，此设定不需要。如果一个主站点试图以此重试次数（或更高）与从站通信，此站点将发生通信错误。

（4）特殊数据寄存器 D8180 设定通信超时值，设定范围为 5～255（默认=5），此值乘以 10 ms 就是通信超时的持续驻留时间。

（5）对于从站点，网络参数设置只需设定站点号即可，例如供料站（1 号站）的设置，如图 4-5 所示。

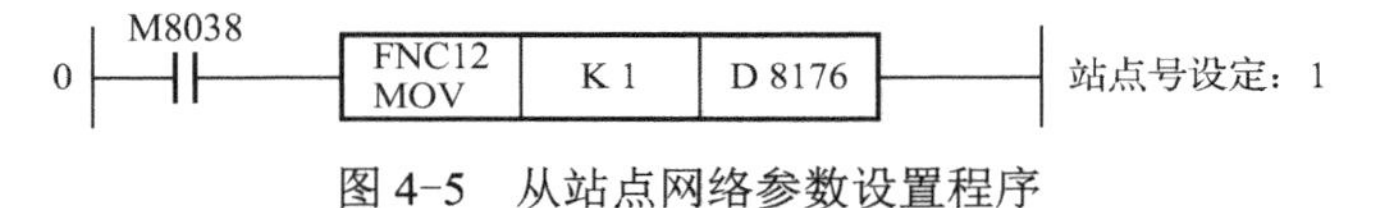

图 4-5　从站点网络参数设置程序

如果按上述过程对主站和各从站编程，完成网络连接后，再接通各 PLC 工作电源，即使在 STOP 状态下，通信也进行。

4.2 PLC 的并联连接及连接软元件

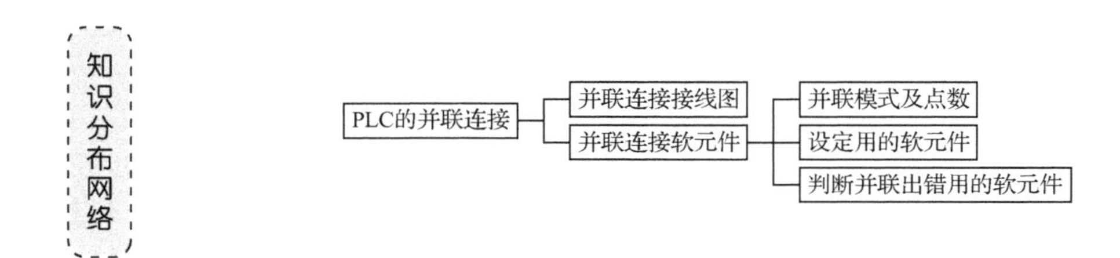

1. 普通并联连接接线

PLC 的普通并联连接功能，就是连接 2 台同一系列的 FX 可编程控制器，且其软元件相互连接的功能。PLC 之间的并联连接接线图，如图 4-6 所示。

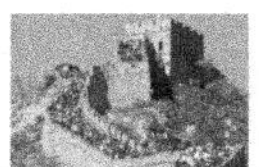

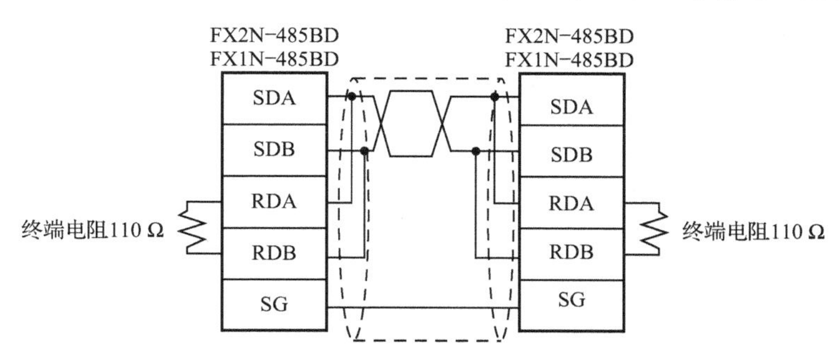

图 4-6　PLC 之间的并联连接接线图

（1）根据要连接的站点数，可以选择普通模式或高速模式。

（2）在最多 2 台 FX 可编程控制器之间自动更新数据链接。

（3）总延长距离最大可达 500 m（仅限于全部由 485ADP 构成的情况，使用 FX 2（FX），FX 2C 可编程控制器以及 485BD 进行连接的除外）。

2. 普通并联模式及连接软元件

普通并联连接模式、连接软元件、通过选件设备中“RD、SD”LED 显示的状态分别如表 4-5、4-6、4-7 和 4-8 所示。

表 4-5　并联连接模式及点数

模式	普通并联连接模式	
	位软元件（M）	字软元件（D）
站号	各站 100 点	各站 10 点
主站	M800～M899	D490～D499
从站	M900～M999	D500～D509

表 4-6　并联连接设定用的软元件

软元件	名　称	内　容
M8070	设定为并联连接主站	置 ON 时，作为主站连接
M8071	设定为并联连接从站	置 ON 时，作为从站连接
M8178	通道的设定	设定要使用的通信口通道（使用 FX3U、FX3UC 时） OFF：通道 1　ON：通道 2
D8070	判断为出错的时间（ms）	设定判断并联连接数据通信出错的时间［初始值：500］

表 4-7　判断并联出错用的软元件

软元件	名　称	内　容
M8072	并联连接运行中	在并联连接运行时置 ON
M8073	主站/从站的设定异常	主站或是从站的设定内容中有错误时置 ON
M8063	连接出错	通信出错时置 ON

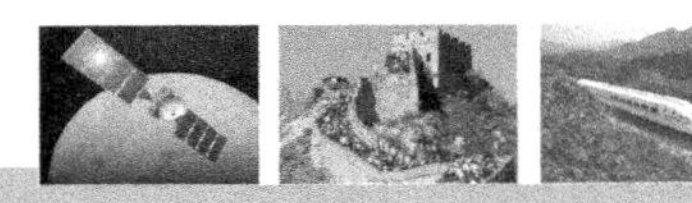

表 4-8　通过选件设备中“RD、SD”LED 显示的状态

LED 显示状态		运行状态
RD	SD	
闪烁	闪烁	正在执行数据的发送接收
闪烁	灯灭	正在执行数据的接收，但是发送不成功
灯灭	闪烁	正在执行数据的发送，但是接收不成功
灯灭	灯灭	数据的发送和接收都没有成功

实训任务 4-1　两台 PLC 之间的 N:N 网络组建

1. 任务要求

（1）两台 PLC，一台为主站，另一台为从站，组建 N:N 网络后，将主站输入 X0～X7 的输入状态，输出到从站的 Y0～Y7 中；

（2）若主站的计算结果小于 100，则从站 Y10 为“1”；

（3）将从站输入 X0～X7 的输入状态，输出到主站的 Y0～Y7 中。

2. 任务分析与准备

1）设备元器件

正确合理地选用元器件，是电路安全可靠工作的保证。根据安全可靠的原则，以及国家相关的技术文件，选择设备元器件见表 4-9。

表 4-9　设备元器件清单

序号	名　称	型　号	数量	备　注
1	实训装置	XK-PLC6 型工学结合 PLC 实训台	1	
2	可编程控制器实训装置	FX2N-48MT	2	
3	通信板卡	FX2N-485BD	2	
4	三菱 FX 下载线	SC-09 通信电缆	1	
5	导线	香蕉插头线	若干	强电、弱电
6	屏蔽线			

2）网络结构图

自己画出 N:N 网络硬件接线图，并按图进行连接。

3）程序设计并调试

分别设计主站和从站 PLC 程序，下载至对应的 PLC 中，并将模式选择开关拨至 RUN 状态；分别将主站及从站的输入点置位为 1，观察另外站点的输出点的状态；尝试编译新的控制程序，实现不同于示例程序的控制效果。该任务的参考程序如下。

相关参数设置程序编译

主站 RS-485 网络通信参数设置

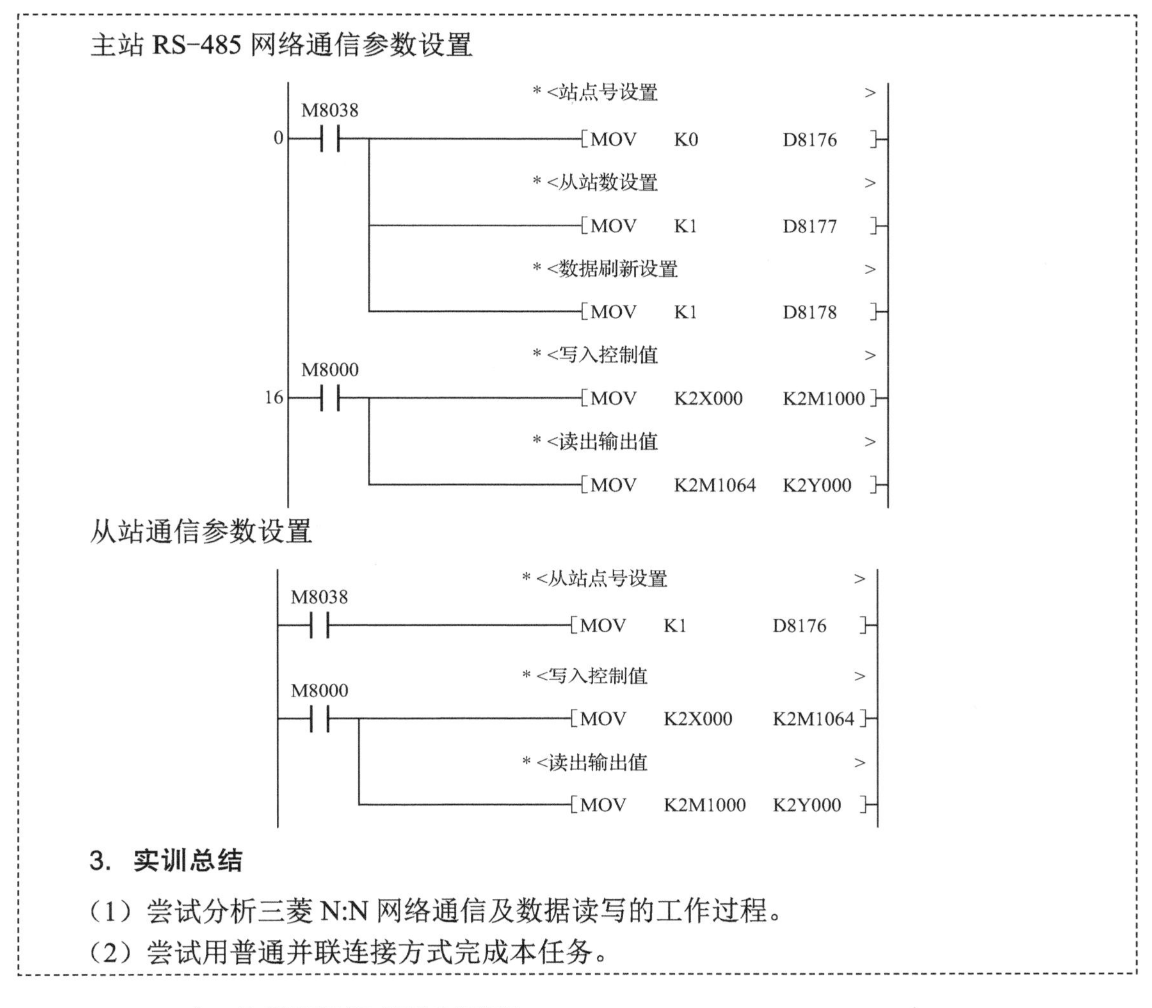

从站通信参数设置

3. 实训总结

（1）尝试分析三菱 N:N 网络通信及数据读写的工作过程。

（2）尝试用普通并联连接方式完成本任务。

4.3 PLC 与变频器之间的通信

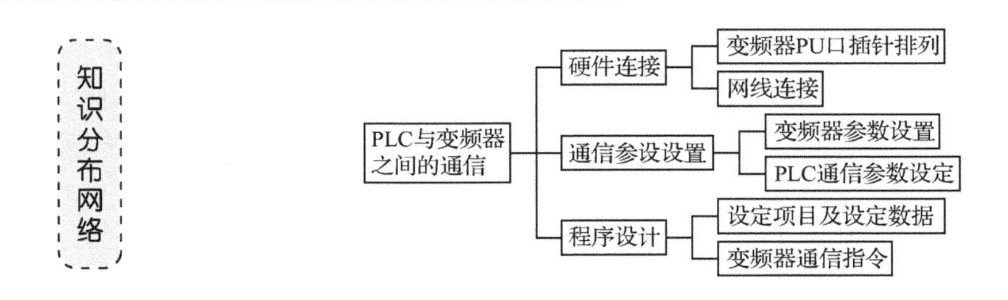

4.3.1 PLC 与变频器的通信连接

在现代工业控制系统中，PLC 和变频器的综合应用最为普遍。比较传统的应用一般是使用 PLC 的输出接点驱动控制变频器的启动、停止或者多段速运行；更为精确的系统一般采用 PLC 加 D/A 扩展模块连续控制变频器的运行或者多台变频器之间的同步运行。但是对于大规模自动化生产线，一方面变频器的数目较多，另一方电动机分布的距离不一致。采

用 D/A 扩展模块做同步运动控制容易受到模拟量信号的波动和因距离不一致而造的模拟量信号衰减不一致的影响，使整个系统的工作稳定性和可靠性降低。而使用 RS-485 通信控制，仅通过一条通信电缆连接，就可以完成变频器的启动、停止、频率设定；并且很容易实现多电动机之间的同步运行。该种系统的成本低、信号传输距离远、抗干扰性强。

1. 变频器 PU 口插针排列

通过 RS-485，FX2N、FX2NC 最多可以与 8 台三菱的 S500/E500/A500 系列变频器进行通信。FX3U、FX3UC 和 FX3G 最多可以与 8 台 S500/E500/A500/F500/V500/D700/E700/A700/F700 变频器通信。通信采用变频器计算机连接协议。

变频器使用内置的 RS-485 通信端口，FX2N 可选用 RS-485 通信功能扩展板（FX2N-485BD），最大通信距离为 50 m。或选用通信适配器加上连接特殊适配器用的板卡，最大通信距离为 500 m。此外还需要配置功能扩展用的存储器盒。波特率为 4 800～19 200 bit/s，FX3G 可达 38 400 bit/s。

现用 FX3U 系列 PLC 与 E700 或 D700 系列变频器来加以阐述。为了实现 RS-485 通信，需要在 PLC 侧加进特殊适配器或者功能扩展板；在变频器侧，可以利用 PU 接口（PU 接口就是一个 RJ45 接口）或者选件 FR-A5NR。本书中选用功能扩展板 FX3U-485BD 和 PU 接口。三菱 E700 系列变频器 PU 口的插针排列，如图 4-7 所示。

变频器本体
（插座侧）
从正面看
①～⑧

插针编号	名称	内　容
①	SG	接地（与端子 5 导通）
②	—	参数单元电源
③	RDA	变频器接收+
④	SDB	变频器发送-
⑤	SDA	变频器发送+
⑥	RDB	变频器接收-
⑦	SG	接地（与端子 5 导通）
⑧	—	参数单元电源

注意：②、⑧号插针为操作面板或参数单元用电源。进行 RS-485 通信时请不要使用。

图 4-7　变频器 PU 口的插针排列

在 FR-E700 系列、E500 系列、S500 系列变频器混合存在的情况下进行 RS-485 通信时，如果错误地连接了上述 PU 接口的②、⑧号插针（参数单元电源），可能会导致变频器无法动作或损坏。

2. PLC 与变频器之间通过网线连接

PLC 与变频器两者之间通过网线连接（网线的 RJ45 插头和变频器的 PU 口插座连接），使用两对导线连接，即将变频器的 SDA 与 PLC 通信板（FX3U-485BD）的 RDA 连接，变频器的 SDB 与 PLC 通信板（FX3U-485BD）的 RDB 连接，变频器的 RDA 与 PLC 通信板（FX3U-485BD）的 SDA 连接，变频器的 RDB 与 PLC 通信板（FX3U-485BD）的 SDB 连接，变频器的 SG 与 PLC 通信板（FX2N-485BD）的 SG 连接。

4.3.2　变频器的参数设定

在连接到 PLC 前，用变频器的 PU 口（参数设定单元）事先设定与通信有关的参数，PLC 连接到 D700 的 PU 端口或 E700 系列变频器的 PU 端口时，需要设置变频器对应的参数：Pr.79，Pr.117～Pr.124，Pr.340，Pr.549。

这些参数说明见表 4-10 通信设定的内容（必须项目）、表 4-11 试运行时以及运行时需要调整数值的参数。

表 4-10　通信设定的内容（必须项目）

参数编号	参数项目	设定值	设定内容
Pr.117	PU 通信站号	00～31	最多可以连接 8 台
Pr.118	PU 通信速度（波特率）	48	4 800 bps
		96	9 600 bps
		192	1 9200 bps（标准）
		384	3 8400 bps
Pr.119	PU 通信停止位长度	10	数据长度：7 位/停止位：1 位
Pr.120	PU 通信奇偶校验	2	2：偶校验
Pr.123	设定 PU 通信的等待时间	9 999	在通信数据中设定
Pr.124	选择 PU 通信 CR、LF	1	CR：有；LF：无
Pr.79	选择运行模式	0	上电时外部运行模式
Pr.549	选择协议	0	三菱变频器（计算机连接）协议
Pr.340	选择通信启动模式	1 或 10	1：网络运行模式 10：网络运行模式 PU 运行模式和网络运行模式 可以通过操作面板进行更改

表 4-11　试运行时以及运行时需要调整数值的参数

	参 数 项 目	设　定　值	设 定 内 容
Pr.121	PU 通信重试次数	9 999	设定内容调整时为左记的数值，运行时请设定为「1～10」的数值。
Pr.122	PU 通信检查时间间隔	9 999	设定内容调整时为左记的数据，运行时请根据系统规格进行设定。

每次参数初始化设定完以后，需要复位变频器（可以采用断电再上电复位的方式进行）。如果在人为改变了变频器的通信相关参数以后没有进行变频器复位，此时 PLC 与变频器之间的通信将不能正常进行。

4.3.4　PLC 的通信参数设定

为确保三菱 PLC 与三菱变频器之间 RS-485 通信的顺利可靠，在了解相关数据通信协议后，还必须正确设置通信相关的参数，保证通信双方的一致性，即采用一致的波特率、

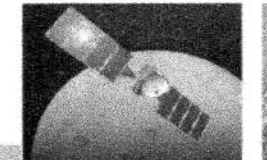

数据位、停止位和奇偶校验位等。数据的传送格式由特殊数据寄存器 D8120 设定。D8120 每一位的定义详见 FX 系列微型可编程控制器用户手册（通信篇）。

1. PLC 通信参数设置软件

这些参数可以通过 GX Developer 软件设定，如图 4-8 所示。

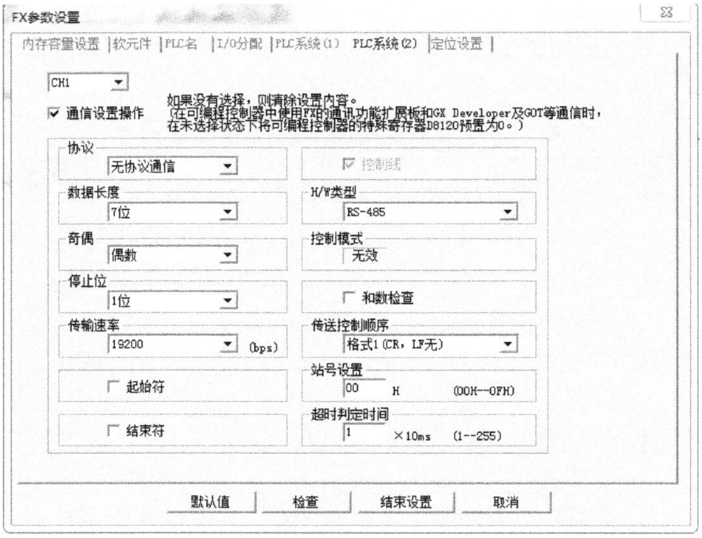

FX参数设置
内存容量设置 | 软元件 | PLC名 | I/O分配 | PLC系统(1) | PLC系统(2) | 定位设置
CH1
☑ 通信设置操作
如果没有选择，则清除设置内容。
（在可编程控制器中使用FX的通讯功能扩展板和GX Developer及GOT等通信时，在未选择状态下将可编程控制器的特殊寄存器D8120预置为0。）
协议：无协议通信
☑ 控制线
数据长度：7位
H/W类型：RS-485
奇偶：偶数
控制模式：无效
停止位：1位
☐ 和数检查
传输速率：19200 (bps)
传送控制顺序：格式1 (CR, LF无)
☐ 起始符
站号设置：00 H (00H--0FH)
☐ 结束符
超时判定时间：1 ×10ms (1--255)
默认值 | 检查 | 结束设置 | 取消

图 4-8　PLC 通信参数设置

需要指出的是，为了使用串行数据的发送和接收，PLC 中设定的通信规格必须和变频器中设定的通信规格一致。完成修改 D8120 的设定后，最好关掉 PLC 的电源，然后重新打开，以使设定的数据生效。

2. 设定项目及设定数据

设定项目以及设定数据见表 4-12。

表 4-12　设定项目及设定数据

运行指令（扩展）	写入	HF9	正转信号（STF）以及反转信号（STR）等的控制输入指令	4 位（A，C/D）
运行指令	写入	HFA		2 位（A′，C/D）
设定频率（RAM）	写入	HED	设定频率/将转速写入到 RAM 或 EEPROM： H0000～H9C40（0～400.00 Hz）：频率单位 0.01 Hz。 转速单位 0.001（Pr.37=0.01～9 998 时）： 将 Pr.37 设定为“0.01～9998”，并将命令代码 HFF 设定为“01”时，数据格式为 A。 ● 需要连续变更设定频率时，写入到参数的 RAM 中（命令代码：HED）。	4 位、6 位（A，A″，C/D）
设定频率（RAM，EEPROM）		HEE		

4.3.5　变频器通信指令的种类

PLC 与变频器使用下面的应用指令进行通信。

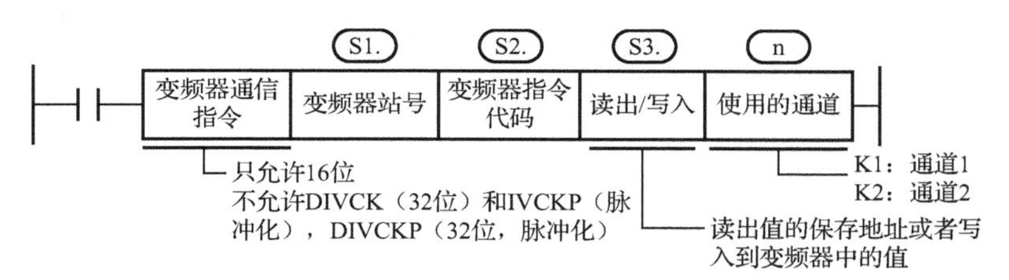

指　令	功　能	控 制 方 向	详细说明
IVCK（FNC270）	变频器的运行监视	可编程控制器←INV	9.4
IVDR（FNC271）	变频器的运行控制	可编程控制器→INV	9.5
IVRD（FNC272）	读出变频器的参数	可编程控制器←INV	9.6
IVWR（FNC273）	写入变频器的参数	可编程控制器→INV	9.7
IVBWR（FNC274）*1	变频器参数的成批写入	可编程控制器→INV	9.8
IVMC（FNC275）	变频器的多个命令	可编程控制器→INV	9.9

*1. 仅 FX3U、FX3UC 可编程控制器支持该功能。

1. 运行指令

项　目	命令代码	位长	内　容	例
运行指令	HFA	8 bit	b0：AU（电流输入选择）*3 b1：正转指令 b2：反转指令 b3：RL（低速指令）*1、*3 b4：RM（中速指令）*1、*3 b5：RH（高速指令）*1、*3 b6：RT（第 2 功能选择）*3 b7：MRS（输出停止）*1、*3	[例1]　H02…正转 b7 … b0 0 0 0 0 0 0 1 0 [例2]　H00…停止 b7 … b0 0 0 0 0 0 0 0 0

2. 监视指令

项　目	读取/写入	命令代码	数 据 内 容	数据位数（格式）
运行模式	读取	H7B	H0000：网络运行 H0001：外部运行 H0002：PU 运行	4 位 （B，E/D）
	写入	HFB		4 位 （A，C/D）
输出频率/转速	读取	H6F	H0000～HFFFF：输出频率，单位为 0.01 Hz； 转速，单位为 0.001（Pr.37=0.01～9 998 时） 将 Pr.37 设定为"0.01～9 998"，并将命令代码 HFF 设定为"01"时，数据格式为 E。 设定 Pr.52="100"时，停止中与运行中的监视值不同（参考该产品资料手册的第 137 页）	4 位、6 位 （B，E，E″/D）
输出电流	读取	H70	H0000～HFFFF：输出电流（16 进制） 单位为 0.01 A	4 位 （B，E/D）
输出电压	读取	H71	H0000～HFFFF：输出电压（16 进制）单位为 0.1 V	4 位 （B，E/D）

实例 4-1 1#变频器以 30 Hz 反转，读取电流值、频率和电压值分别放在 D10、D12、D20 中。

```
通信错误时，m8152置ON
当连接多个变频器时，只要有一个变频器通信错误时，m8152也会置ON
       M8152
   0 ──┤ ├──────────────────────────────────────────(Y016    )─
1#变频器反转启动   频率30 Hz
       M8000
  21 ──┤ ├──┬──────────────────[IVDR   K1    H0FA   H4     K1   ]─
            └──────────────────[IVDR   K1    H0ED   K5000  K1   ]─
读取1#变频器的电流值放到D10   频率放在D12   电压放在D20里面
       M8000
  59 ──┤ ├──┬──────────────────[IVCK   K1    H70    D10    K1   ]─
            ├──────────────────[IVCK   K1    H6F    D12    K1   ]─
            └──────────────────[IVCK   K1    H71    D20    K1   ]─
```

实例 4-2 通信正常时 M8152 为 OFF，PLC Y16 灯不亮。当通信错误时 M8152 为 ON，PLC Y16 灯亮。M0 接通时 0#变频器正转 M1 接通时 0#变频器反转

```
通信错误时，m8152置ON
当连接多个变频器时，只要有一个变频器通信错误时，m8152也会置ON
       M8152
   0 ──┤ ├──────────────────────────────────────────(Y016    )─
       M0
     ──┤ ├─────────────────────[IVDR   K0    H0FA   H2     K1   ]─
       M1
     ──┤ ├─────────────────────[IVDR   K0    H0FA   H4     K1   ]─
       M8000
     ──┤ ├──┬──────────────────[IVDR   K0    H0ED   D2     K1   ]─
            └────────────────────────[MUL    K30    K100   D2   ]─
       M8000
     ──┤ ├──┬──────────────────[IVCK   K0    H71    D120   K1   ]─
            └──────────────────[IVCK   K0    H6F    D110   K1   ]─
```

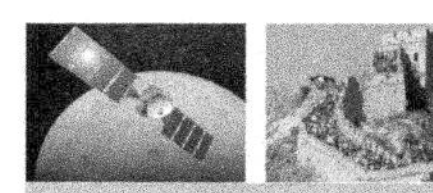

实训任务 4-2 PLC 与变频器之间的通信

1. 任务要求

通过 FX3U 系列 PLC 与 D700 系列变频器进行 RS-485 通信，要求如下：

要求 X0 为 ON 时变频器停机，X1 和 X2 为 ON 时变频器分别正转和反转。用 D10 来设置变频器的频率，并且通过 D20 和 D30 读取变频器的输出频率和输出电压，变频器的站号为 0。

2. 任务分析与准备

任务要求完成变频器控制电动机有级调速任务，首先明确该系统主要由主令开关、变频器和交流电动机构成，其系统框图如图 4-9 所示。

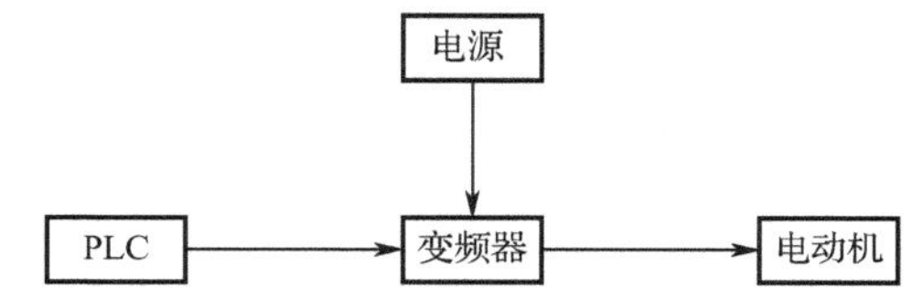

图 4-9 PLC 通过 RS-485 通信方式控制变频器

可以在 XK-PLC6 型工学结合 PLC 实训台上完成电动机调速任务，也可以在其他相关设备上完成。所需元器件见表 4-13。

表 4-13 设备元器件清单

序号	名　称	型　号	数量	备　注
1	实训装置	XK-PLC6 型工学结合 PLC 实训台	1	
2	变频器	FR-D720S-0.4K-CHT	1	单相 220 V 输入电流
3	轴流风机	150FZY4-D	1	任选其中一个
4	三相异步电动机	YS7124-380 V/660V　Y 型接法	1	
5	导线	香蕉插头线	若干	强电、弱电
6	PLC	FX3U	1	
7	FX 下载线	SC-09	1	

3. 任务实施

1）设计变频器与电动机的连接电路原理图

由任务要求和图 1-5 所示的 FR-D700 系列变频器主电路的通用接线可知，需要单相 220 V 输入电源接到变频器的 L1、N 端子，电动机接入变频器的输出端 U、V、W。其他全部由通信方式给定信号，电路原理图请参考图 1-9 变频器与电动机的连接示意图。

2）电路连接注意事项

在接线之前，必须首先关闭电源，不得带电进行操作！

按照变频器外部接线图完成变频器的接线，认真检查，确保正确无误。

进行主电路接线时，应确保输入、输出端不能接错，否则会损坏变频器。

3）变频器的参数设置

在通电之前，要仔细检查电路连接的正确性，防止出现短路故障。经指导老师检查无误后，方可接通交流电源。待变频器显示正常后，给变频器设置参数，根据任务要求，具体设置参数并填写表 4-14 变频器通信参数设置中参数的设定值。

表 4-14　变频器通信参数设置

序号	变频器参数	出厂值	设定值	参 数 功 能
1	Pr.117	0		通信站号
2	Pr.118	192		通信速率
3	Pr.119	1		通信停止位长
4	Pr.120	2		通信奇偶校验的选择
5	Pr.121	1		通信再试次数
6	Pr.122	0		通信校验时间间隔
7	Pr.123	0		通信等待时间设定
8	Pr.124	1		通信有无 CR/LR 选择
9	Pr.340	0		通信启动模式的选择
10	Pr.549	0		通信协议的选择
11	Pr.338	0		通信运行指令权
12	Pr.339	0		通信频率指令权
13	Pr.79	0		运行模式选择

注　设置参数前先将变频器参数复位为工厂的默认设定值；参数设定完以后，需要复位变频器。

4. 实训总结

（1）通过通信方式如何在 PLC 程序中设定变频器的运行频率？

（2）通过通信方式如何在 PLC 程序中读取变频器的输出电压？

（3）详情请参考 FX 系列微型可编程控制器用户手册（通信篇）和三菱变频器用户手册、变频器通信功能。

知识梳理与总结

（1）N:N 网络功能，就是在最多 8 台 FX 可编程控制器之间，通过 RS-485 通信连接，进行软元件相互连接的功能。根据要连接的点数，有 3 种模式可以选择，数据的链接是在最多 8 台 FX 可编程控制器之间自动更新，总延长距离最大可达 500 m。

（2）并联连接功能，就是连接 2 台同一系列的 FX 可编程控制器，且其软元件相互连接的功能。

（3）PLC 与变频器之间可以通过通信方式控制变频器运行，监控变频器的运行状态。

（4）随着计算机信息网络技术的飞速发展，以 PLC 为核心的工业控制系统也向着大规模、网络化方向发展。各 PLC 生产企业都开发有自己的网络产品，并不断增强其网络的连

接能力。三菱 CC-Link 开放式现场总线就是其中的一种。由 FX2N 系列 PLC 作为主站构成的 CC-Link 网络系统，可以连接适用于 CC-Link 的产品和合作厂商的工控设备，可按用户控制要求选择合适的设备构建高速的现场总线网络，系统由于实现了网络，节省配线和空间，在提高布线工作效率的同时，还减少了安装费用和维护费用，特别适用于中小型工厂建立集散型控制系统。

思考与练习 4

1．FX 系列 PLC 进行 N:N 通信，根据数据链接的点数，有几种模式可供选择？每种模式下，位元件的连接个数和字元件的连接个数分别为多少？N:N 网络设定用的软元件中，M8038、D8176、D877、D8178 分别起什么作用？

2．N:N 通信参数设置时，用于网络参数设置的程序应该放在 PLC 程序的什么位置，才能在 PLC 运行时自动变为有效？在主站程序必须设置哪些网络参数？而在从站程序中必须设置哪些网络参数？

3．PLC 与变频器进行 RS-485 通信时，进行参数初始化，需要复位变频器吗？如果不复位变频器通信能正常进行吗？

4．PLC 与变频器进行 RS-485 通信时，变频器需要设置哪些参数？PLC 程序中需要设置哪些网络参数？

5．并联连接，根据要连接的站点数，可以选择哪几种种模式？需要设置哪些网络参数？

单元 5

自动生产线控制

教学导航

知识目标	1. 熟悉气动元件的结构和应用、基本气动回路的工作过程; 2. 掌握传感器等电气元件的结构、特性、应用; 3. 掌握步进电动机、伺服电动机定位控制和变频器参数设置方法; 4. 熟悉中小型 PLC 的编程语言和编程软件的应用; 5. 掌握中小型 PLC 控制系统的设计方法; 6. 掌握自动生产线控制系统 PLC 的网络组建; 7. 掌握工程项目报告的书写形式
能力目标	1. 能根据生产线设备控制要求调整传感器等检测元件的位置; 2. 能阅读基本气动、阅读和设计电气回路，并能进行布线和调试; 3. 能根据网络控制要求，连接 PLC 网络，正确地设置 PLC 网络参数并进行现场调试; 4. 能根据控制要求正确设置步进电动机驱动器、伺服驱动器和变频器参数; 5. 能根据控制要求，进行 I/O 地址分配，编写 PLC 控制程序并能在现场进行调试; 6. 能熟练地使用触摸屏软件和组态软件，编写触摸屏组态画面，实现相应的监控功能; 7. 具有资料整理和文件归档的能力; 8. 达到可编程序控制系统设计师职业资格的水平
素质目标	1. 团队协作能力; 2. 组织沟通能力; 3. 严谨认真的学习工作作风
重难点	1. 步进驱动器、伺服驱动器和变频器参数设置; 2. PLC 程序设计并调试; 3. 5 台 PLC 之间的 N:N 网络通信; 4. 自动生产线整机运行
单元任务	1. 供料站的 PLC 控制; 2. 加工单元单轴的定位控制; 3. 加工单元两轴的定位控制; 4. 装配单元三工位旋转工作台的伺服定位控制; 5. 装配单元 PLC 控制系统设计; 6. PLC、触摸屏和变频器综合控制实现分拣功能; 7. 输送单元的 PLC 控制与编程; 8. THJDAL-2 自动生产线的整体控制
推荐教学方法	动画教学、任务驱动教学、翻转课堂

5.1 自动生产线的组成与控制

5.1.1 自动生产线的基本组成

下面以天煌 THJDAL-2 型自动生产线为例来介绍，自动生产线的实训考核装备由安装在铝合金导轨式实训台上的供料单元、加工单元、装配单元、输送单元和分拣单元 5 个单元组成，其外观如图 5-1 所示。

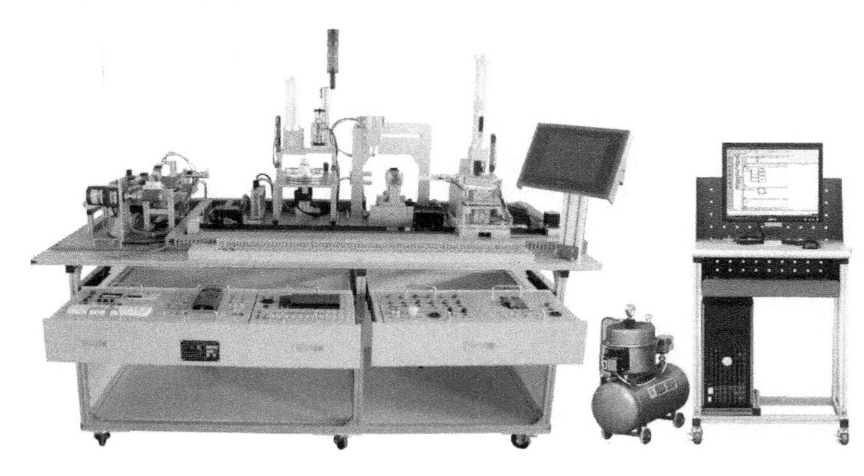

图 5-1 THJDAL-2 外观

其中，每一工作单元都可自成一个独立的系统，同时也都是一个机电一体化的系统。各个单元的执行机构基本上以气动执行机构为主，但其中加工单元的龙门式二维装置运动采用步进电动机驱动、定位，装配单元的三工位旋转工作台则采用伺服电动机及驱动器驱动，根据 PLC 发出的脉冲数量实现三工位旋转工作台精确定位。输送单元的机械手装置整体运动则采取步进电动机驱动、精密定位的位置控制，该驱动系统具有长行程、多定位点的特点，是一个典型的一维位置控制系统。分拣单元的传送带驱动则采用了通用变频器驱动三相异步电动机的交流传动装置。PLC 对步进电动机及驱动器的控制、对伺服电动机及驱动器的控制和变频器技术是现代工业企业应用最为广泛的电气控制技术。

在 THJDAL-2 设备上应用了多种类型的传感器，分别用于判断物体的运动位置、物体通过的状态、物体的颜色及材质等。传感器技术是机电一体化技术中的关键技术之一，是现代工业实现高度自动化的前提之一。

在控制方面，THJDAL-2 采用了基于 RS-485 串行通信的 PLC 网络控制方案，即每一工作单元由一台 PLC 承担其控制任务，各 PLC 之间通过 RS-485 串行通信实现互连的分布式控制方式。用户可根据需要选择不同厂家的 PLC 及其所支持的 RS-485 通信模式，组建成一个小型的 PLC 网络。小型 PLC 网络以其结构简单、价格低廉的特点，在小型自动生产线上仍然有着广泛的应用，在现代工业网络通信中仍占有相当高的比例。另一方面，掌握基于 RS-485 串行通信的 PLC 网络技术，将为进一步学习现场总线技术、工业以太网技术等打下良好的基础。

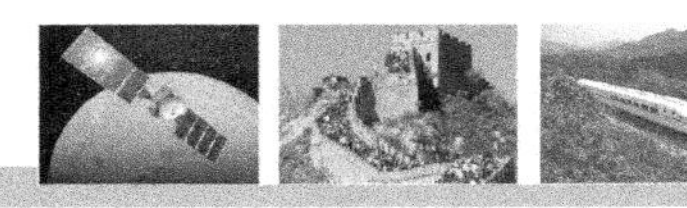

5.1.2 自动生产线的基本功能

THJDAL-2 自动生产线的各工作单元的基本功能如下。

1. 供料单元的基本功能

供料单元是 THJDAL-2 中的起始单元，在整个系统中，起着向系统中的其他单元提供原料的作用。具体的功能是按照需要将放置在料仓中的待加工工件（原料）自动地推出到物料台上，以便输送单元的机械手将其抓取，输送到其他单元上。

2. 加工单元的基本功能

该站主要完成对工件的模拟钻孔、切屑加工过程。加工单元物料台的物料检测传感器检测到工件（工件由输送单元的抓取机械手装置送来）后，机械手指夹紧工件，二维运动装置开始动作，主轴下降并启动电动机，模拟切削加工。切削加工完成后，主轴电动机提升并停止，二维运动装置回零点，向系统发出加工完成信号，待输送单元的抓取机械手装置取出。

3. 装配单元的基本功能

完成将该单元料仓内的黑色或白色小圆柱工件，嵌入到已加工的工件中的装配过程。

4. 分拣单元的基本功能

完成将上一单元送来的已加工、装配的工件进行分拣，使不同颜色的工件从不同的料槽分流的功能。

5. 输送单元的基本功能

该单元通过直线运动传动机构驱动抓取机械手装置，到指定单元的物料台上精确定位，并在该物料台上抓取工件，把抓取到的工件输送到指定地点然后放下，实现传送工件的功能。

直线运动传动机构的驱动器可采用伺服电动机或步进电动机，视实训目的而定。本 THJDAL-2 的配置为步进电动机。

5.1.3 自动生产线的控制系统

THJDAL-2 自动生产线的每一工作单元都可自成一个独立的系统，同时也可以通过网络互连构成一个分布式的控制系统。

1. 工作单元为独立系统

为了节约硬件配置，当工作单元自成一个独立的系统时，其设备运行的主令信号以及运行过程中的状态显示信号，来源于人机界面。

人机界面的组态画面包括：

（1）指示灯：黄色（HL1）、绿色（HL2）、红色（HL3）各一只；

（2）主令器件：绿色常开按钮 SB1 一只；
红色常开按钮 SB2 一只；
急停按钮 QS（一个常闭触点）。

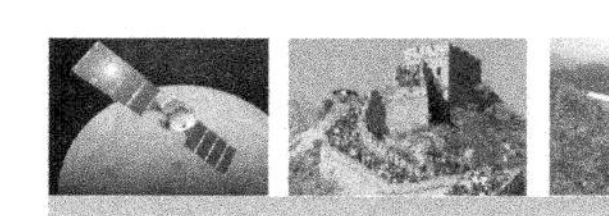

2. 工作单元互连成分布式控制系统

当各工作单元通过网络互连构成一个分布式的控制系统时，对于采用三菱 FX 系列 PLC 的设备，THJDAL-2 的标准配置是采用了基于 RS-485 串行通信的 N:N 通信方式。设备出厂后的控制方案如图 5-2 所示。

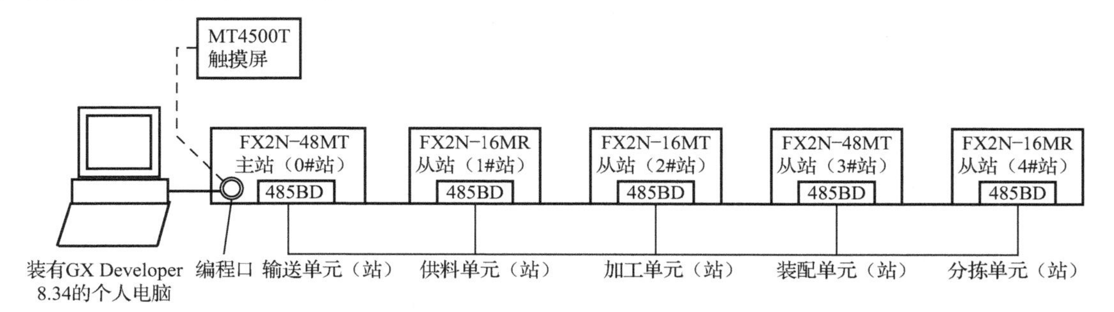

图 5-2　THJDAL-2 的通信网络

各工作站 PLC 的配置如下：

（1）输送单元：FX2N-48MT 主单元，共 24 路数字量输入，24 路晶体管输出。

（2）供料单元：FX2N-16MR 主单元，共 8 路数字量输入，8 路继电器输出。

（3）加工单元：FX2N-16MT 主单元，共 8 路数字量输入，8 路晶体管输出。

（4）装配单元：FX2N-48MT 主单元，共 24 路数字量输入，24 路晶体管输出。

（5）分拣单元：FX2N-16MR 主单元，共 8 路数字量输入，8 路继电器输出。

3. 人机界面

系统运行的主令信号（复位、启动、停止等）通过触模屏人机界面给出。同时，人机界面上也显示系统运行的各种状态信息。

人机界面是在操作人员和机器设备之间做双向沟通的桥梁。使用人机界面能够明确指示并告知操作员机器设备目前的状况，使操作变得简单生动，并且可以减少操作上的失误，即使是新手也可以很轻松地操作整个机器设备。使用人机界面还可以使机器的配线标准化、简单化，同时也能减少 PLC 控制器所需的 I/O 点数，降低生产的成本，同时由于面板控制的小型化及高性能，相对提高了整套设备的附加价值。

5.1.4　自动生产线的气源处理装置

THJDAL-2 自动生产线的气源处理组件及其回路原理图，如图 5-3 所示。气源处理组件是气动控制系统中的基本组成器件，它的作用是除去压缩空气中所含的杂质及凝结水，调节并保持恒定的工作压力。在使用时，应注意经常检查过滤器中凝结水的水位，在超过最高标线以前，必须排放，以免被重新吸入。气源处理组件的气路入口处安装一个快速气路开关，用于启/闭气源，当把气路开关向左拔出时，气路接通气源，反之把气路开关向右推入时气路关闭。

气源处理组件输入气源来自空气压缩机，所提供的压力为 0.6～1.0 MPa，输出压力为 0～0.8 MPa。输出的压缩空气通过快速三通接头和气管输送到各工作单元。

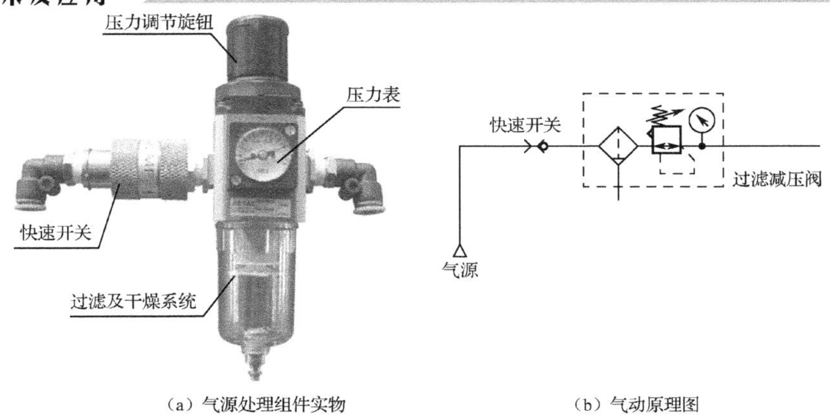

（a）气源处理组件实物　　　（b）气动原理图

图 5-3　气源处理组件

5.2　供料站控制系统

5.2.1　供料站的结构及工作过程

1. 供料站的结构及功能

供料站由管形工件库、推料气缸、物料台、光电传感器、磁性传感器、电磁阀、支架、机械零部件构成。其中机械部分组成如图 5-4 所示。

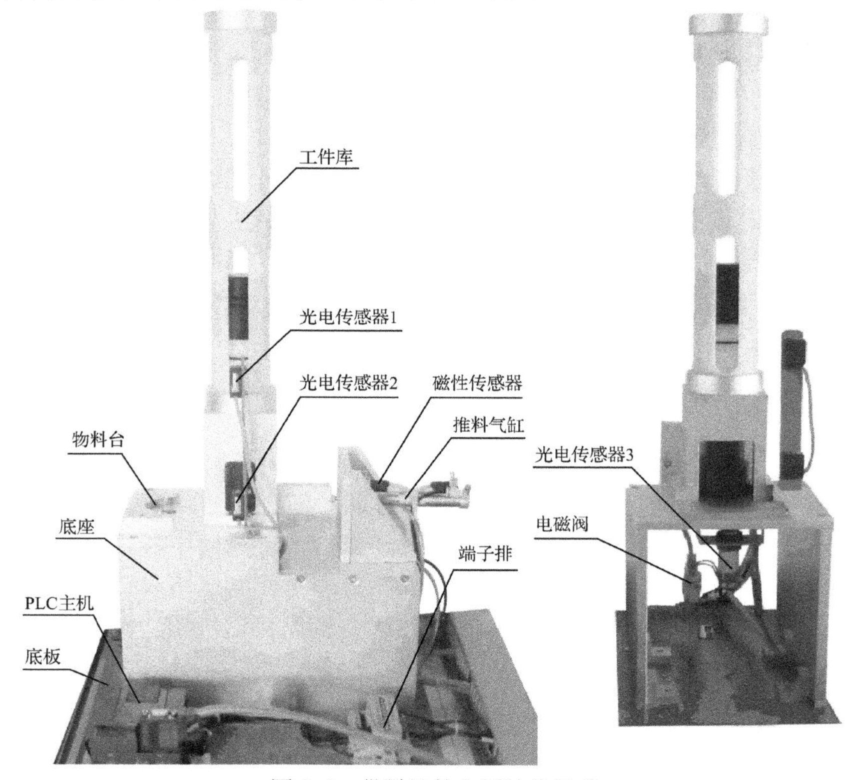

图 5-4　供料站的主要结构组成

供料站主要完成将放置在工件库中的待加工工件推出到物料台上，以便输送单元的机械手将其抓取，输送到其他站。其中，管形工件库和工件推出装置用于储存工件原料，并在需要时将料仓中最下层的工件推出到出料台上。它主要由管形料仓、推料气缸、磁性传感器、漫射式光电传感器组成。

2. 工作过程

该部分的工作原理是工件垂直叠放在工件库中，推料气缸处于工件库的底层并且其活塞杆可从工件库的底部通过。当活塞杆在退回位置时，最下层工件处于同一水平位置，在需要将工件推出到物料台上时，使推料气缸活塞杆推出，从而把最下层工件推到物料台上。在推料气缸返回并从工件库底部抽出后，这时，料仓中的工件在重力的作用下，就自动向下移动一个工件，为下一次推出工件做好准备。

在底座和管形工件库第 3 层工件位置，分别安装一个漫射式光电开关。它们的功能是检测料仓中有无储料或储料是否足够。若该部分机构内没有工件，则处于底层和第 3 层位置的两个漫射式光电接近开关均处于常态；若仅在底层起有 3 个工件，则底层处光电接近开关动作而第 3 层处光电接近开关为常态，表明工件已经快用完了。这时，料仓中有无储料或储料是否足够，就可用这两个光电接近开关的信号状态反映出来。

推料缸把工件推出到出料台上。出料台面开有小孔，出料台下面设有一个圆柱形漫射式光电接近开关，工作时向上发出光线，从而透过小孔检测是否有工件存在，以便向系统提供本单元出料台有无工件的信号。在输送单元的控制程序中，就可以利用该信号状态来判断是否需要驱动机械手装置来抓取此工件。

5.2.2　供料单元的气动元件

THJDAL-2 所有工作单元的执行气缸都是双作用气缸，因此控制它们工作的电磁阀需要有二个工作口和二个排气口以及一个供气口，故使用的电磁阀均为二位五通电磁阀。

1. 标准双作用直线气缸

标准气缸是指气缸的功能和规格是普遍使用的、结构容易制造的、制造厂通常作为通用产品供应市场的气缸。

双作用气缸是指活塞的往复运动均由压缩空气来推动。图 5-5 是标准双作用直线气缸的半剖面图。图 5-5 中，气缸的两个端盖上都设有进排气通口，从无杆侧端盖气口进气时，推动活塞向前运动；反之，从杆侧端盖气口进气时，推动活塞向后运动。

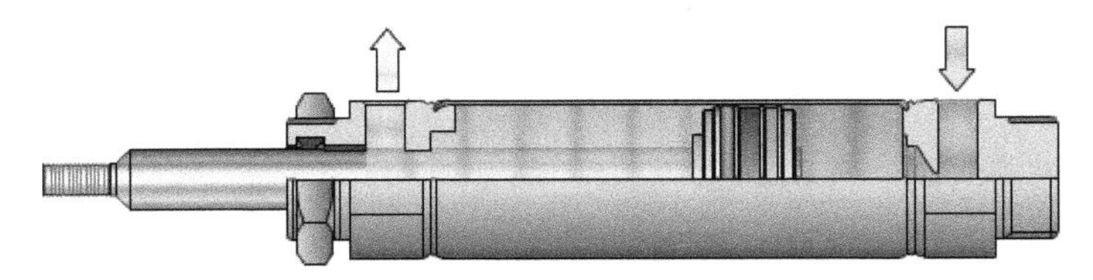

图 5-5　双作用气缸工作示意图

双作用气缸具有结构简单，输出力稳定，行程可根据需要选择的优点，但由于是利用压缩空气交替作用于活塞上实现伸缩运动的，回缩时压缩空气的有效作用面积较小，所以产生的力要小于伸出时产生的推力。

为了使气缸的动作平稳可靠，应对气缸的运动速度加以控制，常用的方法是使用单向节流阀来实现。

单向节流阀是由单向阀和节流阀并联而成的流量控制阀，常用于控制气缸的运动速度，所以也称为速度控制阀。

图 5-6 给出了在双作用气缸上安装两个单向节流阀的连接示意图，这种连接方式称为排气节流方式。即当压缩空气从 A 端进气、从 B 端排气时，单向节流阀 A 的单向阀开启，向气缸无杆腔快速充气；由于单向节流阀 B 的单向阀关闭，有杆腔的气体只能经节流阀排气，调节节流阀 B 的开度，便可改变气缸伸出时的运动速度。反之，调节节流阀 A 的开度则可改变气缸缩回时的运动速度。这种控制方式，活塞运行稳定，是最常用的方式。

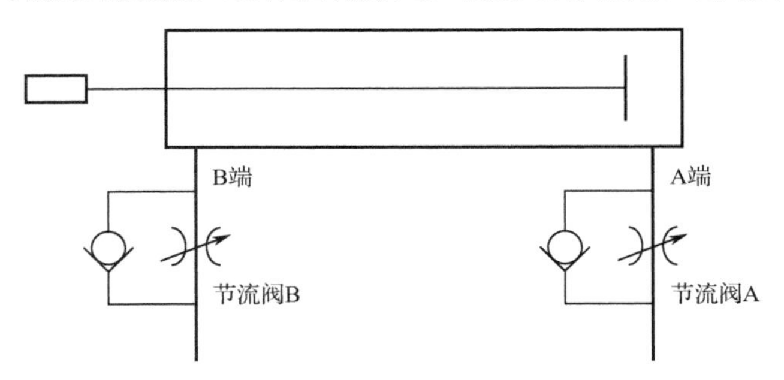

图 5-6　节流阀连接和调整原理示意图

节流阀上带有气管的快速接头，只要将合适外径的气管往快速接头上一插就可以将管连接好了，使用时十分方便。图 5-7 是安装了带快速接头的限出型气缸节流阀的气缸外观。

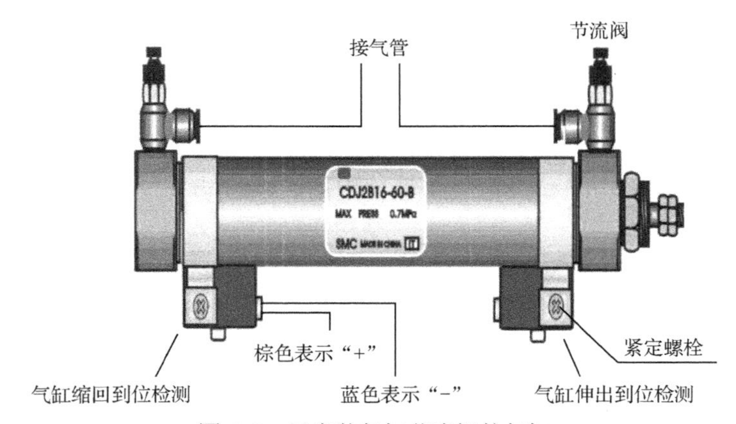

图 5-7　已安装气缸节流阀的气缸

2. 单电控电磁换向阀、电磁阀组

如前所述，推料气缸活塞的运动是依靠向气缸一端进气，并从另一端排气，再反过来，从另一端进气，一端排气来实现的。气体流动方向的改变则由能改变气体流动方向或通断的控制阀即方向控制阀加以控制。在自动控制中，方向控制阀常采用电磁控制方式实现方向控制，称为电磁换向阀。

电磁换向阀是利用其电磁线圈通电时，静铁芯对动铁芯产生电磁吸力使阀芯切换，

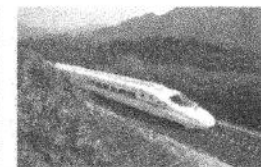

达到改变气流方向的目的。图 5-8 所示是一个单电控二位三通电磁换向阀的工作原理示意图。

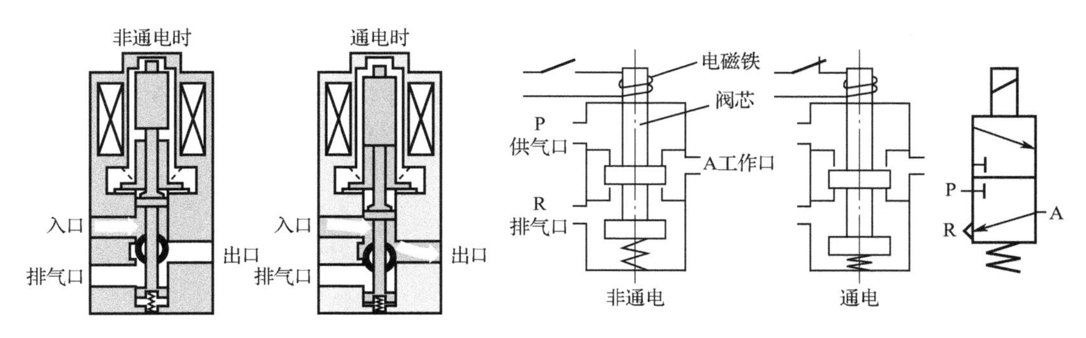

图 5-8　单电控直动式电磁换向阀的工作原理

THJDAL-2 所有工作单元的执行气缸都是双作用气缸，使用的电磁阀均为二位五通电磁阀。

供料单元用了一个二位五通的单电控电磁阀。这个电磁阀带有手动换向钮，可用工具向下按，信号为“1”，等同于该侧的电磁信号为“1”；常态时，手控开关的信号为“0”。在进行设备调试时，可以使用手控开关对该电磁阀进行控制，从而实现对相应气路的控制，以改变推料缸等执行机构的控制，达到调试的目的。

3. 气动控制回路

气动控制系统是本工作单元的执行机构，该执行机构的逻辑控制功能是由 PLC 实现的。气动控制回路的工作原理如图 5-9 所示。1B1、1B2 为安装在推料气缸的两个极限工作位置的磁性传感器。1Y1 为控制推料气缸的电磁阀。通常，这个气缸的初始位置设定在缩回状态。

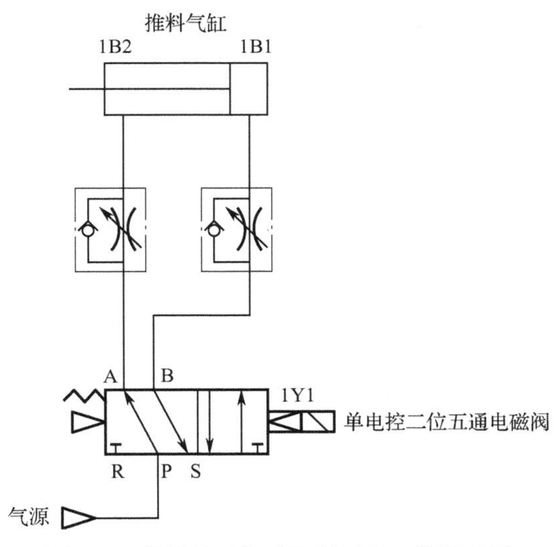

图 5-9　供料单元气动控制回路工作原理图

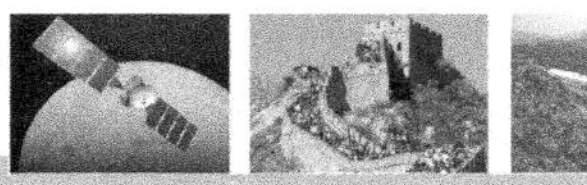

实训任务 5-1 供料站的 PLC 控制

1. 工作任务

本项目只考虑供料站作为独立设备运行时的情况，单元工作的启动信号、停止信号和工作状态显示信号由触摸屏发出和显示，以实现供料站的启动、停止等操作。具体的控制要求为：

（1）设备上电和气源接通后，若供料站的推料气缸处于缩回位置，且工件库内有足够的待加工工件，则触摸屏上的“正常工作”指示灯黄灯 HL1 常亮，表示设备已准备好；否则，该指示灯以 1 Hz 频率闪烁。

（2）若设备已准备好，按下触摸屏上的启动按钮，供料站启动，触摸屏上的“设备运行”指示灯绿灯 HL2 常亮。启动后，若出料台上没有工件，则应把工件推到出料台上。出料台上的工件被人工取出后，若没有停止信号，则进行下一次推出工件操作。

（3）若在运行中按下触摸屏上的停止按钮，则在完成本工作周期任务后，供料站停止工作，绿灯 HL2 指示灯熄灭。

（4）若在运行中料仓内工件不足，则工作单元继续工作，但“正常工作”指示灯黄灯 HL1 以 1 Hz 的频率闪烁，“设备运行”指示灯绿灯 HL2 保持常亮。若料仓内没有工件，则 HL1 指示灯和 HL2 指示灯均以 2 Hz 频率闪烁。工作站在完成本周期任务后停止。除非向料仓补充足够的工件，工作站不能再启动。

（5）启动、停止信号均从触摸屏给出，供料站运行状态通过触摸屏进行监控。

注意：HL1：黄灯；HL2：绿灯。

要求完成如下任务：

（1）规划 PLC 的 I/O 分配及接线端子分配。

（2）进行系统安装接线。

（3）按控制要求编制 PLC 程序。

（4）进行调试与运行。

2. PLC 的 I/O 接线

根据供料单元的工作任务要求，供料单元 PLC 选用 FX2N-16MR 主单元，共 8 点输入和 18 点继电器输出。PLC 的 I/O 信号分配如表 5-1 所示，接线原理图则见图 5-10。

表 5-1 供料单元 PLC 的 I/O 信号分配

输入信号			输出信号		
序号	PLC 输入点	信号名称	序号	PLC 输出点	信号名称
1	X0	供料不足检测	1	Y0	推料电磁阀
2	X1	缺料检测			
3	X2	物料台物料检测			
4	X3	推料到位检测			
5	X4	推料复位检测			

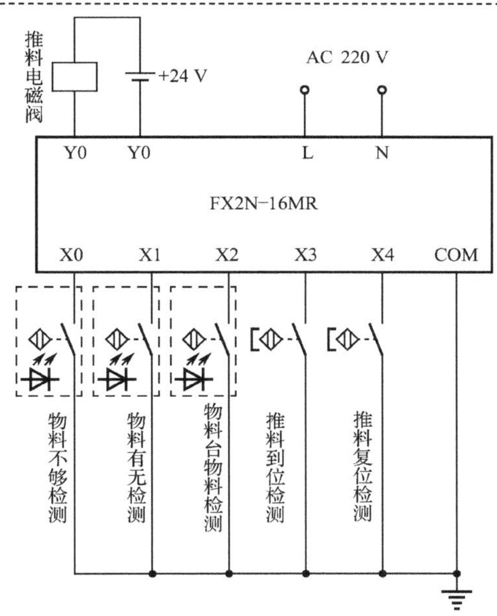

图 5-10 供料站 PLC 的 I/O 接线原理

说明：

（1）光电传感器引出线：棕色接“+24 V”电源，蓝色接“0 V”，黑色接 PLC 输入。

（2）磁性传感器引出线：蓝色接“0 V”，棕色接 PLC 输入。

（3）电磁阀引出线：红色接“+24 V”，黑色接 PLC 输出。

3. 供料单元单站控制的编程思路

（1）程序结构：程序由两部分组成，一部分是供料控制，另一部分是系统状态显示。程序中在每一扫描周期都调用系统状态显示子程序。

（2）PLC 上电后应首先进入初始状态检查阶段，确认系统已经准备就绪后，才允许投入运行，这样可及时发现存在问题，避免出现事故。例如，若两个气缸在上电和气源接入时不在初始位置，这是气路连接错误的缘故，显然在这种情况下不允许系统投入运行。通常的 PLC 控制系统往往有这种常规的要求。

（3）供料单元运行的主要过程是供料控制，是一个步进顺序控制过程。

（4）如果没有停止要求，顺控过程将周而复始地不断循环。常见的顺序控制系统正常停止要求是，接收到停止指令后，系统在完成本工作周期任务即返回到初始步后才停止下来。

（5）当料仓中最后一个工件被推出后，将发生缺料报警。推料气缸复位到位，亦即完成本工作周期任务即返回到初始步后，也应停止下来。

4. 调试与运行

（1）调整气动部分，检查气路是否正确，气压是否合理，气缸的动作速度是否合理。

（2）检查磁性开关的安装位置是否到位，磁性开关工作是否正常。

（3）检查 I/O 接线是否正确。

（4）检查光电传感器安装是否合理，灵敏度是否合适，保证检测的可靠性。

（5）放入工件，运行程序看供料单元动作是否满足任务要求。

（6）调试各种可能出现的情况，比如在任何情况下都有可能加入工件，系统都要能可靠工作。

（7）优化程序。

5.3 加工站控制系统

5.3.1 加工站的组成及功能

加工单元的功能是完成把待加工工件，从物料台移送到加工区域钻头的正下方；完成对工件的模拟钻孔、切屑加工，然后把加工好的工件重新送回物料台的过程。

加工单元主要结构组成为物料台、物料夹紧装置、龙门式二维运动装置、主轴电动机、刀具以及相应的传感器、磁性开关、电磁阀组、步进电动机及驱动器、滚珠丝杆、支架、机械零部件构成。其中，该单元机械结构组成如图 5-11 所示。

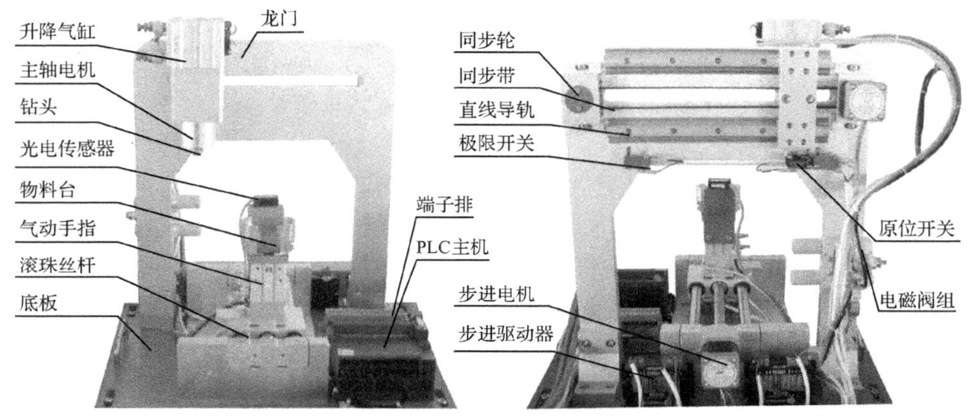

图 5-11　加工站的主要结构组成

1. 物料台、物料夹紧装置及滚珠丝杆

加工台用于固定被加工件，并把工件移到加工（钻孔）机构正下方进行模拟钻孔、切屑加工。它主要由手爪气动手指、沿 Y 轴方向移动的步进电动机及驱动器、滚珠丝杆、磁感应接近开关、漫射式光电传感器组成。

滑动加工台的工作原理：滑动加工台在系统正常工作后的初始状态为：处于 Y 轴原点位置，加工台气动手指张开。当输送机构把物料送到物料台上，物料检测传感器检测到工件后，PLC 控制程序驱动气动手指将工件夹紧→步进电动机运动带动加工台回到加工区域加工钻头下方→升降气缸活塞杆向下伸出同时主轴电动机旋转加工工件→完成加工动作后向上缩回，主轴电动机停止转动→加工台重新向原点回归→到位后气动手指松开，顺序完成工件加工工序后，并向系统发出加工完成信号，为下一次工件到来加工做准备。

在移动料台上安装一个漫射式光电开关。若加工台上没有工件，则漫射式光电开关均处于常态；若加工台上有工件，则光电接近开关动作，表明加工台上已有工件。该光电传感器的输出信号送到加工单元 PLC 的输入端，用以判别加工台上是否有工件需进行加工；当加工过程结束，加工台伸出到初始位置。同时，PLC 通过通信网络，把加工完成信号回馈给上级系统，以协调控制。

移动物料台伸出是通过调整 *Y* 轴原点位置开关来定位的；缩回位置是通过调整步进电动机的脉冲个数来定位的。要求缩回位置位于加工钻头的正下方；伸出位置应与输送单元的抓取机械手装置相配合，确保输送单元的抓取机械手能顺利地把待加工工件放到料台上。

加工机构用于对工件进行模拟钻孔、切削加工。它主要由升降气缸、钻头、主轴电动机、龙门架、同步带、同步轮、直线导轨等组成。

钻头的工作原理是当工件到达钻孔位置，升降气缸下降、主轴电动机旋转对工件进行加工，完成加工动作后升降气缸缩回，为下一次钻孔、切削加工做准备。

2. 各部分的功能

（1）PLC 主机：控制端子与端子排相连。

（2）步进电动机及驱动器：用于驱动龙门式二维装置运动。

（3）光电传感器：用于检测物料台是否有物料。当物料台有工件时给 PLC 提供输入信号。物料的检测距离可由光电传感器头的旋钮调节，调节检测范围 1～9 cm。

（4）磁性传感器 1：用于气动手指的位置检测，当检测到气动手指夹紧后给 PLC 发出一个到位信号。

（5）磁性传感器 2：用于升降气缸位置检测，当检测到升降气缸准确到位后给 PLC 发出一个到位信号。

（6）行程开关：*X* 轴和 *Y* 轴装有六个行程开关，其中两个给 PLC 提供两轴的原点信号，另外四个用于硬件保护，当任何一轴运行超程，碰到行程开关时断开步进电动机控制信号公共端。

（7）电磁阀：气动手指、升降气缸均用二位五通的带手控开关的单控电磁阀控制，两个单控电磁阀集中安装在带有消声器的汇流板上。当 PLC 给电磁阀一个信号，电磁阀动作，对应气缸动作。

（8）气动手指：由单控电磁阀控制。当气动电磁阀得电，气动手指夹紧工件。

（9）升降气缸：由单控电磁阀控制。当气动电磁阀得电，气缸伸出，带动主轴电动机上下运动。

（10）主轴电动机：用于驱动模拟钻头。

（11）滚珠丝杆：用于带动气动手指沿 *Y* 轴移动，并实现精确定位。

（12）同步轮、同步带：用于带动主轴沿 *X* 轴移动，并实现精确定位。

（13）端子排：用于连接 PLC 输入输出端口与各传感器和电磁阀。其中下排 1～4 号和上排 1～4 号端子短接，经过带保险的端子与+24 V 电源相连。上排 5～19 号端子短接与 0 V 相连。

5.3.2 加工单元的气动元件

加工单元所使用的气动执行元件包括薄型气缸和气动手指，下面只介绍前面尚未提及的薄型气缸和气动手指。

1. 薄型气缸

薄型气缸属于省空间气缸类，即气缸的轴向或径向尺寸比标准气缸有较大减小的气缸。具有结构紧凑、重量轻、占用空间小等优点。图 5-12 是薄型气缸的实物图。

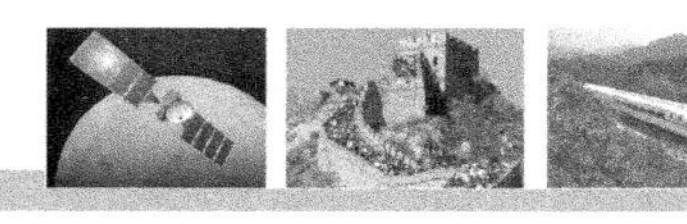

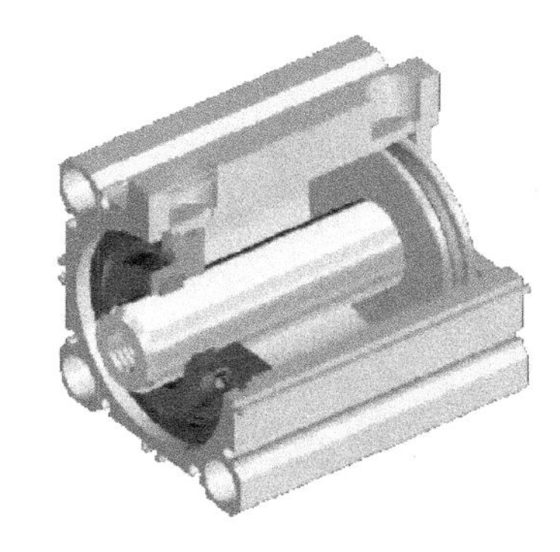

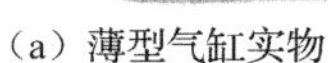

（a）薄型气缸实物　　（b）工作原理剖视图

图 5-12　薄型气缸实物及工作原理

薄型气缸的特点是缸筒与无杆侧端盖压铸成一体，杆盖用弹性挡圈固定，缸体为方形。这种气缸通常用于固定夹具和搬运过程中固定工件等。在 THJDAL-2 的加工单元中，薄型气缸用于切削，这主要考虑该气缸行程短的特点。

2. 气动手指（气爪）

气爪用于抓取、夹紧工件。气爪通常有滑动导轨型、支点开闭型和回转驱动型等工作方式。THJDAL-2 的加工单元所使用的是滑动导轨型气动手指，如图 5-13（a）所示，其工作原理可从剖面图（b）和（c）看出。

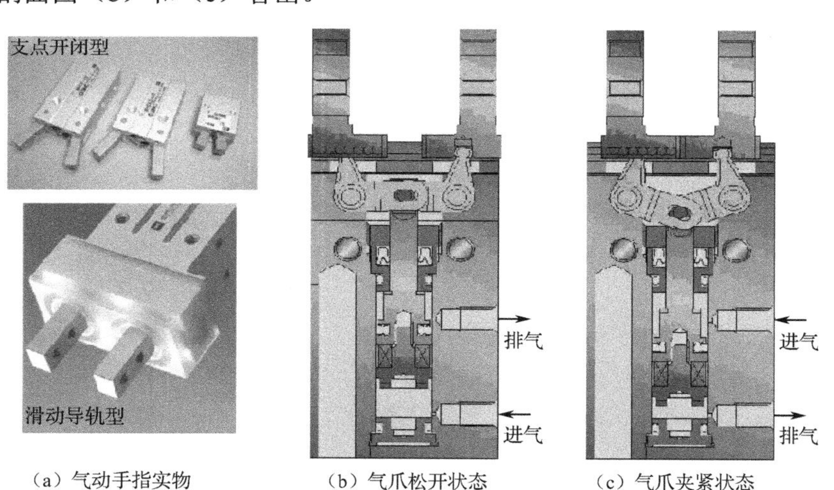

（a）气动手指实物　　（b）气爪松开状态　　（c）气爪夹紧状态

图 5-13　气动手指实物和工作原理

3. 气动控制回路

气动控制系统是本工作单元的执行机构，该执行机构的逻辑控制功能是由 PLC 实现的。加工单元的气动控制元件均采用二位五通单电控电磁换向阀，各电磁阀均带有手动换向。它们集中安装成阀组固定在加工机构支撑架后面。

气动控制回路的工作原理如图 5-14 所示。1B、2B1、2B2 为安装在气缸的极限工作位置的磁性传感器。1Y1、2Y1 为控制气缸的电磁阀。

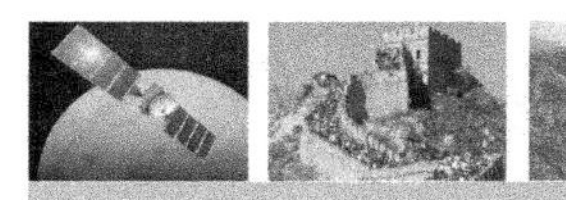

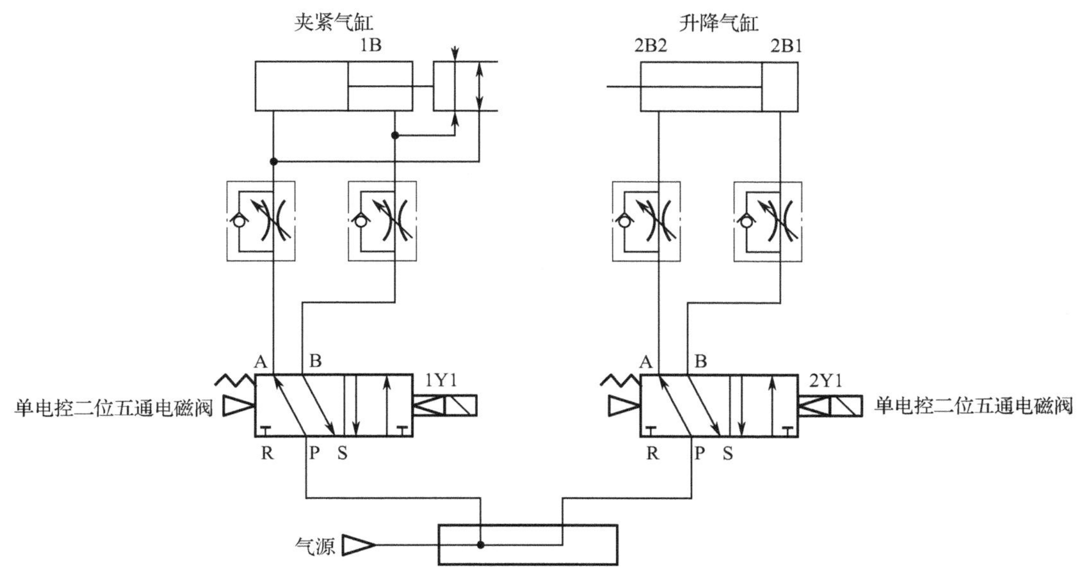

图 5-14　加工单元气动控制回路工作原理

实训任务 5-2　加工单元单轴的定位控制

1. 工作任务

只考虑加工单元作为独立设备运行时的情况，用触摸屏启动、停止和复位并进行运行状态显示，本单元的具体控制要求为：

（1）初始状态：设备上电和气源接通后，加工站的 *X* 轴处于原点位置时 X1 为 ON（或 *Y* 轴处于原点位置时 X2 为 ON）。若设备在上述初始状态，则触摸屏上“正常工作”指示灯黄灯 HL1 常亮，表示设备已准备好。否则，该指示灯以 1 Hz 频率闪烁。

（2）若设备没有准备好，则需按下复位按钮，使其进行回原点操作，直至回到初始状态、设备已准备好，方可按启动按钮启动设备。

（3）若设备已准备好，按下触摸屏上的启动按钮，设备启动，触摸屏上“设备运行”指示灯绿灯 HL2 常亮。

① 物料台有物料，则 *X* 轴离开原点到指定位置（脉冲数 3 450 左右，频率 800 Hz 左右，加减速时间为 200 ms），到指定位置后等待 2 s，然后返回原点停止。

② 物料台有物料，则 *Y* 轴离开原点到指定位置（脉冲数 68 000 左右，频率 10 000 Hz 左右，加减速时间为 200 ms），到指定位置后等待 2 s，然后返回原点停止。

注意：HL1：黄灯；HL2：绿灯。

要求完成如下任务：

（1）规划 PLC 的 I/O 分配及接线端子分配。

（2）进行系统安装接线和气路连接。

（3）编制 PLC 程序。

（4）进行调试与运行。

2. PLC 的 I/O 分配及系统安装接线

加工单元选用 FX2N-16MT 主单元，共 8 点数字量输入和 16 点晶体管输出。PLC 的 I/O 信号分配如表 5-2 所示，接线原理图如图 5-15 所示。控制 *X* 轴、*Y* 轴的步进驱动器接线图分别如图 5-16 和图 5-17 所示。指令脉冲形式：脉冲信号+脉冲方向。

表 5-2　加工单元 PLC 的 I/O 信号分配

输入信号			输出信号		
序号	PLC 输入点	信号名称	序号	PLC 输出点	信号名称
1	X000	加工台物料检测	1	Y000	*X* 轴脉冲 PUL
2	X001	*X* 轴原点检测	2	Y001	*Y* 轴脉冲 PUL
3	X002	*Y* 轴原点检测	3	Y002	*X* 轴脉冲方向 DIR
4	X003	气夹夹紧检测	4	Y003	*Y* 轴脉冲方向 DIR
5	X004	主轴上限检测	5	Y004	夹紧电磁阀
6	X005	主轴下限检测	6	Y005	主轴升降电磁阀
			7	Y006	主轴电动机

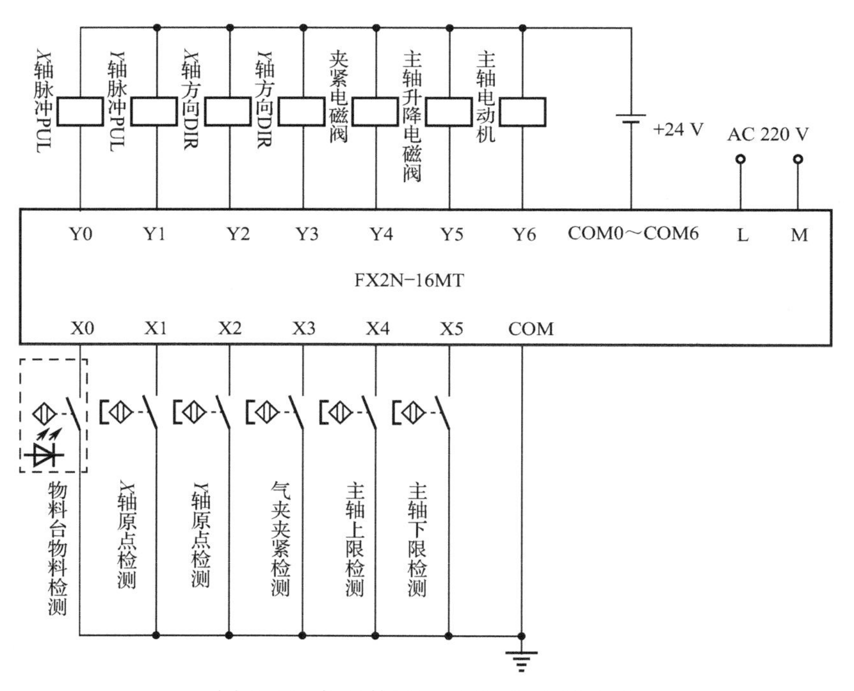

图 5-15　加工单元 PLC 的 I/O 接线原理

X 轴方向运动：

脉冲信号 Y0；

脉冲方向 Y2，离开原点为 ON，回原点为 OFF。

Y 轴方向运动：

脉冲信号 Y0；

脉冲方向 Y3，离开原点为 OFF；回原点为 ON。

X 轴和 *Y* 轴的驱动器 M415B 与 FX2N-16MT PLC 和步进电动机 42J1834 之间的接线图，分别如图 5-16 和图 5-17 所示。

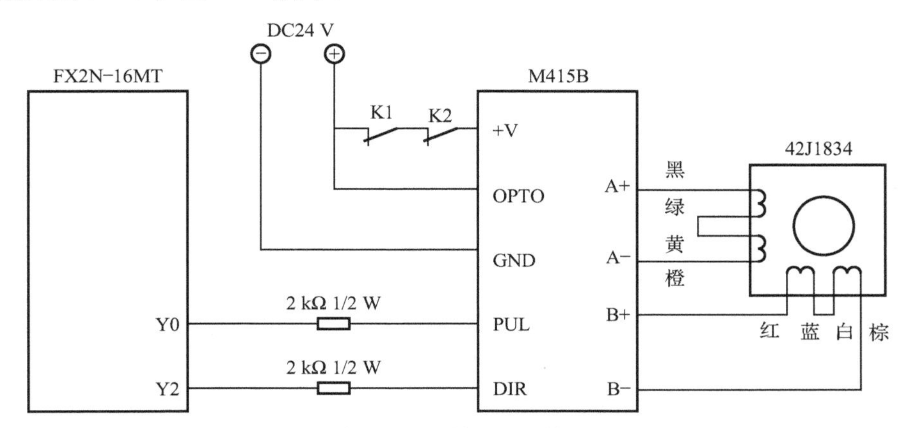

图 5-16　*X* 轴驱动器接线

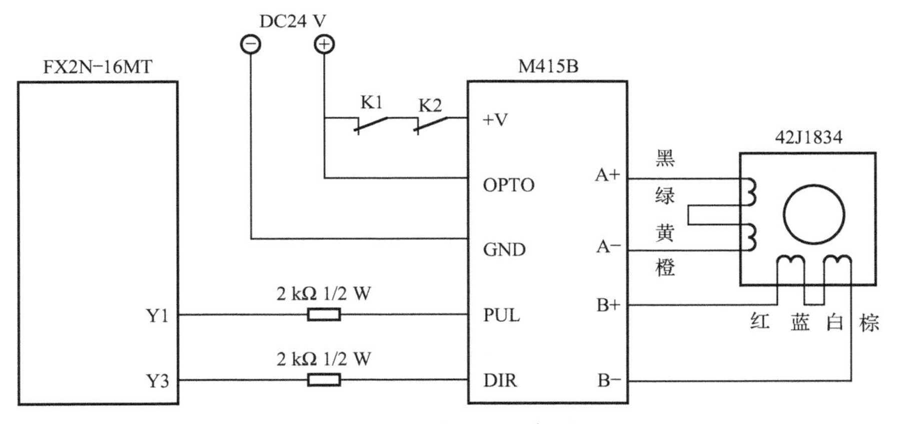

图 5-17　*Y* 轴驱动器接线

说明：

（1）光电传感器引出线：棕色接“+24 V”电源，蓝色接“0 V”，黑色接 PLC 输入。

（2）磁性传感器引出线：蓝色接“0 V”，棕色接 PLC 输入。

（3）电磁阀引出线：红色接“+24 V”，黑色接 PLC 输出。

3. 编写程序的思路

加工单元的工作流程与供料单元类似，也是 PLC 上电后应首先进入初始状态检查阶段，确认系统已经准备就绪后，才允许接收启动信号投入运行，但加工单元工作任务中增加了急停功能。

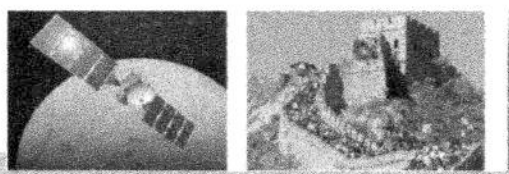

4. 调试与运行

（1）调整气动部分，检查气路是否正确，气压是否合理，气缸的动作速度是否合理。

（2）检查磁性开关的安装位置是否到位，磁性开关工作是否正常。

（3）检查 I/O 接线是否正确。

（4）检查光电传感器安装是否合理，灵敏度是否合适，保证检测的可靠性。

（5）放入工件，运行程序看加工单元动作是否满足任务要求。

（6）调试各种可能出现的情况，比如在任何情况下都有可能加入工件，系统都要能可靠工作。

（7）优化程序。

实训任务 5-3　加工单元两轴的定位控制

工作任务内容如下。

（1）初始状态：设备上电和气源接通后，加工站的 X 轴、Y 轴均处于原点位置，加工台气动手爪松开，升降气缸处于缩回位置。

若设备在上述初始状态，则触摸屏上“正常工作”指示灯黄灯 HL1 常亮，表示设备已准备好。否则，该指示灯以 1 Hz 频率闪烁。

（2）若设备准备好，按下触摸屏上的启动按钮，设备启动，触摸屏上“设备运行”指示灯绿灯 HL2 常亮。加工单元物料台的物料检测传感器检测到工件后，机械手指夹紧工件，二维运动装置开始动作，当加工台正好位于钻头下方时，主轴下降并启动电动机，模拟切削加工。切削加工完成后，主轴电动机提升并停止转动，二维运动装置回零点，机械手指松开，加工完成。人工将加工好的工件拿走，操作结束，等待下一次待加工工件。如果没有停止信号输入，当再有待加工工件送到加工台上时，加工单元又开始下一周期工作。

（3）在工作过程中，若按下停止按钮，加工单元在完成本周期的动作后停止工作。HL2 指示灯熄灭。

（4）若设备没有准备好，则需按下复位按钮，使其进行回原点操作，直至回到初始状态；设备准备好，方可按启动按钮启动设备。

（5）在设备运行过程中，若按下复位按钮，当前动作停止，系统并进行回原点操作，直至回到初始状态。

注意：HL1：黄灯；HL2：绿灯。

其他任务要求同实训任务 5-2。

5.4　装配站控制系统

5.4.1　装配站的组成及功能

装配单元的功能是完成将该单元料仓内的白色或黑色小圆柱工件与放置在装配料斗的待装配大工件上的紧合装配过程。

装配单元的结构组成由井式供料单元、三工位旋转工作台、平面轴承、冲压装配单元、光电传感器、电感传感器、磁性开关、气动系统及电磁阀组、交流伺服电动机及驱动器、整条生产线状态指示的信号灯、支架、机械零部件构成。其中，机械装配图如图 5-18 所示。

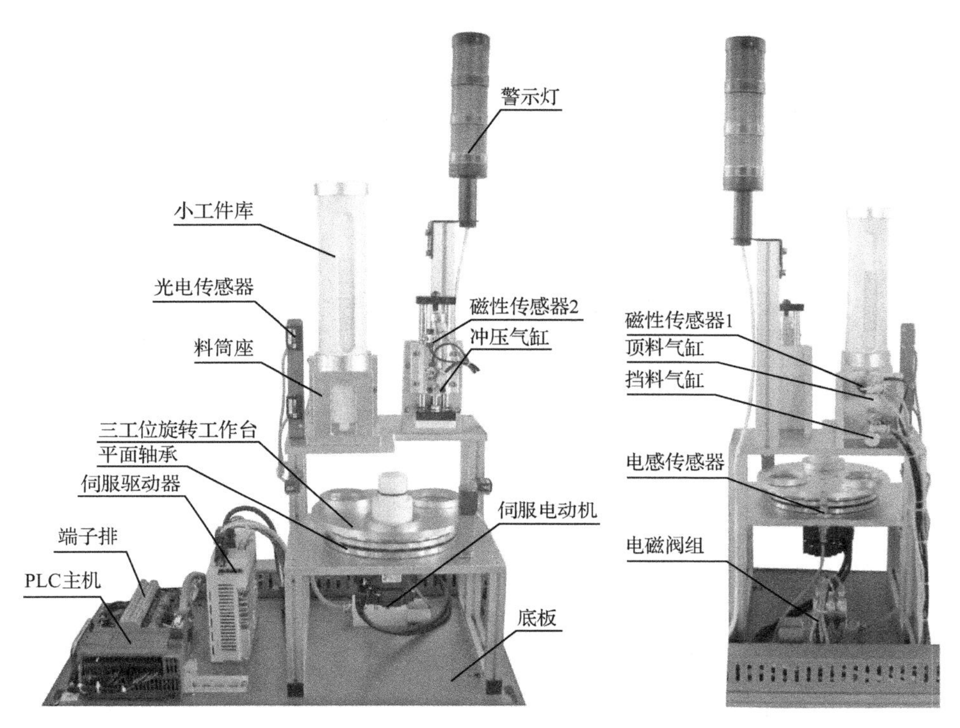

图 5-18　装配单元的结构组成

1. 小工件库（管形料仓）

管形料仓用来存储装配用的白色或黑色小圆柱零件。它由塑料圆管和中空底座构成，塑料圆管顶端放置加强金属环，以防止破损。工件竖直放入料仓的空心圆管内，由于二者之间有一定的间隙，使其能在重力作用下自由下落。

为了能对料仓供料不足和缺料时报警，在塑料圆管底部和底座处分别安装了 2 个漫反射光电传感器（E3Z-LS63 型），并在料仓塑料圆柱上纵向铣槽，以使光电传感器的红外光斑能可靠照射到被检测的物料上，如图 5-18 所示。光电传感器的灵敏度调整应以能检测到黑色物料为准则。

2. 落料机构

图 5-19 给出了落料机构剖视图。图中，料仓底座的背面安装了两个直线气缸。上面的气缸称为顶料气缸，下面的气缸称为挡料气缸。系统的气源接通后，顶料气缸的初始状态在缩回位置，挡料气缸的初始状态在伸出位置。这样，当从料仓上面放下工件时，工件将被挡料气缸活塞杆终端的挡块阻挡而不能落下。

需要进行落料操作时，首先使顶料气缸伸出，把次下层的工件夹紧，然后挡料气缸缩回，工件掉入旋转工作台的大工件上，完成装配。之后挡料气缸复位伸出，顶料气缸缩回，

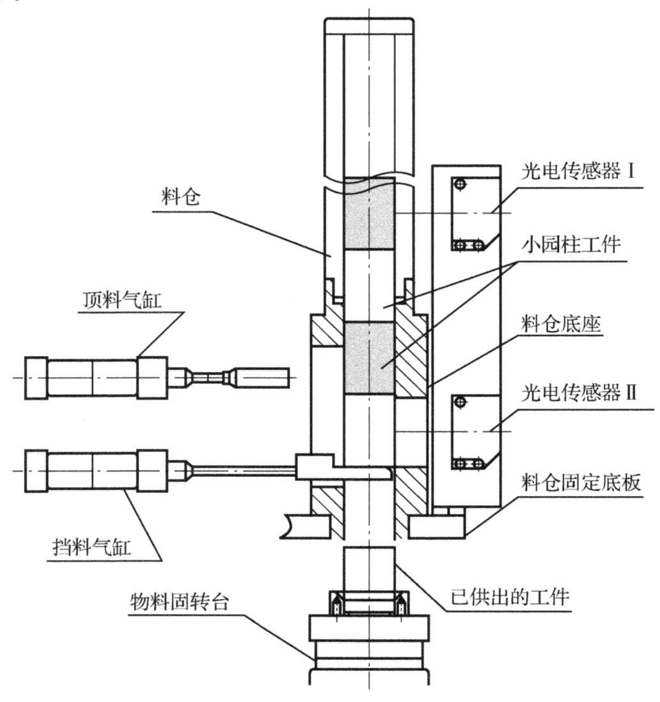

图 5-19　落料机构示意图

次下层工件跌落到挡料气缸终端挡块上，为再一次供料作准备。

3. 三工位旋转工作台

该机构由气动摆台和三个料盘组成，气动摆台能驱动料盘旋转 180 度，从而实现把旋转工作台入料区的工件移动的功能。旋转工作台入料区的传感器检测到工件后，旋转工作台顺时针旋转，将工件旋转到管形供料单元下方，管形供料工件库中底层的工件正好落到待装配工件上，完成装配后，旋转工作台顺时针旋转，将工件旋转到冲压装配单元下方，冲压气缸下压，完成工件紧合装配后，旋转工作台顺时针旋转到待搬运位置。

4. 系统的警示灯

本工作单元上安装有红、绿、黄三色警示灯，它是作为整个系统警示用的。警示灯有四根引出线，其中黄绿线为信号灯公共控制线，接“+24 V”；黑色线为红灯控制线，接 PLC 输出的 Y5；蓝色线为绿灯控制线，接 PLC 输出的 Y6；棕色线为黄色灯控制线，接 PLC 输出的 Y7。

5.4.2 装配单元的气动元件

气动控制系统是本工作单元的执行机构，该执行机构的逻辑控制功能是由 PLC 实现的。装配单元的阀组由 3 个二位五通单电控电磁换向阀组成，这些电磁阀分别对供料、冲压动作气路进行控制，以改变各自的动作状态。气动控制回路如图 5-20 所示。在进行气路连接时，请注意各气缸的初始状态，其中，顶料气缸在缩回位置，挡料气缸在伸出位置，冲压气缸在提起位置。

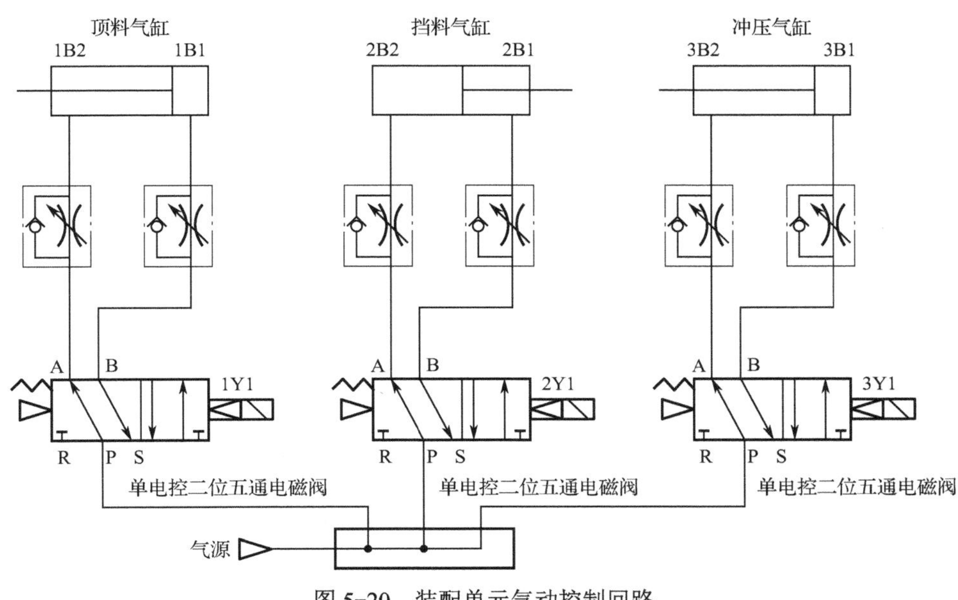

图 5-20　装配单元气动控制回路

实训任务 5-4　装配单元旋转工作台的定位控制

1. 工作任务

（1）初始状态：设备上电和气源接通后，三工位旋转工作台处于原点位置即 X0 为 ON。若设备在上述初始状态，则触摸屏上“正常工作”指示灯黄灯 HL1 常亮，表示设备已准备好。否则，该指示灯以 1 Hz 频率闪烁。

（2）若设备没有准备好，则系统上电后，自动进行回原点操作，直至回到初始状态，设备已准备好，方可按启动按钮启动设备。

（3）若设备已准备好，按下触摸屏上的启动按钮，设备启动，触摸屏上“设备运行”指示灯绿灯 HL2 常亮。若入料区物料台有物料，稍作等待后，三工位旋转工作台顺时针方向旋转至装配区，暂停 2 s 后，三工位旋转工作台继续旋转至冲压区，暂停 2 s 后，三工位旋转工作台旋转至原点位置停止，待工件取走后，一个周期结束。（入料区至装配区、装配区至冲压区的脉冲个数均为 44 000 个，频率 10 000 Hz）

采用指令脉冲输入方式：脉冲信号+脉冲方向。

　脉冲信号 Y0；

　脉冲方向 Y1。

三工位旋转工作台顺时针方向转动时 Y1 为 OFF；三工位旋转工作台逆时针方向转动时 Y1 为 ON。

2. PLC 的 I/O 分配及系统安装接线

装配单元的 I/O 点较多，选用三菱 FX2N-48MT 主单元，共 24 点输入，24 点继电器输出。PLC 的 I/O 地址信号分配如表 5-3 所示。图 5-21 是 PLC 接线原理图，图 5-22 是伺服驱动器接线图。

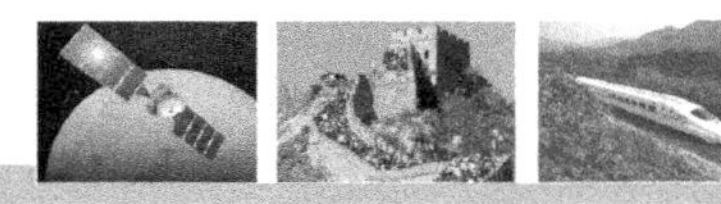

表 5-3 装配单元 PLC 的 I/O 信号分配

输入信号			输出信号		
序号	PLC 输入点	信号名称	序号	PLC 输出点	信号名称
1	X000	旋转工作台原点	1	Y000	伺服脉冲信号
2	X001	零件不足检测	2	Y001	伺服方向信号
3	X002	零件有无检测	3	Y002	顶料电磁阀
4	X003	入料区物料检测	4	Y003	挡料电磁阀
5	X004	装配区物料检测	5	Y004	冲压电磁阀
6	X005	冲压区物料检测	6	Y005	红色警示灯
7	X006	顶料到位检测	7	Y006	绿色警示灯
8	X007	顶料复位检测	8	Y007	黄色警示灯
9	X010	挡料状态检测	9		
10	X011	落料状态检测	10		
11	X012	冲压上限检测	11		
12	X013	冲压下限检测	12		

注：警示灯用来指示 THJDAL-2 整体运行时的工作状态，工作任务是装配单元单独运行，没有要求使用警示灯，可以不连接到 PLC 上。

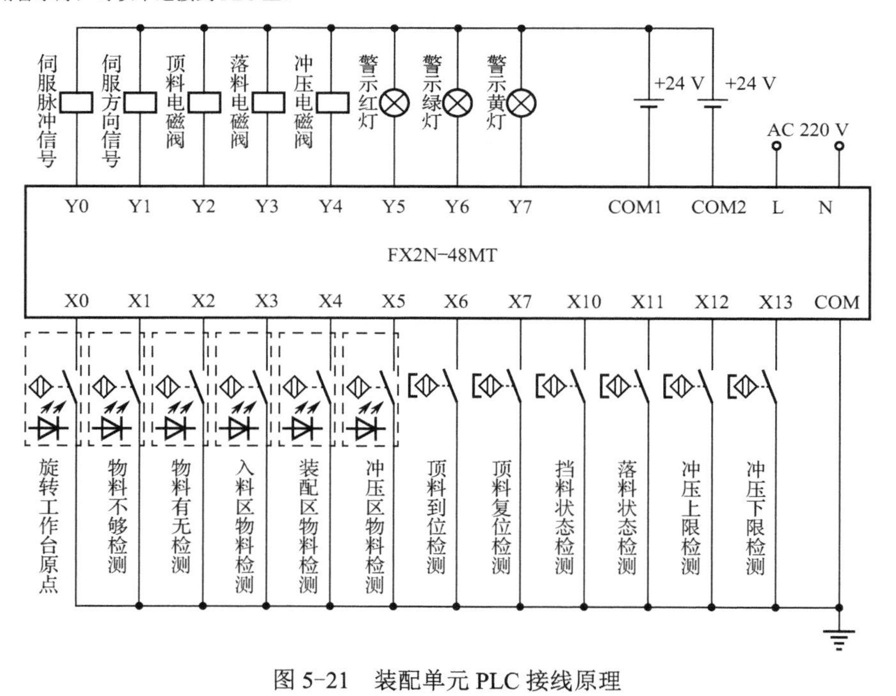

图 5-21 装配单元 PLC 接线原理

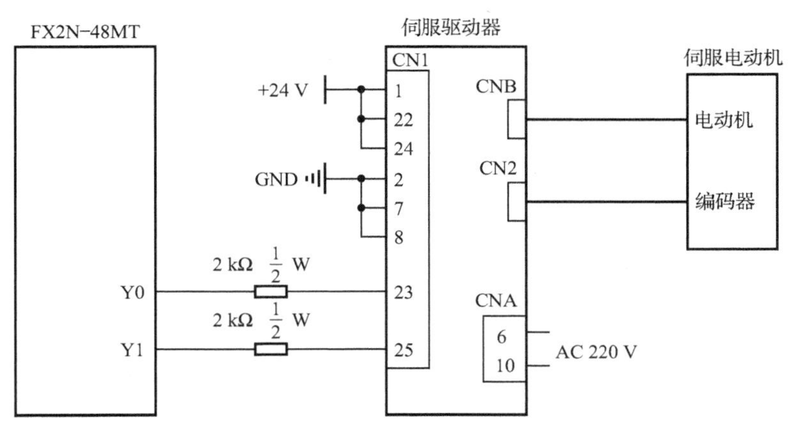

图 5-22　伺服驱动器接线

说明：

（1）光电传感器引出线：棕色接“+24 V”电源，蓝色接“0 V”，黑色接 PLC 输入。

（2）电感传感器：棕色接“+24 V”电源，蓝色接“0 V”，黑色接 PLC 输入。

（3）磁性传感器引出线：蓝色接“0 V”，棕色接 PLC 输入。

（4）电磁阀引出线：红色接“+24 V”，黑色接 PLC 输出。

（5）警示灯：黄绿线接“+24 V”，黑色线接 PLC 输出的 Y5，蓝色线接 PLC 输出的 Y6，棕色线接 PLC 输出的 Y7。

3. 编写和调试 PLC 控制程序

（1）调整气动部分，检查气路是否正确，气压是否合理，气缸的动作速度是否合理。

（2）检查磁性开关的安装位置是否到位，磁性开关工作是否正常。

（3）检查 I/O 接线是否正确。

（4）检查传感器安装是否合理，灵敏度是否合适，保证检测的可靠性。

（5）放入工件，运行程序看装配单元动作是否满足任务要求。

实训任务 5-5　装配单元 PLC 控制系统设计

工作任务内容如下。

（1）初始状态：装配单元各气缸的初始位置为：挡料气缸处于伸出状态，顶料气缸处于缩回状态，料仓上已经有足够的小圆柱零件；冲压气缸处于提升状态，旋转工作台处于原点位置。设备上电和气源接通后，若满足原点条件，则“正常工作”指示灯 HL1 常亮，表示设备已准备好，否则，该指示灯以 1 Hz 频率闪烁。

（2）若设备已准备好，按下触摸屏上的启动按钮，设备启动，触摸屏上“设备运行”指示灯绿灯 HL2 常亮。入料区物料台有物料，稍作等待后，工作台顺时针方向旋转至装配区，料筒中的小零件落下和工作台上已加工好的工件进行装配，装配完毕，工作台继续旋转至冲压区，对刚装配的工件进行冲压紧固，2 s 冲压后完毕，工作台旋转至原点位置停止，人工将装配好的工件拿走，操作结束，等待下一次待装配工件。如果没有

停止信号输入，当再有待装配工件送到工作台的入料区上时，装配单元又开始下一周期工作。

（3）若在运行过程中按下停止按钮，在装配条件满足的情况下，装配单元在完成本次装配后停止工作，HL2 指示灯熄灭。

（4）若设备没有准备好，则需按下复位按钮，使其进行回原点操作（或者系统上电后，系统自动进行回原点操作），直至回到初始状态，设备已准备好后，方可按启动按钮启动设备。

（5）在设备运行过程中，若按下复位按钮，当前动作停止，系统并进行回原点操作，直至回到初始状态。

（6）在运行中发生“零件不足”报警时，触摸屏上指示灯红灯 HL3 以 1 Hz 的频率闪烁，HL1 和 HL2 灯常亮；在运行过程中发生“零件没有”报警时，指示灯红灯 HL3 以亮 1 s，灭 0.5 s 的方式闪烁，绿灯 HL2 熄灭，黄灯 HL1 常亮。

注意：黄灯（HL1）、绿灯（HL2）、红灯（HL3）。

其他任务要求同实训任务 5-4。

5.5 分拣站控制系统

5.5.1 分拣站的组成及功能

分拣站是 THJDAL-2 中的最末站，完成对上一站送来的已加工、装配的工件进行分拣。使不同颜色的工件从不同的料槽分流的功能。当输送站送来的工件放到传送带上并为入料口光电传感器检测到时，即启动变频器，工件开始送入分拣区进行分拣、入库。

分拣站由传送带、变频器、三相交流减速电动机、旋转气缸、磁性开关、电磁阀、调压过滤器、漫射式光电传感器、光纤传感器、对射光电传感器、支架、机械零部件等构成。分为传送和分拣机构、传动带驱动机构、变频器模块、电磁阀组、PLC 模块等几部分。其中，机械部分的装配结构如图 5-23 所示。

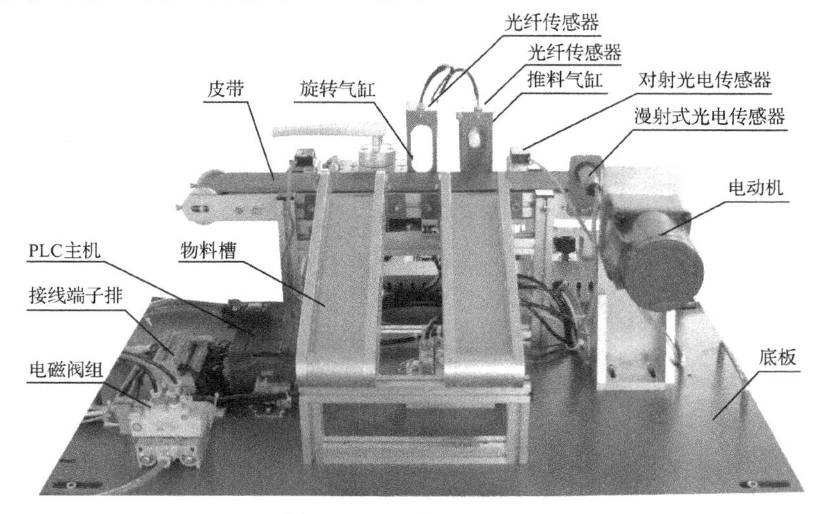

图 5-23　分拣站结构组成

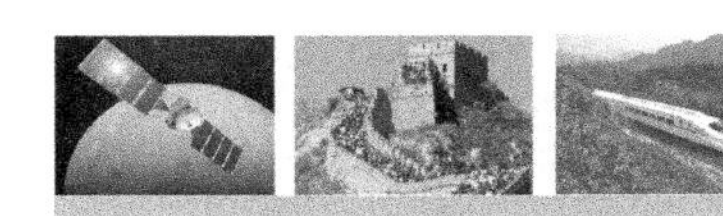

1. 传送和分拣机构

传送和分拣机构主要由传送带、出料滑槽、推料（分拣）气缸、漫射式光电传感器、光纤传感器组成。传送已经加工、装配好的工件，在光纤传感器检测到后进行分拣。

传送带是对机械手输送过来的加工好的工件进行传输，输送至分拣区。导向器用于纠偏机械手输送过来的工件。两条物料槽分别用于存放加工好的黑色、白色工件。

传送和分拣的工作原理：入料口漫射式光电传感器检测到工件时，将信号传输给 PLC，通过 PLC 的程序启动变频器，电动机运转驱动传送带工作，把工件带进分拣区；如果进入分拣区的工件为白色工件，则检测白色塑料工件的光纤传感器动作，作为 1 号槽推料气缸启动信号，将白色工件推到 1 号滑槽里；如果进入分拣区的工件为黑色塑料工件，旋转气缸旋转，工件被导入 2 号滑槽中。当分拣槽对射光电传感器检测到有工件输入时，应向系统发出分拣完成信号。

2. 传动带驱动机构

采用的三相减速电动机，用于拖动传送带从而输送物料。它主要由电动机支架、电动机、联轴器等组成。

三相电动机是传动机构的主要部分，电动机转速的快慢由变频器来控制，其作用是带动传送带从而输送物料。电动机支架用于固定电动机。由于联轴器把电动机的轴和输送带主动轮的轴联接起来，从而组成一个传动机构。

5.5.2　电磁阀组和气动控制回路

气动控制系统是本工作单元的执行机构，该执行机构的逻辑控制功能是由 PLC 实现的。

分拣单元的电磁阀组使用了两个由二位五通的带手控开关的单电控电磁阀，它们安装在汇流板上。这两个阀分别对白料和黑料推动气缸的气路进行控制，以改变各自的动作状态。

本单元气动控制回路的工作原理如图 5-24 所示。图中 1B1 和 1B2、2B1 和 2B2 分别为安装在各分拣气缸的前极限工作位置的磁感应接近开关。1Y1、2Y1 分别为控制推料气缸、旋转气缸电磁阀的电磁控制端。

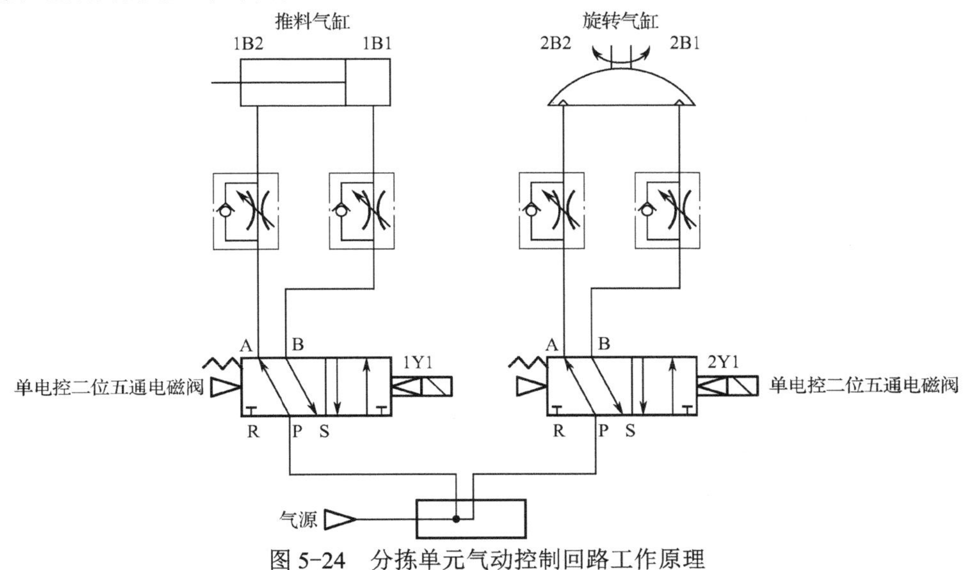

图 5-24　分拣单元气动控制回路工作原理

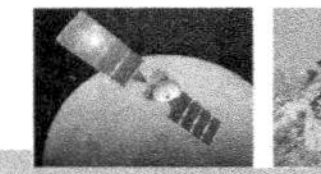

实训任务 5-6　PLC、触摸屏和变频器的综合控制

1. 工作任务

（1）系统启动、停止信号均从触摸屏给出，分拣站运行状态指示通过触摸屏来进行监控。

（2）设备的工作目标：完成对白色塑料工件和黑色塑料工件的分拣工作。为了在分拣时准确推出工件，要求工件颜色属性应在推料气缸前的适当位置被检测出来。

（3）设备上电和气源接通后，若工作单元的推料气缸处于缩回位置，旋转气缸处于复位到位位置，则“正常工作”指示灯 HL1 常亮，表示设备已准备好；否则，该指示灯以 1 Hz 频率闪烁。

（4）若设备已准备好，按下启动按钮，系统启动，设备运行指示灯 HL2 常亮。当传送带入料口人工放下已装配的工件时，变频器启动，驱动传送带电动机以固定频率为 30Hz 的速度，把工件带往分拣区。

（5）如果工件为白色芯塑料件，则该工件到达 1 号滑槽中间时，传送带停止，工件被推到 1 号槽中；如果工件为黑色芯塑料件，则旋转气缸旋转，工件被导入 2 号滑槽中。当分拣槽对射传感器检测到有工件输入时，传送带停止，该工作单元的一个工作周期结束，并应向系统发出分拣完成信号。

（6）当工件被推出滑槽后，才能再次向传送带下料。

（7）如果在运行期间按下停止按钮，该工作单元在本工作周期结束后停止运行。

（8）指示灯（DC 24 V）：黄灯（HL1）、绿灯（HL2）、红灯（HL3）各一只。

2. PLC 的 I/O 接线与参数设置

根据工作任务要求，分拣单元装置侧的接线端口信号端子的分配如表 5-4 所示。用于判别工件材料的传感器须在传感器支架上安装光纤传感器 2。

分拣单元 PLC 选用三菱 FX2N-16MR 主单元，共 8 点输入和 8 点继电器输出。由于工作任务中规定电动机的运行频率固定为 30 Hz，可以连接一个变频器正转启动端子 STF 和接点输入公共端 SD，设定参数 Pr.79 =3（外部/PU 组合运行模式 1 即频率指令用操作面板 PU 设定运行频率为 30 Hz，启动指令用外部输入信号，即端子 STF、STR）。当 FR-E740 的端子 STF 为 ON 时，电动机启动并以固定频率为 30 Hz 的速度正向运转。

表 5-4　主要参数设置

序号	参数代号	初始值	设置值	功能说明
1	P1	120	50	上限频率（Hz）
2	P2	0	0	下限频率（Hz）
3	P3	50	50	电动机额定频率
7	P7	5	2	加速时间
8	P8	5	0	减速时间
9	P79	0	3	运行模式选择

注：运行频率由“M 旋钮”设定，频率为 30 Hz。

PLC 的 I/O 地址信号分配见表 5-5，I/O 接线原理如图 5-25 所示。

表 5-5　分拣单元 PLC 的 I/O 信号分配

输入信号			输出信号		
序号	PLC 输入点	信号名称	序号	PLC 输出点	信号名称
1	X000	入料口检测	1	Y000	推料电磁阀
2	X001	白色物料检测	2	Y001	旋转电磁阀
3	X002	黑色物料检测	3		
4	X003	入库检测	4		
5	X004	推料伸出到位	5		
6	X005	旋转到位检测	6	Y004	STF
7	X006	旋转复位检测	7		

说明：

（1）光电传感器引出线：棕色接“+24 V”电源，蓝色接“0 V”，黑色接 PLC 输入。

（2）磁性传感器引出线：蓝色接“0 V”，棕色接 PLC 输入。

（3）电磁阀引出线：红色接“+24 V”，黑色接 PLC 输出。

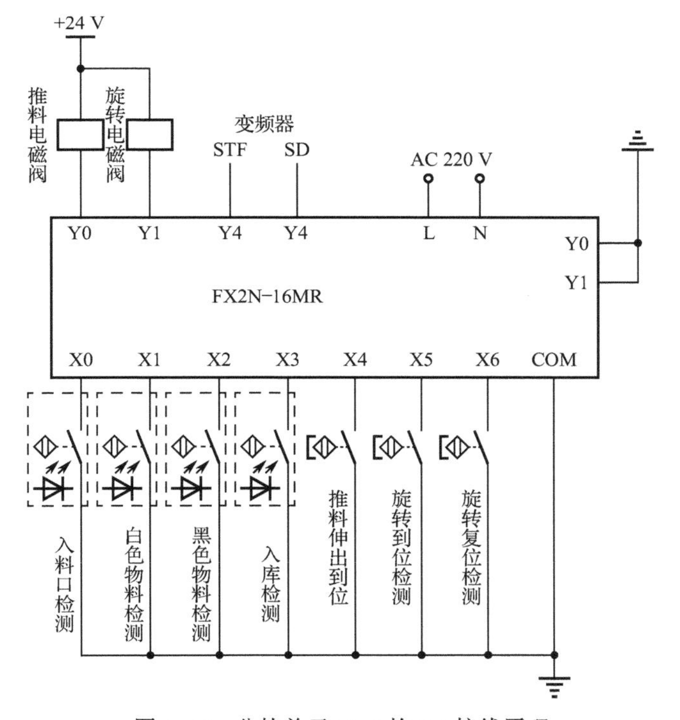

图 5-25　分拣单元 PLC 的 I/O 接线原理

3. 编写和调试 PLC 控制程序

（1）调整气动部分，检查气路是否正确，气压是否合理，气缸的动作速度是否合理。

（2）检查磁性开关的安装位置是否到位，磁性开关工作是否正常。

（3）检查 I/O 接线是否正确。

（4）检查传感器安装是否合理，灵敏度是否合适，保证检测的可靠性。

（5）放入工件，运行程序看分拣单元动作是否满足任务要求。

5.6 输送站控制系统

5.6.1 输送站的组成及功能

输送单元的功能是驱动其抓取机械手装置精确定位到指定单元的物料台，在物料台上抓取工件，把抓取到的工件输送到指定地点然后放下。

THJDAL-2 出厂配置时，输送单元在网络系统中担任着主站的角色，它接收来自触摸屏的系统主令信号，读取网络上各从站的状态信息，加以综合后，再向各从站发送控制要求，协调整个系统的工作。

输送单元由四自由度搬运机械手、步进电动机驱动器、直线运动传动组件、定位开关、行程开关、支架、机械零部件构成。

1. 四自由度搬运机械手

四自由度搬运机械手是一个能实现四自由度运动（即升降、伸缩、气动手指夹紧/松开和沿垂直轴旋转的四维运动）的工作单元，该装置整体安装在直线运动传动组件的滑动溜板上，在传动组件带动下，整体作直线往复运动，定位到其他各工作单元的物料台，然后完成抓取和放下工件的功能。图 5-26 是该装置实物图。

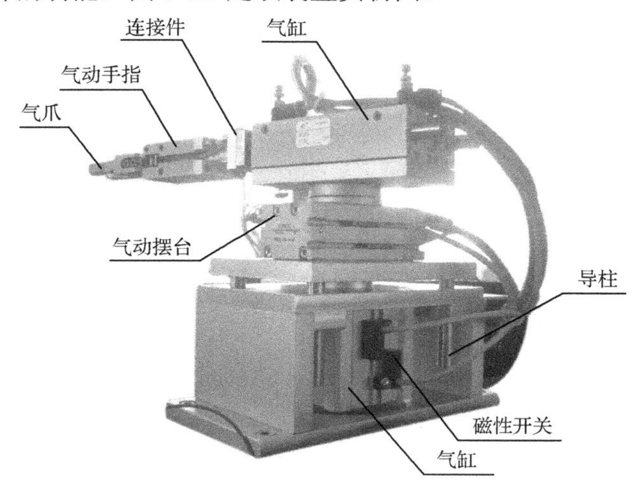

图 5-26 抓取机械手装置

具体构成如下：

（1）气动手指：用于在各个工作站物料台上抓取/放下工件，由一个二位五通双向电磁

阀控制。

（2）伸缩气缸：用于驱动手臂伸出缩回，由一个二位五通单向电磁阀控制。

（3）回转气缸：用于驱动手臂正反向 90 度旋转，由一个二位五通单向电磁阀控制。

（4）提升气缸：用于驱动整个机械手提升与下降，由一个二位五通单向电磁阀控制。

2. 直线运动传动组件

直线运动传动组件用以拖动抓取机械手装置作往复直线运动，完成精确定位的功能。图 5-27 是该组件的俯视图。

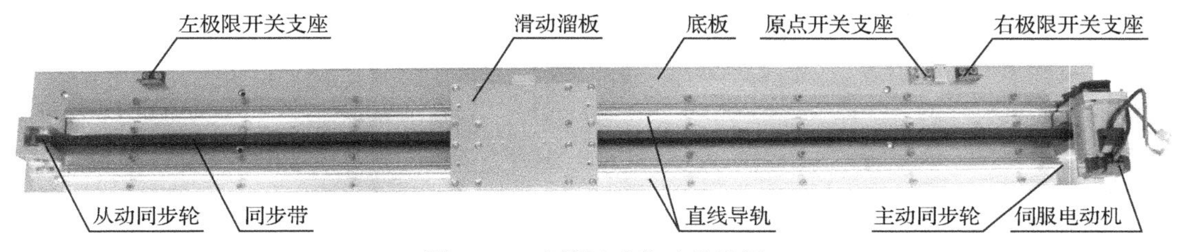

图 5-27　直线运动传动组件图

图 5-28 给出了直线运动传动组件和抓取机械手装置组装起来的示意图。

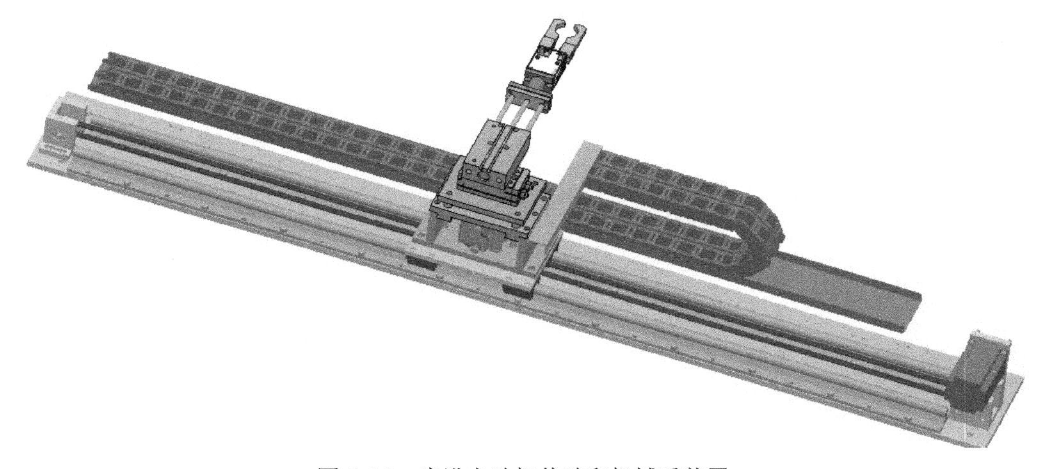

图 5-28　步进电动机传动和机械手装置

传动组件由直线导轨底板、步进电动机及驱动器、同步轮、同步带、直线导轨、滑动溜板、拖链和原点接近开关、左、右极限开关组成。

步进电动机由步进电动机驱动器驱动，通过同步轮和同步带带动滑动溜板沿直线导轨作往复直线运动，从而带动固定在滑动溜板上的抓取机械手装置作往复直线运动。

抓取机械手装置上所有气管和导线沿拖链铺设，进入线槽后分别连接到电磁阀组和接线端口上。

原点行程开关和左、右极限开关安装在直线导轨底板上，如图 5-29 所示。

左、右极限开关均是有触点的微动开关，用来提供越程故障时的保护信号：当滑动溜板在运动中越过左或右极限位置时，极限开关会动作，从而向系统发出越程故障信号。

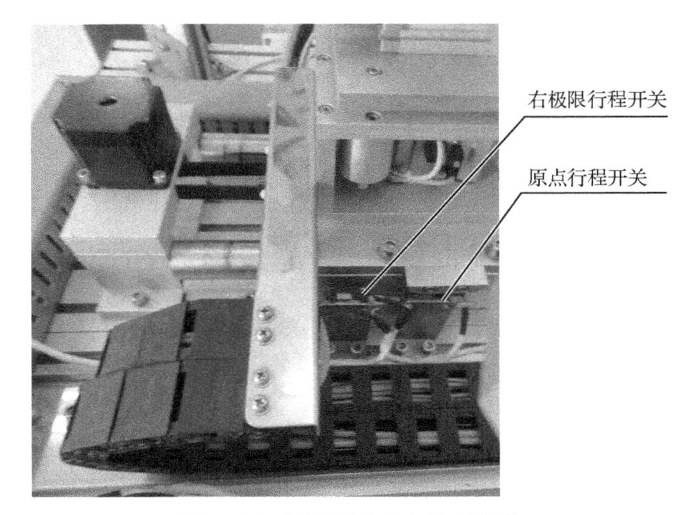

图 5-29　原点开关和右极限开关

5.6.2　气动控制回路

气动控制回路是本工作单元的执行机构，该执行机构的逻辑控制功能是由 PLC 实现的。输送单元的抓取机械手装置上的所有气缸连接的气管沿拖链敷设，插接到电磁阀组上，气动控制回路的工作原理，如图 5-30 所示，B1、B2 为安装在推料气缸的两个极限工作位置的磁性传感器。1Y1、2Y1、3Y1、4Y1、4Y2 为控制气缸的电磁阀。

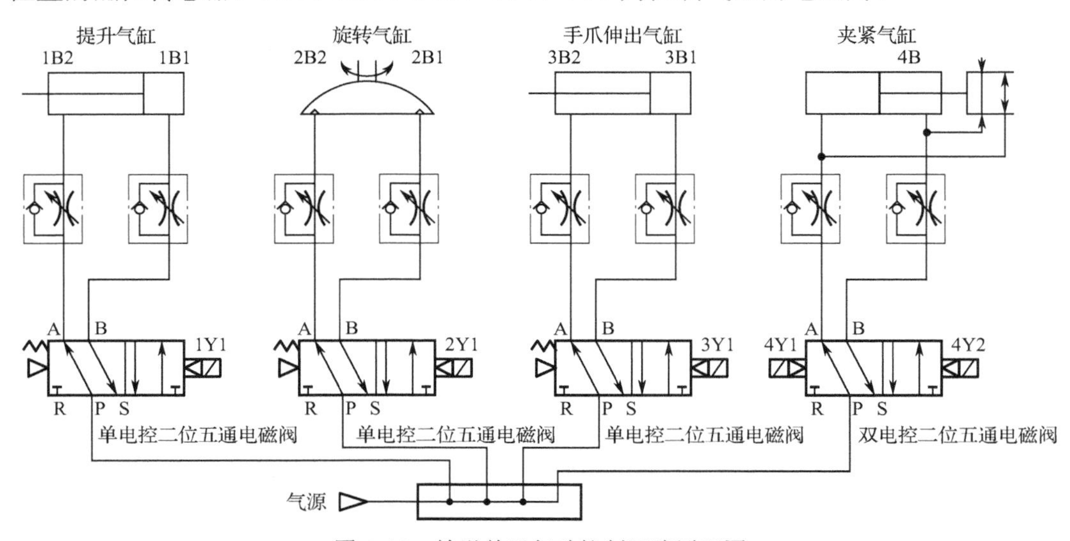

图 5-30　输送单元气动控制回路原理图

在气动控制回路中，驱动气动手指气缸的电磁阀采用的是二位五通双电控电磁阀，电磁阀外形如图 5-31 所示。

双电控电磁阀与单电控电磁阀的区别在于，对于单电控电磁阀，在无电控信号时，阀芯在弹簧力的作用下会被复位，而对于双电控电磁阀，在两端都无电控信号时，阀芯的位置是取决于前一个电控信号。

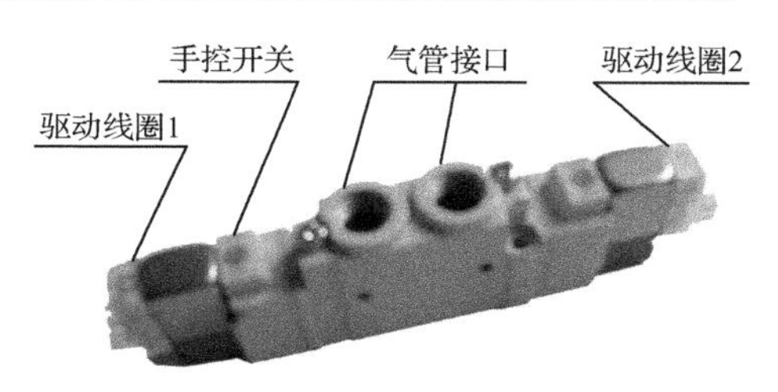

图 5-31　双电控电磁阀

注意：双电控电磁阀的两个电控信号不能同时为“1”，即在控制过程中不允许两个线圈同时得电，否则，可能会造成电磁线圈烧毁。当然，在这种情况下阀芯的位置是不确定的。

实训任务 5-7　输送单元的 PLC 控制与编程

1. 工作任务

输送单元单站运行的目标是测试设备传送工件的功能。要求其他各工作单元已经就位，并且在供料单元的出料台上放置了工件，具体测试要求如下。

（1）输送单元在通电后，按下复位按钮 SB1，执行复位操作，使抓取机械手装置回到原点位置。在复位过程中，“正常工作”指示灯 HL1 以 1 Hz 的频率闪烁。

当抓取机械手装置回到原点位置，且输送单元各个气缸满足初始位置的要求，则复位完成，“正常工作”指示灯 HL1 常亮。按下启动按钮 SB2，设备启动，“设备运行”指示灯 HL2 也常亮，开始功能测试过程。

（2）正常功能测试：

① 抓取机械手装置从供料站出料台抓取工件，抓取的顺序是：手臂伸出→手爪夹紧抓取工件→提升台上升→手臂缩回。

② 抓取动作完成后，步进电动机驱动机械手装置向加工站移动，移动速度不小于 300 mm/s。

③ 机械手装置移动到加工站物料台的正前方后，即把工件放到加工站物料台上。抓取机械手装置在加工站放下工件的顺序是：手臂伸出→提升台下降→手爪松开放下工件→手臂缩回。

④ 放下工件动作完成 2 s 后，抓取机械手装置执行抓取加工站工件的操作。抓取的顺序与供料站抓取工件的顺序相同。

⑤ 抓取动作完成后，步进电动机驱动机械手装置移动到装配站物料台的正前方，然后把工件放到装配站物料台上。其动作顺序与加工站放下工件的顺序相同。

⑥ 放下工件动作完成 2 s 后，抓取机械手装置执行抓取装配站工件的操作。抓取的顺序与供料站抓取工件的顺序相同。

⑦ 机械手手臂缩回后，摆台逆时针旋转 90°，步进电动机驱动机械手装置从装配站向分拣站运送工件，到达分拣站传送带上方入料口后把工件放下，动作顺序与加工站放下工件的顺序相同。

⑧ 放下工件动作完成后，机械手手臂缩回，然后执行返回原点的操作。步进电动机驱

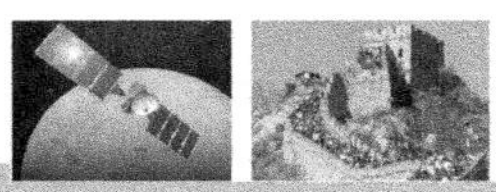

动机械手装置以 400 mm/s 的速度返回，返回 900 mm 后，摆台顺时针旋转 90°，然后以 100 mm/s 的速度低速返回原点停止。

当抓取机械手装置返回原点后，一个测试周期结束。当供料单元的出料台上放置了工件时，再按一次启动按钮 SB2，开始新一轮的测试。

（3）非正常运行的功能测试：若在工作过程中按下急停按钮 QS，则系统立即停止运行。在急停复位后，应从急停前的断点开始继续运行。但是若急停按钮按下时，输送站机械手装置正在向某一目标点移动，则急停复位后输送站机械手装置应首先返回原点位置，然后再向原目标点运动。

在急停状态，绿色指示灯 HL2 以 1 Hz 的频率闪烁，直到急停复位后恢复正常运行时，HL2 恢复常亮。

（4）启动、复位及急停信号均从触摸屏给出，输送站运行状态通过触摸屏进行监控。

2. PLC 的选型和 I/O 接线

输送单元所需的 I/O 点较多。其中，输入信号包括来自触摸屏等主令信号、各构件的传感器信号等；输出信号包括输出到抓取机械手装置各电磁阀的控制信号和输出到步进电动机驱动器的脉冲信号和驱动方向信号。此外，还须考虑在需要时输出信号到触摸屏的指示灯，以显示本单元或系统的工作状态。

由于需要输出驱动步进电动机的高速脉冲，PLC 应采用晶体管输出型。

基于上述考虑，选用三菱 FX2N-48MT PLC，共 24 点输入、24 点晶体管输出。表 5-6 给出了 PLC 的 I/O 信号分配，端子接线如图 5-32 所示，I/O 接线原理如图 5-33 所示。

表 5-6　输送单元 PLC 的 I/O 信号分配

输入信号			输出信号		
序号	PLC 输入点	信号名称	序号	PLC 输出点	信号名称
1	X000	原点行程开关	1	Y000	步进电动机脉冲信号 PUL-
2	X001	机械手提升台上限	2	Y001	步进电动机方向信号 DIR-
3	X002	机械手提升台下限	3	Y002	提升台上升电磁阀
4	X003	机械手旋转左限检测	4	Y003	回转气缸旋转电磁阀
5	X004	机械手旋转右限检测	5	Y004	手爪伸出电磁阀
6	X005	机械手伸出检测	6	Y005	手爪夹紧电磁阀
7	X006	机械手缩回检测	7	Y006	手爪放松电磁阀
8	X007	机械手夹紧检测	8		
9	X010	复位按钮	9		
10	X011	启动按钮	10		
11	X012	停止按钮	11		
12	X013	急停按钮			

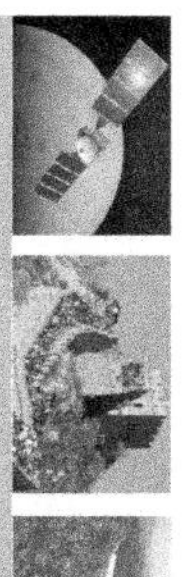
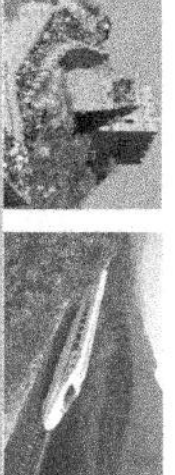

端子	名称
1	交流电动机U
2	交流电动机V
3	交流电动机W
4	
5	L
6	N
7	
8	分拣站PLC Y4
9	分拣站PLC Y4
10	
11	+24 V
12	0 V
13	
14	
15	原点行程开关1
16	原点行程开关2
17	提升台下限正
18	提升台下限负
19	提升台上限正
20	提升台上限负
21	左旋到位正
22	左旋到位负
23	右旋到位正
24	右旋到位负
25	手爪伸出到位正
26	手爪伸出到位负
27	手爪缩回到位正
28	手爪缩回到位负
29	手爪夹紧状态正
30	手爪夹紧状态负
31	
32	
33	
34	
35	
36	
37	
38	
39	
40	
41	
42	
43	
44	

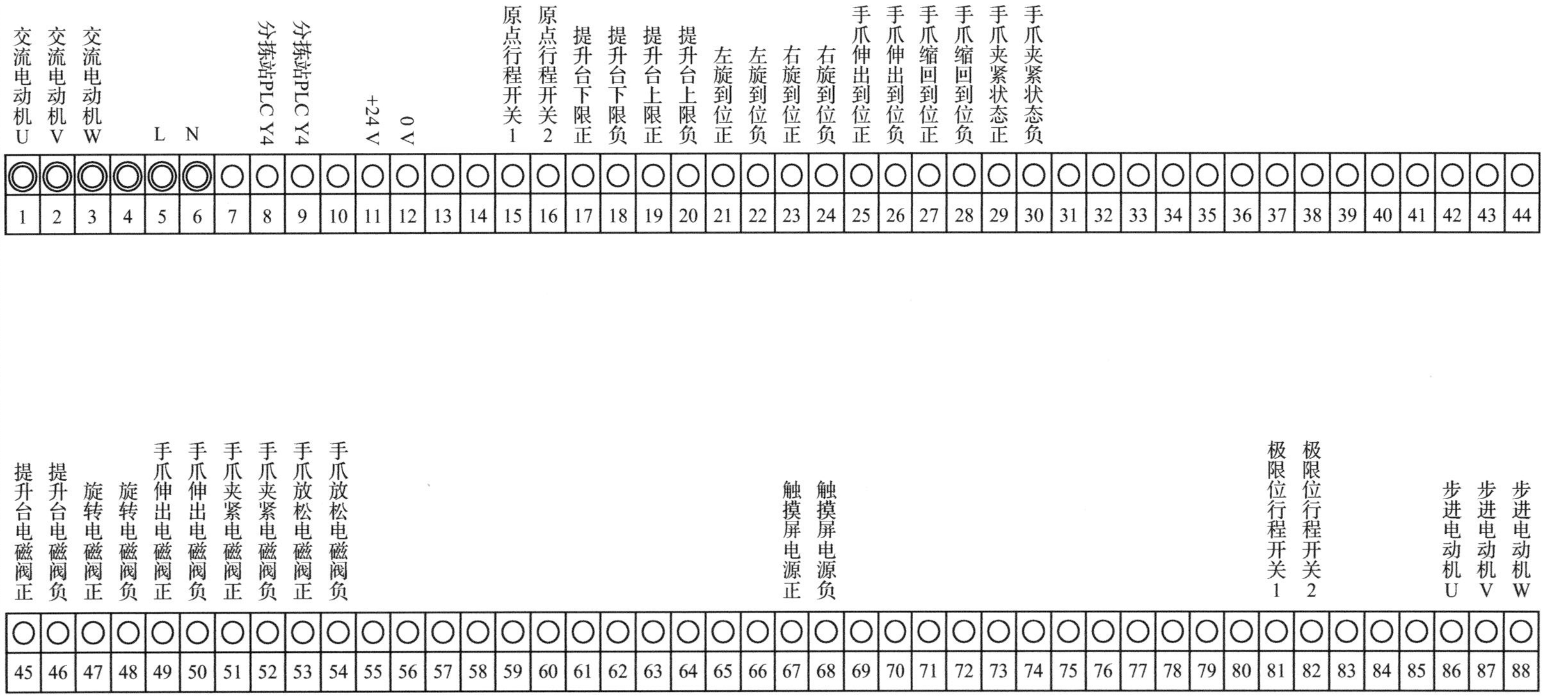

端子	名称
45	提升台电磁阀正
46	提升台电磁阀负
47	旋转电磁阀正
48	旋转电磁阀负
49	手爪伸出电磁阀正
50	手爪伸出电磁阀负
51	手爪夹紧电磁阀正
52	手爪夹紧电磁阀负
53	手爪放松电磁阀正
54	手爪放松电磁阀负
55	
56	
57	
58	
59	
60	
61	
62	
63	
64	
65	
66	
67	触摸屏电源正
68	触摸屏电源负
69	
70	
71	
72	
73	
74	
75	
76	
77	
78	
79	
80	
81	极限位行程开关1
82	极限位行程开关2
83	
84	
85	
86	步进电动机U
87	步进电动机V
88	步进电动机W

备注：1.磁性传感器引出线：蓝色为“负”，接“0 V”；棕色为“正”，接PLC输入端；

2.电磁阀引出线：红色为“正”，接“+24 V”电源；黑色为“负”，接PLC输出端。

图5-32　端子接线图

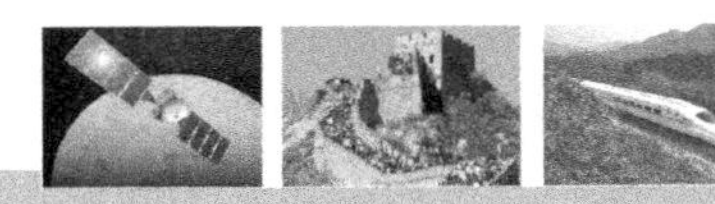

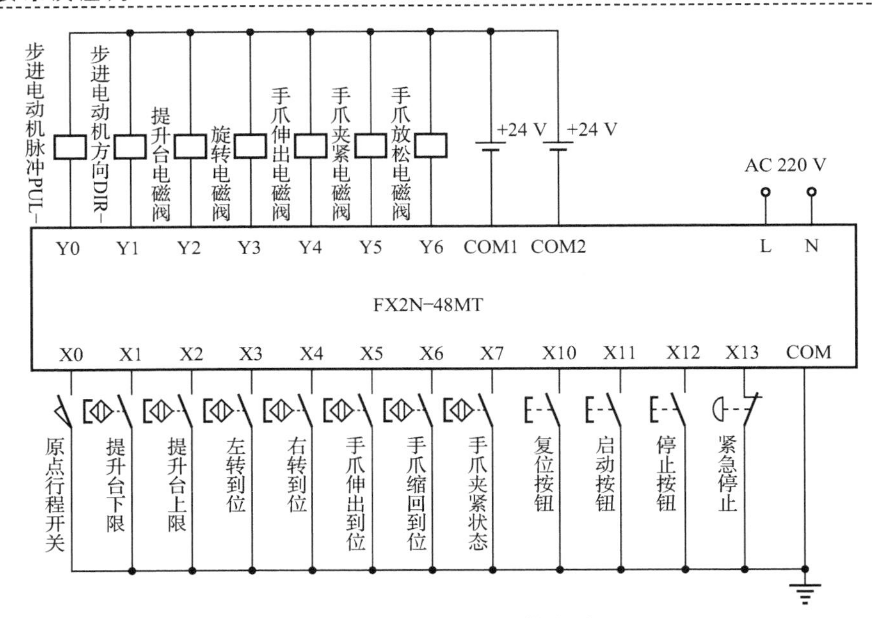

图 5-33　输送单元 PLC 接线原理

左右两极限开关 K2 和 K1 的动断触点必须连接到步进驱动器的控制端口 PUL+和 DIR+上作为硬联锁保护（见图 5-34），目的是防范由于程序错误引起冲极限故障而造成设备损坏，接线时请注意。

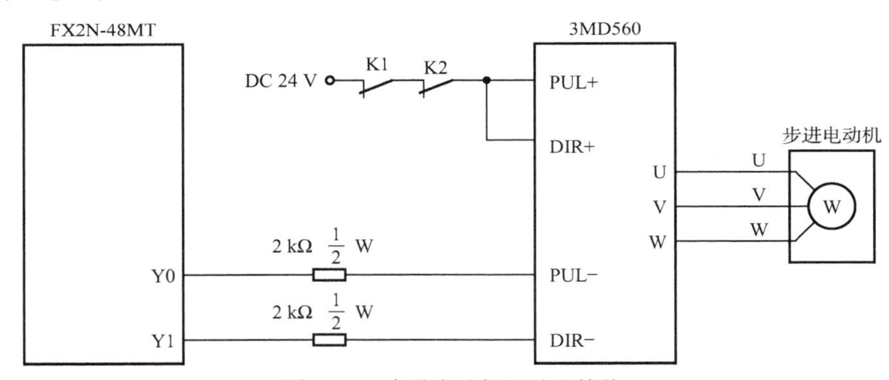

图 5-34　步进电动机驱动器接线

晶体管输出的 FX2N 系列 PLC，供电电源采用 AC 220 电源，与前面各工作单元的继电器输出的 PLC 相同。

3. 步进电动机及驱动器

（1）三相步进电动机驱动器的主要参数：

供电电压：直流 18～50 V；

输出相电流：1.5～6.0 A；

控制信号输入电流：6～20 mA。

（2）参数设定：在驱动器的侧面连接端子中间有蓝色的八位 SW 功能设置开关，用于设定电流和细分。

驱动器电流设定为 3.5 A，细分设定为 4 000。

表 5-7 电流设定

序号	SW1	SW2	SW3	SW4	电流（A）
1	OFF	OFF	OFF	OFF	1.5
2	ON	OFF	OFF	OFF	1.8
3	OFF	ON	OFF	OFF	2.1
4	ON	ON	OFF	OFF	2.3
5	OFF	OFF	ON	OFF	2.6
6	ON	OFF	ON	OFF	2.9
7	OFF	ON	ON	OFF	3.2
8	ON	ON	ON	OFF	3.5
9	OFF	OFF	OFF	ON	3.8
10	ON	OFF	OFF	ON	4.1
11	OFF	ON	OFF	ON	4.4
12	ON	ON	OFF	ON	4.6
13	OFF	OFF	ON	ON	4.9
14	ON	OFF	ON	ON	5.2
15	OFF	ON	ON	ON	5.5
16	ON	ON	ON	ON	6.0

注：SW5 的状态为 OFF 时半流，为 ON 时全流。

表 5-8 细分设定

序号	SW6	SW7	SW8	细分（步/圈）
1	ON	ON	ON	200
2	OFF	ON	ON	400
3	ON	OFF	ON	500
4	OFF	OFF	ON	1000
5	ON	ON	OFF	2000
6	OFF	ON	OFF	4000
7	ON	OFF	OFF	5000
8	OFF	OFF	OFF	10000

（3）步进电动机驱动器接线如图 5-34 所示。

4. 编写和调试 PLC 控制程序

1）主程序编写思路

从前面所述的传送工件功能测试任务可以看出，整个功能测试过程应包括上电后复位、传送功能测试、紧急停止处理和状态指示等部分，传送功能测试是一个步进顺序控制过程，在子程序中可采用步进指令驱动实现。

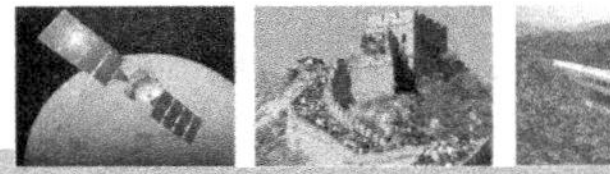

2）初态检查复位子程序和回原点子程序

系统上电且按下复位按钮后，就调用初态检查复位子程序，进入初始状态检查和复位操作阶段，目标是确定系统是否已准备就绪，若未准备就绪，则系统不能启动进入运行状态。

该子程序的内容是检查各气动执行元件是否处在初始位置，抓取机械手装置是否在原点位置，如果没有，则进行相应的复位操作，直至准备就绪。子程序中，除调用回原点子程序外，主要是完成简单的逻辑运算，这里就不再详述了。

抓取机械手装置返回原点的操作，在输送单元的整个工作过程中，都会频繁地进行。因此编写一个子程序供需要时调用是必要的。子程序调用结束后，需要加 SRET 返回。

传送功能测试过程是一个单序列的步进顺序控制。步进过程的流程说明，如图 5-35 所示。

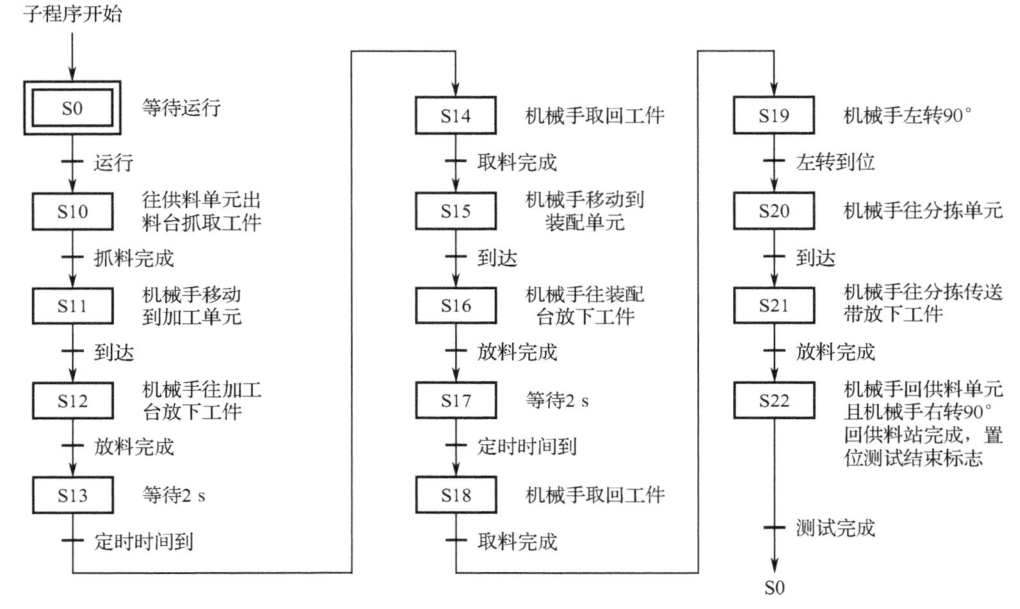

图 5-35　传送功能测试过程的流程说明

下面以机械手在加工台放下工件开始，到机械手移动到装配单元为止，以这 3 步过程为例说明编程思路。

在机械手执行放下工件的工作步中，调用“放下工件”子程序，在执行抓取工件的工作步中，调用“抓取工件”子程序。当抓取或放下工作完成时，“放料完成” 标志 M5 或“抓取完成”标志 M4，作为顺序控制程序中工作步转移的条件。

机械手在不同的阶段抓取工件或放下工件的动作顺序是相同的。抓取工件的动作顺序为：手臂伸出→手爪夹紧→提升台上升→手臂缩回。放下工件的动作顺序为：手臂伸出→提升台下降→手爪松开→手臂缩回。采用子程序调用的方法来实现抓取和放下工件的动作控制使程序编写得以简化。

“抓取工件”和“放下工件”子程序较为简单，此处不再详述。

综合实训任务 自动生产线的整体控制

1. 系统整体控制的工作任务

THJDAL-2 自动生产线整体实训工作任务是一项综合性的工作，自动生产线的工作目标是将供料单元料仓内的工件送往加工单元的物料台，加工完成后，把加工好的工件送往装配单元的装配台，然后把装配单元料仓内的白色和黑色两种不同颜色的小圆柱零件嵌入到装配台上的工件中，完成装配后的成品送往分拣单元分拣输出。

需要完成的工作任务如下。

1）自动生产线设备部件安装

完成 THJDAL-2 自动生产线的供料、加工、装配、分拣单元和输送单元的部分装配工作，并把这些工作单元安装在 THJDAL-2 的工作桌面上。

各工作单元装置部分的装配要求如下：

（1）供料、加工和装配等工作单元的装配工作已经完成。

（2）完成分拣单元装置侧的安装和调整，以及工作单元在工作台面上的定位。

（3）输送单元的直线导轨和底板组件已装配好，须将该组件安装在工作台上，并完成其余部件的装配，直至完成整个工作单元的装置侧安装和调整。

2）气路连接及调整

（1）按照前面所介绍的分拣和输送单元气动系统图完成气路连接。

（2）接通气源后检查各工作单元气缸初始位置是否符合要求，如不符合，须适当调整。

（3）完成气路调整，确保各气缸运行顺畅和平稳。

3）电路设计和电路连接

根据生产线的运行要求完成分拣和输送单元电路设计和电路连接。

（1）设计分拣单元的电气控制电路，并根据所设计的电路图连接电路。电路图应包括 PLC 的 I/O 端子分配和变频器主电路及控制电路。电路连接完成后应根据运行要求设定变频器有关参数。

（2）设计输送单元的电气控制电路，并根据所设计的电路图连接电路；电路图应包括 PLC 的 I/O 端子分配、伺服电动机及其驱动器控制电路。电路连接完成后应根据运行要求设定伺服电动机驱动器有关参数，参数应记录在所提供的电路图上。

4）各站 PLC 网络连接

系统的控制方式应采用 N:N 网络的分布式网络控制，并指定输送单元作为系统主站。系统主令工作信号由触摸屏人机界面提供，但系统紧急停止信号由输送单元的按钮/指示灯模块的急停按钮提供。安装在工作桌面上的警示灯应能显示整个系统的主要工作状态，例如复位、启动、停止、报警等。

5）连接触摸屏并组态用户界面

触摸屏应连接到系统中主站的 PLC 编程端口。

人机界面上组态画面要求：用户窗口包括主界面和欢迎界面两个窗口。其中，欢迎界面是启动界面，触摸屏上电后运行，屏幕上方的标题文字向右循环移动。

当触摸欢迎界面上的任意部位时，都将切换到主窗口界面。主窗口界面组态应具有下列功能：

（1）提供系统工作方式（单站/全线）选择信号和系统复位、启动和停止信号。

（2）在人机界面上设定分拣单元变频器的输入运行频率（40～50 Hz）。

（3）在人机界面上动态显示输送单元机械手装置当前位置（以原点位置为参考点，度量单位为 mm）。

（4）指示网络的运行状态（正常、故障）。

（5）指示各工作单元的运行、故障状态，其中故障状态包括：

① 供料单元的供料不足状态和缺料状态；

② 装配单元的供料不足状态和缺料状态；

③ 输送单元抓取机械手装置越程故障（左或右极限开关动作）。

（6）指示全线运行时系统的紧急停止状态。欢迎界面和主界面分别如图 5-36 和图 5-37 所示。

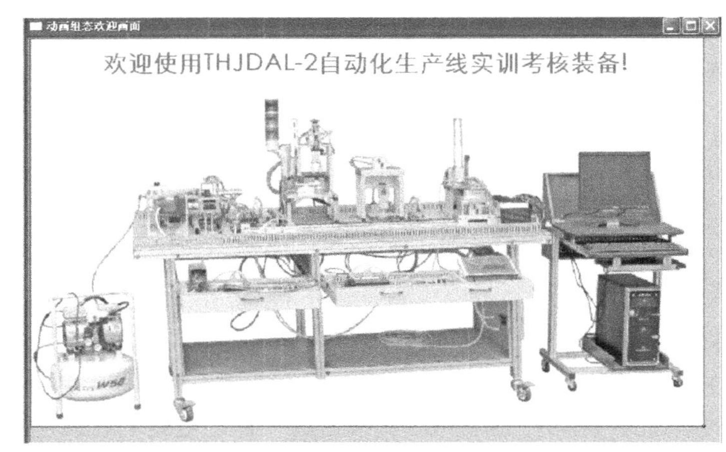

图 5-36　欢迎界面

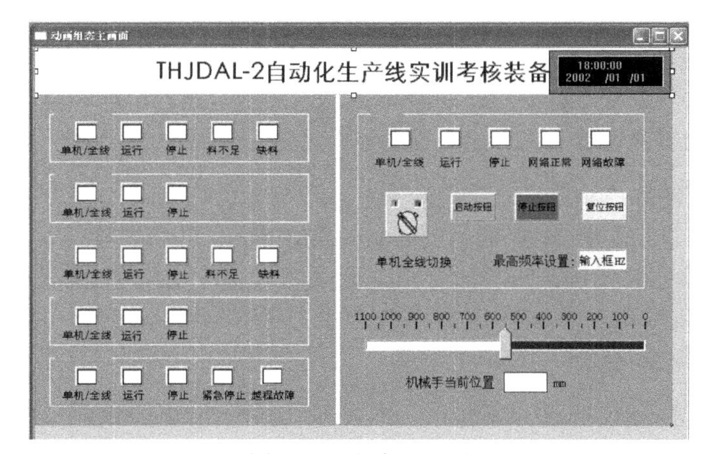

图 5-37　主窗口界面

6）系统单站运行模式下的程序编制及调试

系统的工作模式分为单站工作和全线运行模式。

从单站工作模式切换到全线运行方式的条件是各工作站均处于停止状态，各站的按钮/指示灯模块上的工作方式选择开关置于全线模式，此时若人机界面中选择开关切换到全线运行模式，系统进入全线运行状态。

要从全线运行方式切换到单站工作模式，仅限当前工作周期完成后人机界面中选择开关切换到单站运行模式才有效。

在全线运行方式下，各工作站仅通过网络接受来自人机界面的主令信号，除主站急停按钮外，所有本站主令信号无效。

单站运行模式下，各单元工作的主令信号和工作状态显示信号来自触摸屏，调试哪个单元将触摸屏放在哪个 PLC 上，各站的具体控制要求如下（在前面各个单元已经描述，请参看相关单元的工作任务）。

（1）供料站单站运行工作要求

① 设备上电和气源接通后，若工作单元的两个气缸满足初始位置要求，且料仓内有足够的待加工工件，则“正常工作”指示灯 HL1 常亮，表示设备已准备好。否则，该指示灯以 1Hz 频率闪烁。

② 若设备已准备好，按下启动按钮，工作单元启动，“设备运行”指示灯 HL2 常亮。启动后，若出料台上没有工件，则应把工件推到出料台上。出料台上的工件被人工取出后，若没有停止信号，则进行下一次推出工件操作。

③ 若在运行中按下停止按钮，则在完成本工作周期任务后，各工作单元停止工作，HL2 指示灯熄灭。

④ 若在运行中料仓内工件不足，则工作单元继续工作，但“正常工作”指示灯 HL1 以 1 Hz 的频率闪烁，“设备运行”指示灯 HL2 保持常亮。若料仓内没有工件，则 HL1 指示灯和 HL2 指示灯均以 2 Hz 频率闪烁。工作站在完成本周期任务后停止。除非向料仓补充足够的工件，工作站不能再启动。

（2）加工站单站运行工作要求

① 上电和气源接通后，若各气缸满足初始位置要求，则“正常工作”指示灯 HL1 常亮，表示设备已准备好。否则，该指示灯以 1 Hz 频率闪烁。

② 若设备已准备好，按下启动按钮，设备启动，“设备运行”指示灯 HL2 常亮。当待加工工件送到加工台上并被检测出后，设备执行将工件夹紧，送往加工区域冲压，完成冲压动作后返回待料位置的工件加工工序。如果没有停止信号输入，当再有待加工工件送到加工台上时，加工单元又开始下一周期工作。

③ 在工作过程中，若按下停止按钮，加工单元在完成本周期的动作后停止工作，HL2 指示灯熄灭。

④ 当待加工工件被检出而加工过程开始后，如果按下急停按钮，本单元所有机构应立即停止运行，HL2 指示灯以 1 Hz 频率闪烁。急停按钮复位后，设备从急停前的断点开始继续运行。

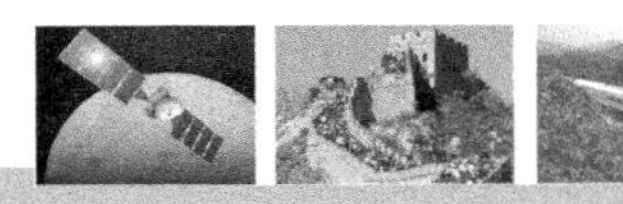

（3）装配站单站运行工作要求

① 设备上电和气源接通后，若各气缸满足初始位置要求，料仓上已经有足够的小圆柱零件；工件装配台上没有待装配工件。则“正常工作”指示灯 HL1 常亮，表示设备已准备好。否则，该指示灯以 1 Hz 频率闪烁。

② 若设备已准备好，按下启动按钮，装配单元启动，“设备运行”指示灯 HL2 常亮。如果回转台上的左料盘内没有小圆柱零件，就执行下料操作；如果左料盘内有零件，而右料盘内没有零件，执行回转台回转操作。

③ 如果回转台上的右料盘内有小圆柱零件且装配台上有待装配工件，执行装配机械手抓取小圆柱零件、放入待装配工件中的控制。

④ 完成装配任务后，装配机械手应返回初始位置，等待下一次装配。

⑤ 若在运行过程中按下停止按钮，则供料机构应立即停止供料，在装配条件满足的情况下，装配单元在完成本次装配后停止工作。

⑥ 在运行中发生“零件不足”报警时，指示灯 HL3 以 1 Hz 的频率闪烁，HL1 和 HL2 灯常亮；在运行中发生“零件没有”报警时，指示灯 HL3 以亮 1 s，灭 0.5 s 的方式闪烁，HL2 熄灭，HL1 常亮。

（4）分拣站单站运行工作要求

① 初始状态：设备上电和气源接通后，若工作单元的三个气缸满足初始位置要求，则“正常工作”指示灯 HL1 常亮，表示设备已准备好。否则，该指示灯以 1 Hz 频率闪烁。

② 若设备已准备好，按下启动按钮，系统启动，“设备运行”指示灯 HL2 常亮。当传送带入料口人工放下已装配的工件时，变频器启动，驱动传动带电动机以频率为 30 Hz 的速度，把工件带往分拣区。

③ 如果金属工件上的小圆柱工件为白色，则该工件到达 1 号滑槽中间，传送带停止，工件被推到 1 号槽中；如果塑料工件上的小圆柱工件为白色，则该工件到达 2 号滑槽中间，传送带停止，工件被推到 2 号槽中；如果工件上的小圆柱工件为黑色，则该工件到达 3 号滑槽中间，传送带停止，工件被推到 3 号槽中。工件被推出滑槽后，该工作单元的一个工作周期结束。仅当工件被推出滑槽后，才能再次向传送带下料。

如果在运行期间按下停止按钮，该工作单元在本工作周期结束后停止运行。

（5）输送站单站运行工作要求

单站运行的目标是测试设备传送工件的功能。要求其他各工作单元已经就位，并且在供料单元的出料台上放置了工件。具体测试过程要求如下：

① 输送单元在通电后，按下复位按钮 SB1，执行复位操作，使抓取机械手装置回到原点位置。在复位过程中，“正常工作”指示灯 HL1 以 1 Hz 的频率闪烁。

当抓取机械手装置回到原点位置，且输送单元各个气缸满足初始位置的要求，则复位完成，“正常工作”指示灯 HL1 常亮。按下启动按钮 SB2，设备启动，“设备运行”指示灯 HL2 也常亮，开始功能测试过程。

② 抓取机械手装置从供料站出料台抓取工件，抓取的顺序是：手臂伸出→手爪夹紧抓取工件→提升台上升→手臂缩回。

③ 抓取动作完成后，伺服电动机驱动机械手装置向加工站移动，移动速度不小于 300 mm/s。

④ 机械手装置移动到加工站物料台的正前方后，即把工件放到加工站物料台上。抓取机械手装置在加工站放下工件的顺序是：手臂伸出→提升台下降→手爪松开放下工件→手臂缩回。

⑤ 放下工件动作完成 2 s 后，抓取机械手装置执行抓取加工站工件的操作。抓取的顺序与供料站抓取工件的顺序相同。

⑥ 抓取动作完成后，伺服电动机驱动机械手装置移动到装配站物料台的正前方，然后把工件放到装配站物料台上。其动作顺序与加工站放下工件的顺序相同。

⑦ 放下工件动作完成 2 s 后，抓取机械手装置执行抓取装配站工件的操作。抓取的顺序与供料站抓取工件的顺序相同。

⑧ 机械手手臂缩回后，摆台逆时针旋转 90°，伺服电动机驱动机械手装置从装配站向分拣站运送工件，到达分拣站传送带上方入料口后把工件放下，动作顺序与加工站放下工件的顺序相同。

⑨ 放下工件动作完成后，机械手手臂缩回，然后执行返回原点的操作。伺服电动机驱动机械手装置以 400 mm/s 的速度返回，返回 900 mm 后，摆台顺时针旋转 90°，然后以 100 mm/s 的速度低速返回原点停止。

当抓取机械手装置返回原点后，一个测试周期结束。当供料单元的出料台上放置了工件时，再按一次启动按钮 SB2，开始新一轮的测试。

7）系统正常的全线运行模式下的测试

系统在全线运行模式下各工作站部件的工作顺序以及对输送站机械手装置运行速度的要求，与单站运行模式一致。全线运行步骤如下：

（1）系统在上电，N:N 网络正常后开始工作。触摸人机界面上的复位按钮，执行复位操作，在复位过程中，绿色警示灯以 2 Hz 的频率闪烁，红色和黄色灯均熄灭。

复位过程包括使输送站机械手装置回到原点位置和检查各工作站是否处于初始状态。各工作站初始状态是指：

① 各工作单元气动执行元件均处于初始位置。

② 供料单元料仓内有足够的待加工工件。

③ 装配单元料仓内有足够的小圆柱零件。

④ 输送站的紧急停止按钮未按下。

当输送站机械手装置回到原点位置，且各工作站均处于初始状态，则复位完成，绿色警示灯常亮，表示允许启动系统。这时若触摸人机界面上的启动按钮，系统启动，绿色和黄色警示灯均常亮。

（2）供料站的运行：系统启动后，若供料站的出料台上没有工件，则应把工件推到出料台上，并向系统发出出料台上有工件信号。若供料站的料仓内没有工件或工件不足，则向系统发出报警或预警信号。出料台上的工件被输送站机械手取出后，若系统仍然需要推出工件进行加工，则进行下一次推出工件操作。

（3）输送站运行 1：当工件推到供料站出料台后，输送站抓取机械手装置应执行抓取

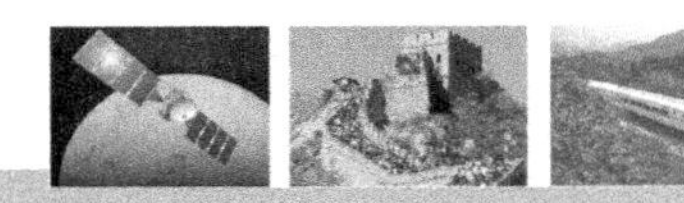

供料站工件的操作。动作完成后，伺服电动机驱动机械手装置移动到加工站加工物料台的正前方，把工件放到加工站的加工台上。

（4）加工站运行：加工站加工台的工件被检出后，执行加工过程。当加工好的工件重新送回待料位置时，向系统发出冲压加工完成信号。

（5）输送站运行 2：系统接收到加工完成信号后，输送站机械手应执行抓取已加工工件的操作。抓取动作完成后，伺服电动机驱动机械手装置移动到装配站物料台的正前方，然后把工件放到装配站物料台上。

（6）装配站运行：装配站物料台的传感器检测到工件到来后，开始执行装配过程。装入动作完成后，向系统发出装配完成信号。

如果装配站的料仓或料槽内没有小圆柱工件或工件不足，应向系统发出报警或预警信号。

（7）输送站运行 3：系统接收到装配完成信号后，输送站机械手应抓取已装配的工件，然后从装配站向分拣站运送工件，到达分拣站传送带上方入料口后把工件放下，然后执行返回原点的操作。

（8）分拣站运行：输送站机械手装置放下工件、缩回到位后，分拣站的变频器启动，驱动传动带电动机以 80%最高运行频率（由人机界面指定）的速度，把工件带入分拣区进行分拣，工件分拣的原则与单站运行相同。当分拣气缸活塞杆推出工件并返回后，应向系统发出分拣完成信号。

（9）仅当分拣站分拣工作完成，并且输送站机械手装置回到原点，系统的一个工作周期才结束。如果在工作周期期间没有触摸过停止按钮，系统在延时 1 s 后开始下一周期工作。如果在工作周期期间曾经触摸过停止按钮，系统工作结束，警示灯中黄色灯熄灭，绿色灯仍保持常亮。系统工作结束后若再按下启动按钮，则系统又重新工作。

8）异常工作状态测试

（1）工件供给状态的信号警示。如果发生来自供料站或装配站的“工件不足够”的预报警信号或“工件没有”的报警信号，则系统动作如下：

① 如果发生“工件不足够”的预报警信号，警示灯中红色灯以 1 Hz 的频率闪烁，绿色和黄色灯保持常亮，系统继续工作。

② 如果发生“工件没有”的报警信号，警示灯中红色灯以亮 1 s，灭 0.5 s 的方式闪烁；黄色灯熄灭，绿色灯保持常亮。

若“工件没有”的报警信号来自供料站，且供料站物料台上已推出工件，系统继续运行，直至完成该工作周期尚未完成的工作。当该工作周期的工作结束，系统将停止工作，除非“工件没有”的报警信号消失，系统不能再启动。

若“工件没有”的报警信号来自装配站，且装配站回转台上已落下小圆柱工件，系统继续运行，直至完成该工作周期尚未完成的工作。当该工作周期的工作结束，系统将停止工作，除非“工件没有”的报警信号消失，系统不能再启动。

（2）急停与复位。系统工作过程中按下输送站的急停按钮，则输送站立即停车。在急停复位后，应从急停前的断点开始继续运行。但若急停按钮按下时，机械手装置正在

向某一目标点移动，则急停复位后输送站机械手装置应首先返回原点位置，然后再向原目标点运动。

2. 人机界面组态

1）工程分析和创建

根据工作任务，对工程分析并规划如下：

（1）工程框架：有 2 个用户窗口，即欢迎画面和主画面，其中欢迎画面是启动界面；1 个策略为循环策略。

（2）数据对象：各工作站以及全线的工作状态指示灯、单机全线切换旋钮、启动、停止、复位按钮、变频器输入频率设定、机械手当前位置等。

（3）图形制作：

欢迎画面窗口：①图片通过位图装载实现；②文字通过标签实现；③按钮由对象元件库引入。

主画面窗口：①文字通过标签构件实现；②各工作站以及全线的工作状态指示灯、时钟由对象元件库引入；③单机全线切换旋钮、启动、停止、复位按钮由对象元件库引入；④输入频率设置通过输入框构件实现；⑤机械手当前位置通过标签构件和滑动输入器实现。

（4）流程控制：通过循环策略中的脚本程序策略块实现。

进行上述规划后，就可以创建工程，然后进行组态。步骤是，在“用户窗口”中单击“新建窗口”按钮，建立“窗口 0”、“窗口 1”，然后分别设置两个窗口的属性。

2）欢迎画面组态

（1）建立欢迎画面

选中“窗口 0”，单击“窗口属性”，进入用户窗口属性设置，包括：

① 窗口名称改为“欢迎画面”；

② 窗口标题改为“欢迎画面”。

③ 在“用户窗口”中，选中“欢迎”，点击右键，选择下拉菜单中的“设置为启动窗口”选项，将该窗口设置为运行时自动加载的窗口。

（2）编辑欢迎画面

① 选中“欢迎画面”窗口图标，单击“动画组态”，进入动画组态窗口开始编辑画面。

装载位图：选择“工具箱”内的“位图”按钮，鼠标的光标呈“十字”形，在窗口左上角位置拖拽鼠标，拉出一个矩形，使其填充整个窗口。

在位图上单击鼠标右键，选择“装载位图”，找到要装载的位图，单击选择该位图，然后单击“打开”按钮，则图片装载到了该窗口中。

② 制作按钮：单击绘图工具箱中图标按钮，在窗口中拖出一个大小合适的按钮，双击该按钮，出现如图 5-38（a）所示的属性设置窗口。在“可见度属性”页面中选择“按钮不可见”；在“操作属性”页面中单击“按下功能”，选择“打开用户窗口”的“主画面”项，并选择“数据对象操作”的“HMI 就绪”值“置 1”。

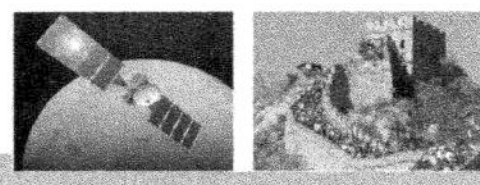

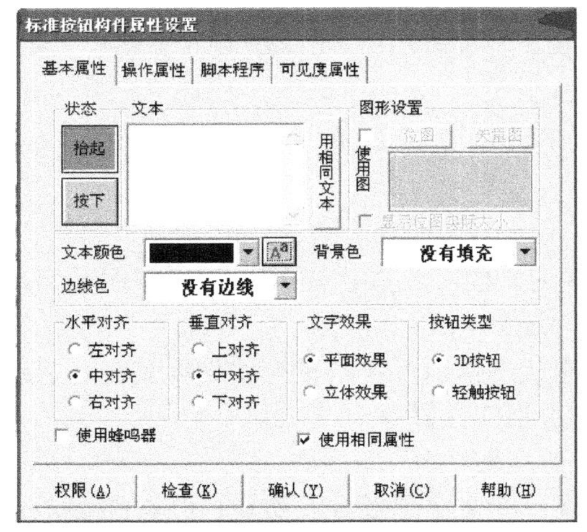

（a）基本属性页面

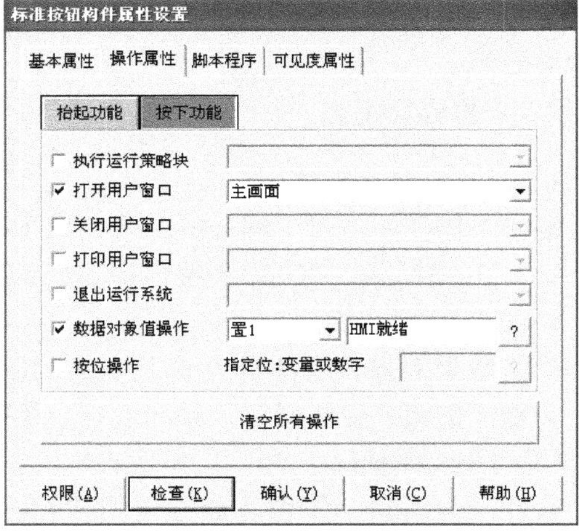

（b）操作属性页面

图 5-38　设置按钮属性

（3）制作循环移动的文字框图

① 选择“工具箱”内的“标签”按钮**A**，拖拽到窗口上方中心位置，根据需要拉出一个大小适合的矩形。在鼠标光标闪烁位置输入文字“欢迎使用 THJDAL-2 自动化生产线实训考核装备!”，按 Enter 键或在窗口任意位置用鼠标单击一下，完成文字输入。

② 静态属性设置：文字框的背景颜色——没有填充；文字框的边线颜色——没有边线；字符颜色——艳粉色；文字字体——华文细黑；字型——粗体，大小——二号。

③ 为使文字循环移动，在“位置动画连接”中勾选“水平移动”，这时在对话框上端就增添“水平移动”窗口标签。“水平移动”属性页面的设置如图 5-39 所示。

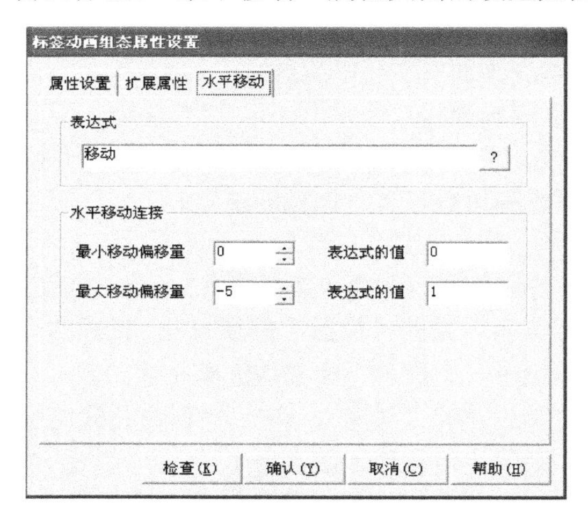

图 5-39　设置水平移动属性

（4）设置说明

① 为了实现“水平移动”动画连接，首先要确定对应连接对象的表达式，然后再定义表达式的值所对应的位置偏移量。图 5-39 中，定义一个内部数据对象“移动”作为表

达式，它是一个与文字对象的位置偏移量成比例的增量值，当表达式“移动”的值为 0 时，文字对象的位置向右移动 0 点（即不动），当表达式“移动”的值为 1 时，对象的位置向左移动 5 点（-5），这就是说“移动”变量与文字对象的位置之间关系是一个斜率为-5 的线性关系。

② 触摸屏图形对象所在的水平位置定义为：以左上角为座标原点，单位为像素点，向左为负方向，向右为正方向。TPC7062KS 的分辨率是 800×480，文字串“欢迎使用 THJDAL-2 自动化生产线实训考核装备!”，向左全部移出的偏移量约为-700 像素，故表达式“移动”的值为+140。文字循环移动的策略是，如果文字串向左全部移出，则返回初始位置重新移动。

（5）组态“循环移动策略”的具体操作

① 在“运行策略”中，双击“循环策略”进入“策略组态”窗口。

② 双击图标进入“策略属性设置”，将循环时间设为 100 ms，按“确认”。

③ 在“策略组态”窗口中，单击工具条中的“新增策略行”图标，增加一策略行，如图 5-40 所示。

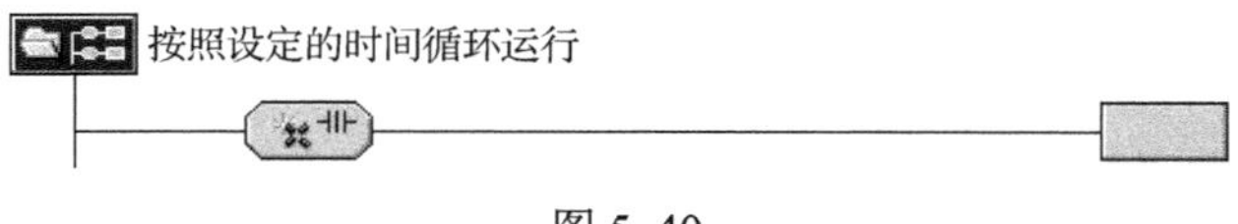

图 5-40

④ 单击“策略工具箱”中的“脚本程序”，将鼠标指针移到策略块图标上，单击鼠标左键，添加脚本程序构件，如图 5-41 所示：

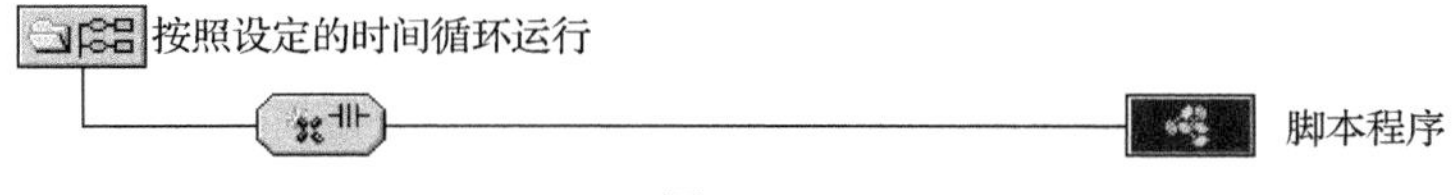

图 5-41

⑤ 双击 进入策略条件设置，表达式中输入 1，即始终满足条件。

⑥ 双击 进入脚本程序编辑环境，输入下面的程序：

```
if 移动<=140 then
    移动=移动+1
else
    移动=-140
endif
```

⑦ 单击“确认”，脚本程序编写完毕。

3）主画面组态

（1）建立主画面

① 选中“窗口 1”，单击“窗口属性”，进入用户窗口属性设置。

② 将窗口名称改为“主画面窗口”；标题改为“主画面”；在“窗口背景”中，选择所需要颜色。

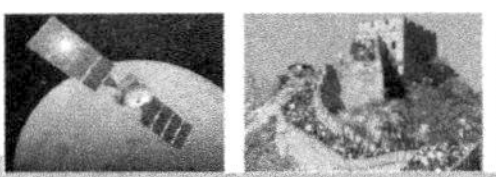

（2）定义数据对象

各工作站以及全线的工作状态指示灯、单机全线切换旋钮、启动、停止、复位按钮、变频器输入频率设定、机械手当前位置等，都是需要与 PLC 连接、进行信息交换的数据对象。定义数据对象的步骤：

① 单击工作台中的“实时数据库”窗口标签，进入“实时数据库窗”口页面。

② 单击“新增对象”按钮，在窗口的数据对象列表中，增加新的数据对象。

③ 选中对象，按“对象属性”按钮，或双击选中对象，则打开“数据对象属性设置”窗口，然后编辑属性，最后加以确定。表 5-9 列出了全部与 PLC 连接的数据对象。

表 5-9　与 PLC 连接的数据对象

序号	对象名称	类型	序号	对象名称	类型
1	HMI 就绪	开关型	15	单机全线_供料	开关型
2	越程故障_输送	开关型	16	运行_供料	开关型
3	运行_输送	开关型	17	料不足_供料	开关型
4	单机全线_输送	开关型	18	缺料_供料	开关型
5	单机全线_全线	开关型	19	单机全线_加工	开关型
6	复位按钮_全线	开关型	20	运行_加工	开关型
7	停止按钮_全线	开关型	21	单机全线_装配	开关型
8	启动按钮_全线	开关型	22	运行_装配	开关型
9	单机全线切换_全线	开关型	23	料不足_装配	开关型
10	网络正常_全线	开关型	24	缺料_装配	开关型
11	网络故障_全线	开关型	25	单机全线_分拣	开关型
12	运行_全线	开关型	26	运行_分拣	开关型
13	急停_输送	开关型	27	手爪当前位置_输送	数值型
14	变频器频率_分拣	数值型			

（3）设备连接

使定义好的数据对象和 PLC 内部变量进行连接，步骤如下：

① 打开“设备工具箱”，在可选设备列表中，双击“通用串口父设备”，然后双击“三菱_FX 系列编程口”。出现“通用串口父设备”“三菱_FX 系列编程口”。

② 设置通用串口父设备的基本属性，如图 5-42 所示。

③ 双击“三菱_FX 系列编程口”，进入设备编辑窗口，按表 5-9 的数据，逐个“增加设备通道”，如图 5-43 所示。

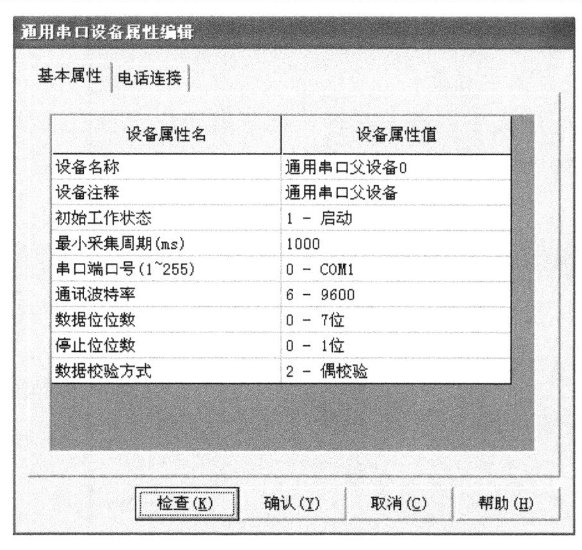

图 5-42　设置通用串口父设置属性

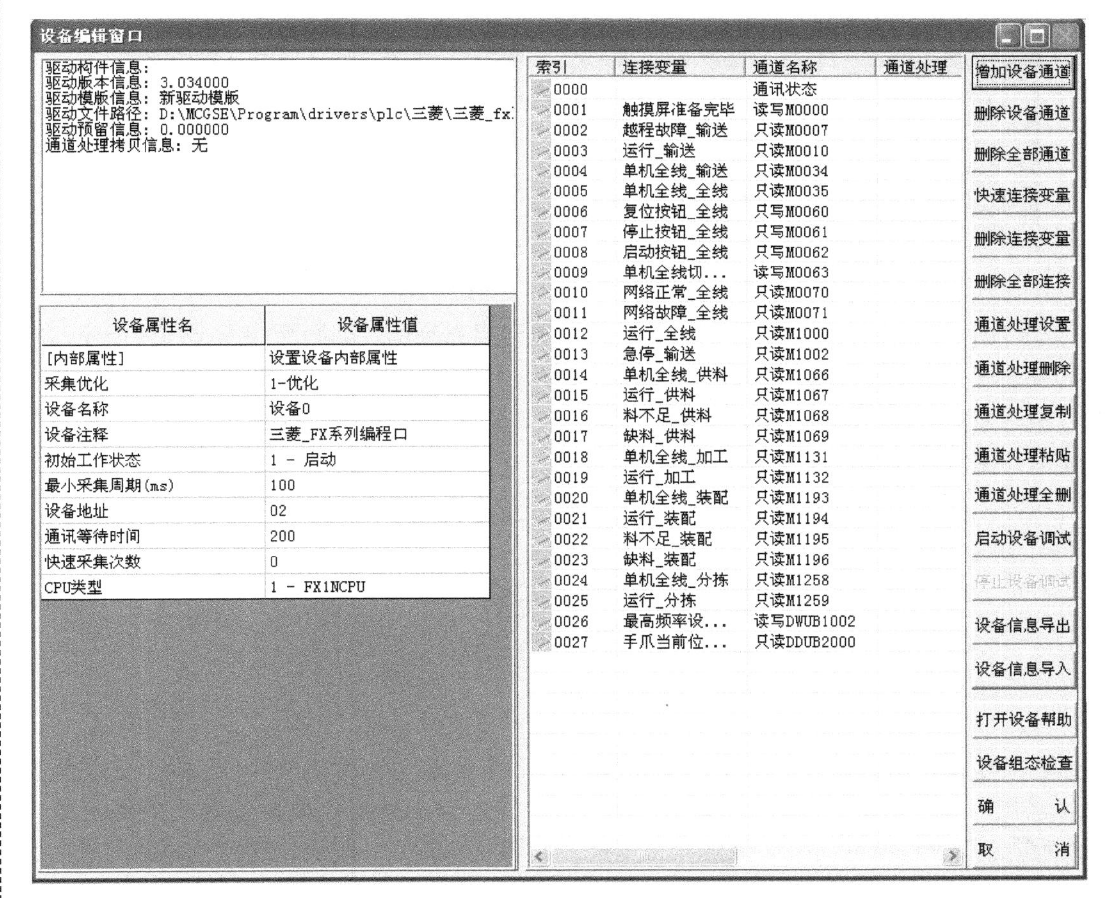

图 5-43　设备编辑窗口

（4）主画面制作和组态

按如下步骤制作和组态主画面：

① 制作主画面的标题文字、插入时钟、在工具箱中选择直线构件，把标题文字下方的区域划分为如图 5-44 所示的两部分。区域左面制作各从站单元画面，右面制作主站输送单元画面。

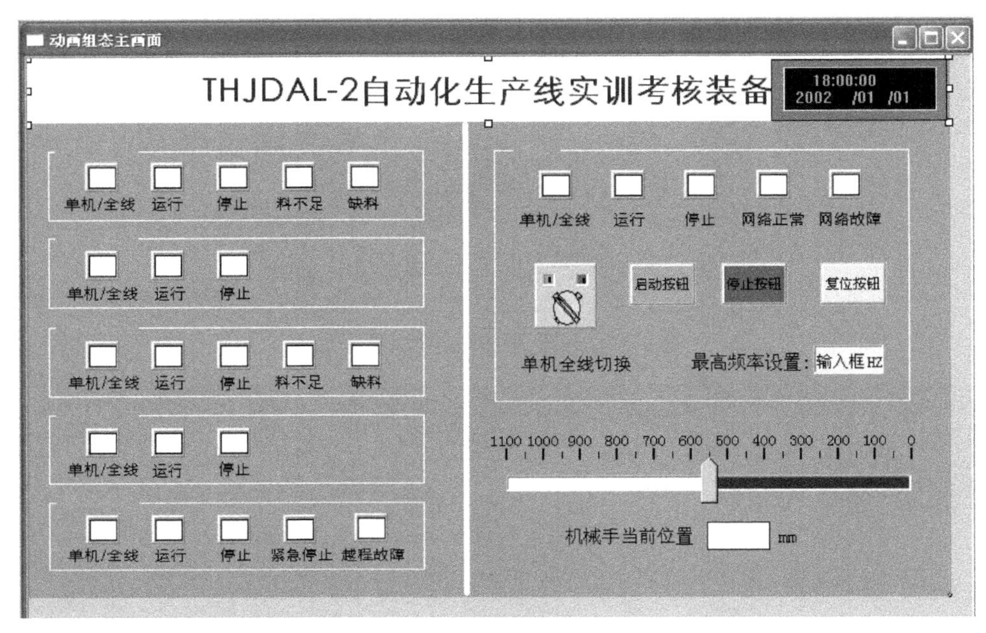

图 5-44　组态主画面

② 制作各从站单元画面并组态。以供料单元组态为例，其画面如图 5-45 所示，图中还指出了各构件的名称。这些构件的制作和属性设置前面已有详细介绍，但“供料不足”和“缺料”两状态指示灯有报警时闪烁功能的要求，下面通过制作供料站缺料报警指示灯，着重介绍这一属性的设置方法。

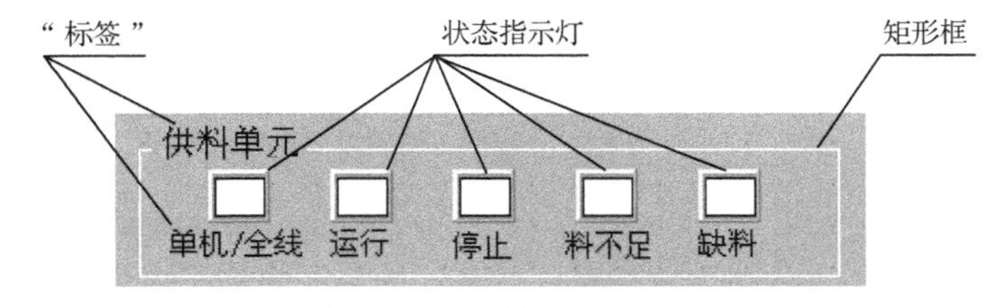

图 5-45　供料单元组态画面

与其他指示灯组态不同的是，缺料报警分段点 1 设置的颜色是红色，并且还需组态闪烁功能。步骤是，在“属性设置”页面的“特殊动画连接”框中勾选“闪烁效果”，“填充颜色”旁边就会出现“闪烁效果”页，如图 5-46（a）所示。选择“闪烁效果”页面，表达式选择为“缺料_供料”；在“闪烁实现方式”框中选择“用图元属性的变化实现闪烁”；“填充颜色”选择黄色，如图 5-46（b）所示。

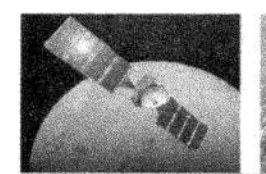

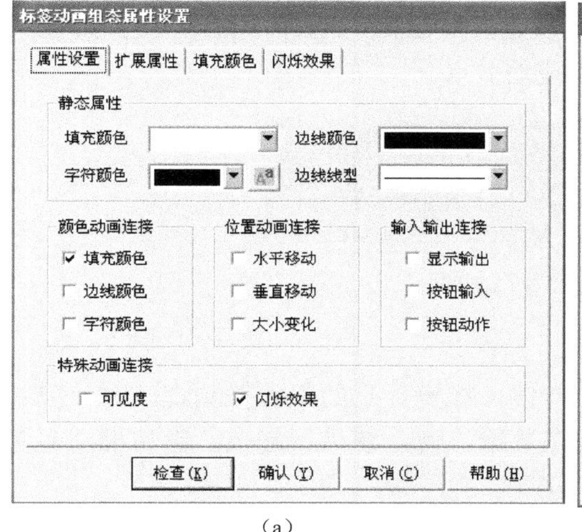

（a）

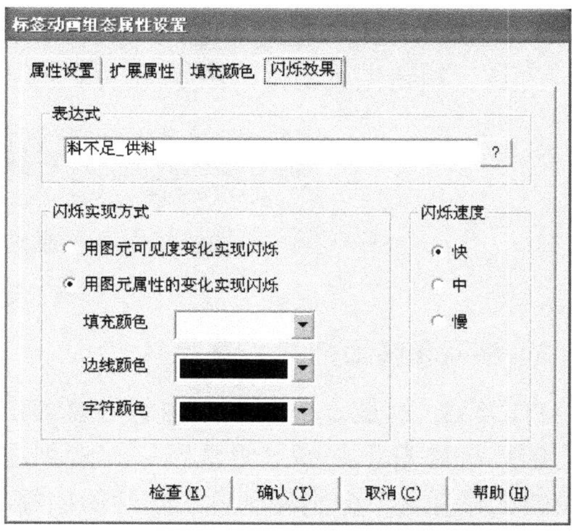

（b）

图 5-46　设置动画组态属性

③ 制作主站输送单元画面。这里只着重说明滑动输入器的制作方法。步骤如下：

- 选中"工具箱"中的滑动输入器图标，当鼠标呈"十"后，拖动鼠标到适当大小。调整滑动块到适当的位置。
- 双击滑动输入器构件，进入如图 5-47 的属性设置窗口。

图 5-47　设置滑动输入器构件属性

按照下面的值设置各个参数：

"基本属性"页面中，滑块"指向左（上）"；

"刻度与标注属性"页面中，"主划线数目"为 11；"次划线数目"为 2；小数位数为 0；

"操作属性"页面中，对应数据对象名称为"手爪当前位置_输送"；滑块在最左（下）边时对应的值为"1 100"；滑块在最右（上）边时对应的值为"0"；

其他为默认值。

● 单击“权限”按钮，进入“用户权限设置”对话框，选择“管理员组”，按“确认”按钮完成制作，图 5-48 是制作完成的效果图。

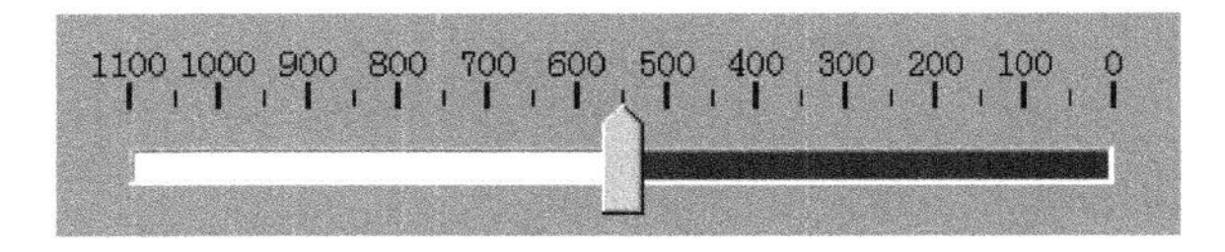

图 5-48　输送单元画面

3. 编写和调试 PLC 控制程序

THJDAL-2 是一个分布式控制的自动生产线，在设计它的整体控制程序时，应首先从它的系统性着手，通过组建网络，规划通信数据，使系统组织起来，然后根据各工作单元的工作任务，分别编制各工作站的控制程序。

1）规划通信数据

通过分析任务书要求可以看到，网络中各站点需要交换的信息量并不大，可采用模式 1 的刷新方式。各站通信数据的数据位如表 5-10～表 5-14 所示。这些数据位分别由各站 PLC 程序写入，全部数据为 N:N 网络所有站点共享。

表 5-10　输送站（0#站）数据位定义

输送站位地址	数 据 意 义	备注
M1000	全线运行	
M1001		
M1002	允许加工	
M1003	全线急停	
M1004		
M1005		
M1006		
M1007	HMI 联机	
M1008		
M1009		
M1010		
M1011		
M1012	请求供料	
M1013		
M1014		
M1015	允许分拣	
D0	最高频率设置	

表 5-11 供料站（1#站）数据位定义

供料站位地址	数 据 意 义	备注
M1064	初始态	
M1065	供料信号	
M1066	联机信号	
M1067	运行信号	
M1068	料不足报警	
M1069	缺料报警	

表 5-12 加工站（2#站）数据位定义

加工站位地址	数 据 意 义	备注
M1128	初始态	
M1129	加工完成	
M1130		
M1131	联机信号	
M1132	运行信号	

表 5-13 装配站（3#站）数据位定义

装配站位地址	数 据 意 义	备注
M1192	初始态	
M1193	联机信号	
M1194	运行信号	
M1195	零件不足	
M1196	零件没有	
M1197	装配完成	

表 5-14 分拣站（4#站）数据位定义

分拣站位地址	数 据 意 义	备注
M1256	初始态	
M1257	分拣完成	
M1258	分拣联机	
M1259	分拣运行	

用于通信的数值数据只有一个，即来自触摸屏的频率指令数据传送到输送站后，由输送站发送到网络上，供分拣站使用。该数据被写入到字数据存储区的 D0 单元内。

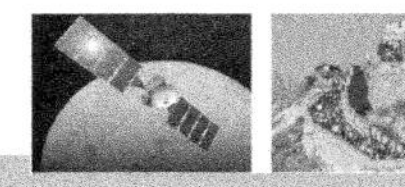

2）从站单元控制程序的编制

THJDAL-2 各工作站在单站运行时的编程思路，在前面各项目中均作了介绍。在联机运行情况下，由工作任务书规定的各从站工艺过程是基本固定的，原单站程序中工艺控制程序基本变动不大。在单站程序的基础上修改、编制联机运行程序，实现上并不太困难。下面首先以供料站的联机编程为例说明编程思路。

联机运行情况下的主要变动，一是在运行条件上有所不同，主令信号来自系统通过网络下传的信号；二是各工作站之间通过网络不断交换信号，由此确定各站的程序流向和运行条件。

对于前者，首先须明确工作站当前的工作模式，以此确定当前有效的主令信号。工作任务书明确规定了工作模式切换的条件，目的是避免误操作的发生，确保系统可靠运行。工作模式切换条件的逻辑判断在上电初始化（M8002 ON）后即进行。

接下来的工作与前面单站时类似，即①进行初始状态检查，判别工作站是否已准备就绪；②若准备就绪，则收到全线运行信号或本站启动信号后投入运行状态；③在运行状态下，不断监视停止命令是否到来，一旦到来即置位停止指令，待工作站的工艺过程完成一个工作周期后，使工作站停止工作。

下一步进入工作站的工艺控制过程，即从初始步 S0 开始的步进顺序控制过程。这一步进程序与前面单站情况基本相同，只是增加了写网络变量向系统报告工作状态的工作。

其他从站的编程方法与供料站基本类似，此处不再详述。建议读者对照各工作站单站例程和联机参考源程序，仔细加以比较和分析。

3）主站单元控制程序的编制

输送站是 THJDAL-2 系统中最为重要，同时也是承担任务最为繁重的工作单元。主要体现在：①输送站 PLC 与触摸屏相连接，接收来自触摸屏的主令信号，同时把系统状态信息反馈到触摸屏；②作为网络的主站，要进行大量的网络信息处理；③需完成本单元的任务，且联机方式下的工艺生产任务与单站运行时略有差异。因此，把输送站的单站控制程序修改为联机控制，工作量要大一些。下面着重讨论编程中应予注意的问题和有关编程思路。

（1）内存的配置

为了使程序更为清晰合理，编写程序前应尽可能详细地规划所需使用的内存。前面已经规划了供网络变量使用的内存、存储区的地址范围。在人机界面组态中，也规划了触摸屏与 PLC 连接变量的设备通道，整理成表格形式，如表 5-11 所示。

表 5-11　触摸屏与 PLC 连接变量的设备通道

序号	连接变量	通道名称	序号	连接变量	通道名称
1	越程故障_输送	M0007（只读）	14	单机/全线_供料	M1066（只读）
2	运行状态_输送	M0010（只读）	15	运行状态_供料	M1067（只读）
3	单机/全线_输送	M0034（只读）	16	工件不足_供料	M1068（只读）

续表

序号	连接变量	通道名称	序号	连接变量	通道名称
4	单机/全线_全线	M0035（只读）	17	工件没有_供料	M1069（只读）
5	复位按钮_全线	M0060（只写）	18	单机/全线_加工	M1131（只读）
6	停止按钮_全线	M0061（只写）	19	运行状态_加工	M1132（只读）
7	启动按钮_全线	M0062（只写）	20	单机/全线_装配	M1193（只读）
8	方式切换_全线	M0063（读写）	21	运行状态_装配	M1194（只读）
9	网络正常_全线	M0070（只读）	22	工件不足_装配	M1195（只读）
10	网络故障_全线	M0071（只读）	23	工件没有_装配	M1196（只读）
11	运行状态_全线	M1000（只读）	24	单机/全线_分拣	M1258（只读）
12	急停状态_输送	M1002（只读）	25	运行状态_分拣	M1259（只读）
13	输入频率_全线	VW1002（读写）	26	手爪位置_输送	D2000（只读）

只有在配置了上面所提及的存储器后，才能考虑编程中所需用的其他中间变量。避免非法访问内部存储器，是编程中必须注意的问题。

（2）主程序结构

由于输送站承担的任务较多，联机运行时，主程序有较大的变动。

① 每一扫描周期，须调用网络读写程序和通信程序。

② 完成系统工作模式的逻辑判断，除了输送站本身要处于联机方式外，必须使所有从站都处于联机方式。

③ 联机方式下，系统复位的主令信号，由 HMI 发出。在初始状态检查中，系统准备就绪的条件，除输送站本身要就绪外，所有从站均应准备就绪。因此，初始状态检查复位子程序中，除了完成输送站本站初始状态的检查和复位操作外，还要通过网络读取各从站准备就绪信息。

④ 总的来说，整体运行过程仍是按初态检查→准备就绪，等待启动→投入运行等几个阶段逐步进行，但阶段的开始或结束的条件则发生变化。

以上是主程序编程思路。

（3）运行控制子程序的结构

输送站联机的工艺过程与单站过程仅略有不同，需修改之处并不多，主要有如下几点：

① 实训任务 5-7 的工作任务中，传送功能测试子程序在初始步就开始执行机械手往供料站出料台抓取工件，而联机方式下，初始步的操作应为通过网络向供料站请求供料，收到供料站供料完成信号后，如果没有停止指令，则转移下一步即执行抓取工件。

② 单站运行时，机械手往加工站加工台放下工件，等待 2 秒取回工件，而联机方式下，取回工件的条件是收到来自网络的加工完成信号。装配站的情况与此相同。

③ 单站运行时，测试过程结束即退出运行状态。联机方式下，一个工作周期完成后，返回初始步，如果没有停止指令开始下一工作周期。

由此，在输送站单站传送功能测试子程序基础上修改的运行控制子程序流程说明如图 5-49 所示。

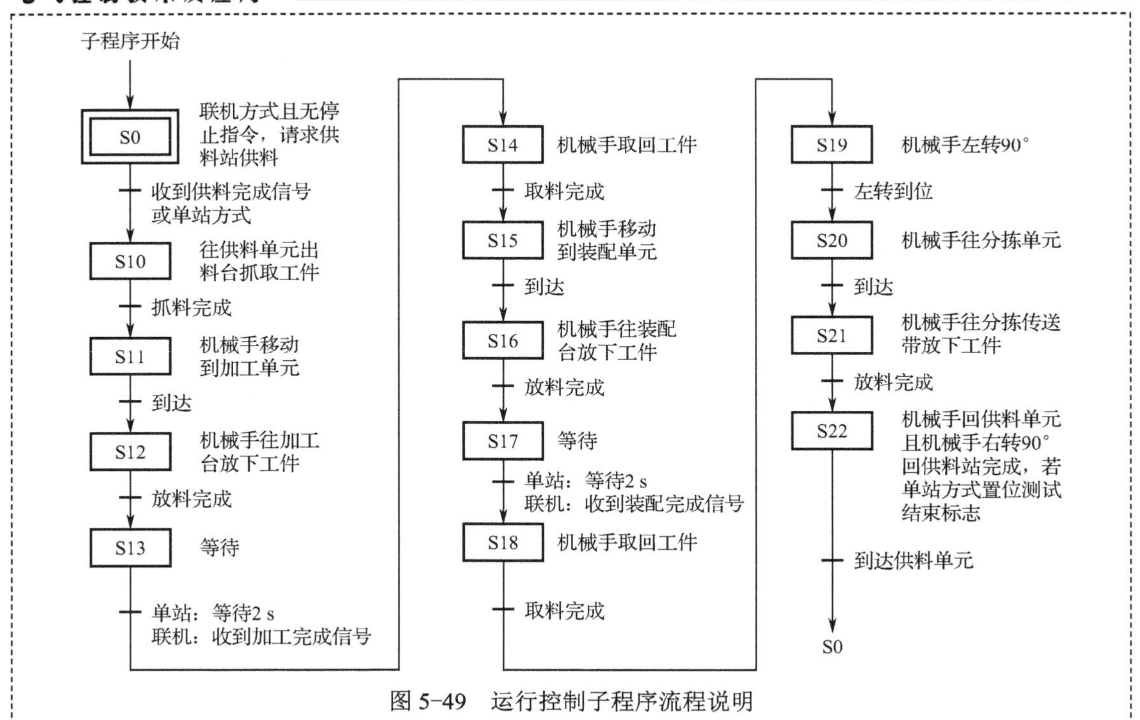

图 5-49　运行控制子程序流程说明

（4）通信子程序

通信子程序的功能包括从站报警信号处理、转发（从站间、HMI）以及向 HMI 提供输送站机械手当前的位置信息。主程序在每一扫描周期都调用这一子程序。

① 报警信号处理、转发包括：

- 供料站工件不足和工件没有的报警信号转发至装配站，为警示灯工作提供信息。
- 处理供料站“工件没有”或装配站“零件没有”的报警信号。
- 向 HMI 提供网络正常/故障信息。

② 向 HMI 提供输送站机械手当前位置信息由脉冲累计数除以 100 得到。

- 在每一扫描周期把以脉冲数表示的当前位置转换为长度信息（mm），转发给 HMI 的连接变量 D2000。
- 每当返回原点完成后，脉冲累计数被清零。

知识梳理与总结

（1）供料站主要完成将放置在工件库中待加工工件推出到物料台上，以便输送单元的机械手将其抓取，输送到其他站。

（2）加工单元的功能是完成把待加工工件从物料台移送到加工区域钻头的正下方；完成对工件的模拟钻孔、切屑加工，然后把加工好的工件重新送回物料台的过程。

（3）装配单元的功能是完成将该单元料仓内的白色小圆柱工件与放置在装配料斗的待装配工件中的紧合装配过程。

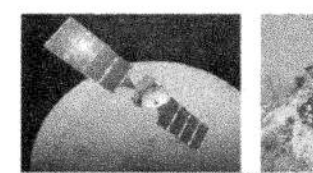

（4）分拣站是 THJDAL-2 中的最末站，完成对上一站送来的已加工、装配的工件进行分拣，使不同颜色的工件从不同的料槽分流的功能。当输送站送来工件放到传送带上并为入料口光电传感器检测到时，即启动变频器，工件开始送入分拣区进行分拣、入库。

（5）输送单元工艺功能是驱动其抓取机械手装置精确定位到指定单元的物料台，在物料台上抓取工件，把抓取到的工件输送到指定地点然后放下的功能。

（6）THJDAL-2 自动生产线整体实训工作任务是一项综合性的工作，自动生产线的工作目标是将供料单元料仓内的工件送往加工单元的物料台，加工完成后，把加工好的工件送往装配单元的装配台，然后把装配单元料仓内的白色和黑色两种不同颜色的小圆柱零件嵌入到装配台上的工件中，完成装配后的成品送往分拣单元分拣输出。

思考与练习 5

1．叙述双作用气缸的工作原理。

2．THJDAL-2 所有工作单元的执行气缸都是双作用气缸，使用的电磁阀均为二位五通电磁阀。PLC 如何控制电磁阀从而控制气缸的伸出与缩回？

3．THJDAL-2 的在气动控制回路中，驱动气动手指气缸的电磁阀采用的是二位五通双电控电磁阀，双电控电磁阀与单电控电磁阀的区别在哪里？使用双电控电磁阀时注意什么问题？

4．5 个站单站运行程序与联机运行程序有什么不同？思考每个单站调试的编程思路和调试步骤。

参考文献

[1] 廖常初. PLC 基础及应用[M]. 北京：机械工业出版社，2007.

[2] 浙江天煌科技实业有限公司. THJDAL-2 自动线拆装与调试实训装置使用手册. 杭州.

[3] 北京昆仑通态自动化软件科技有限公司. MCGSTPC 初级教程.

[4] 北京昆仑通态自动化软件科技有限公司. MCGSTPC 中级教程.

[5] 李全利. PLC 运动控制技术应用设计与实践[M]. 北京：机械工业出版社，2010.

[6] 三菱通用变频器 FR-D700 使用手册（应用篇）.

[7] 三菱通用变频器 FR-E700 使用手册（应用篇）.

[8] MR-JE-_A 伺服驱动器技术资料集.

[9] 三菱 FX1S、FX1N、FX2N、FX2NC 系列编程手册.

[10] FX 3S、FX 3G、FX 3GC、FX 3U、FX 3UC 系列微型可编程控制器编程手册.

[11] FX 系列微型可编程控制器用户手册. 通信篇.

[12] FX 系列特殊功能模块用户手册. 模拟量模块 FX0N-3A.

[13] FX 系列特殊功能模块用户手册.

[14] 李金城，付明忠. 三菱 FX 系列 PLC 定位控制应用技术[M]. 北京：电子工业出版社，2014.

[15] http://cn.mitsubishielectric.com/fa/zh/.

[16] http://www.mcgs.com.cn/sc/index.aspx.

反侵权盗版声明